사소한
것들의
과학

물건에 집착하는
한 남자의 일상 탐험

사소한
것들의
과학

Stuff ⬡ Matters

마크 미오도닉 지음
윤신영 옮김

MiD

멋스러운 새 과학 필자를 만나는 즐거움

새로운 과학 필자를 만나는 일은 늘 즐겁다. 특히나 그 사람이 다루는 주제가 익숙한 듯 익숙하지 않고 표현이 재기발랄하면 더욱 그렇다. 할 말을 효율적으로 그려낼 수 있는 기획력까지 더해지면 읽는 재미는 배가 된다. 이 책을 쓴 마크 미오도닉은 그런 재주를 모두 지닌, 흔치 않은 작가 중 한 사람이다.

미오도닉은 영국 태생의 과학자로, 사물의 속을 들여다보고 구조나 성질을 상상하는 데 천부적인 재능이 있다. 재능이라고 썼지만, 사실은 '집착에 가까운 관심'이라 할 만하다. 우리는 집착이나 관심을 그리 좋지 않은 어감으로 받아들일 수도 있지만, 과학자에게는 그리 나쁘거나 어울리지 않는 단어가 아니다. 집착과 관심이 있어야만 집요하게 탐구할 수 있는 세계가 있기 때문이다. 그리고 미오도닉이 연구하는 재료과학은 바로 그런 집요함이 필요한 세계다.

재료라는, 보이지 않는 세계를 향한 관심과 집착은 상상 이상으로 즐겁다. 다른 사람이 보지 못하는 작은 구조를 읽어내고 그 안에서만 호출할 수 있는 작은 존재들을 화제에 올릴 수 있어서다. 좁은 물질 안을 확대할수록 낯설고 이상한 등장인물이 나온다. 그들은 우리가 사는 일상의 세계에서는 보지 못했던 기이한 모습과 성질을 드러내며 자기들만의 독특한 관계를 형성한다. 마치 보이지 않는 인물들이 이루어낸 새로운 사회를 보는 것 같다. 그것이 우리가 한 번도 그 속을 궁금해하지 않았던 콘크리트 안이거나, 너무 흔하게 쓰여서 당연하게만 생각했던 얇디얇은 찻잔의 내부일지라도.

이 책은 구성 방식도 독특하다. 10가지 재료를 다루는 10가지 이야기들이 모두 작가의 일상을 찍은 평범한 사진 한 장에서 시작된다. 사진에 나오는 낯익은 사물의 재료를 하나하나 짚어가면서 그 '속'의 이야기를 들려준다. 대개 자신의 경험을 중심으로 유쾌하게 이야기를 풀어내는데, 각각의 재료에 따라 변주가 일어나기도 한다. 가령 종이를 다룰 때에는 추억의 사진이나 사물을 거친 소묘처럼 묘사해 작가의 일기장을 보는 듯 아기자기한 느낌을 주고, 플라스틱을 다룰 때에는 그 발명의 역사를 짧은 소극笑劇 형식으로 구성해 색다른 재미를 주기도 한다. 하나하나의 재료마다 다채롭고 멋스러운 형식(스타일)과 감성적인 내용이 절묘하게 어울려 읽는 맛이 빼어나다.

미오도닉은 이 책으로 순식간에 과학책 독자들이 주목할 만한 개성 있는 필자가 됐다. 이미 다음 책을 준비하고 있다 하고 그 책도 제법 스타일리시하다는 말이 들리니, 벌써 기대가 된다.

2016년 봄
옮긴이 윤신영

차 례

이 상 한
재료나라의
미 오 도 닉

Stuff
Matters

stuff matters : 사물의 과학

석기시대, 청동기시대, 철기시대는
인류가 새로운 재료에 의해 새로운 존재로 거듭났음을 의미한다.

그때 나는 열차에 서 있었다. 13cm짜리 자상刺傷으로 분류될 상처를
입고 피를 뚝뚝 흘리며, 어찌할 바를 모른 채 버티고 있었다.

1985년 5월이었다. 런던의 지하철에 막 올라탄 순간 문이 닫혔고, 나
를 공격했던 사람은 간발의 차이로 열차에 타지 못했다. 나는 그 사람이
열차에 타지 못하게 하는 데에는 성공했지만, 등 뒤에서 팔을 휘두르는 것
까지 막지는 못했다. 상처는 종이에 심하게 베였을 때처럼 따끔거렸는데,
그때는 그게 얼마나 심각한 상처인지도 몰랐다. 나는 아직 어린 학생이었
고, 놀라고 당황해서 이성이 거의 마비된 상태였다. 그래서 주변에 도움을
요청하는 대신 자리에 앉아 조용히 집에 가기로 마음먹었다. 그리고 정말,
그렇게 했다.

등을 타고 피가 흘러내리는 불편한 느낌과 상처의 고통을 떨쳐버리기 위해, 내게 지금 무슨 일이 일어났는지 되새겨보았다. 나를 공격한 사람은 플랫폼에서 돈을 요구하며 접근해 왔다. 내가 고개를 흔들 때는 이미 불편을 느낄 정도로 가까이 다가와 있었다. 그는 나를 뚫어져라 쳐다보며 칼을 갖고 있다고 말했다. 말을 할 때 내 안경에 침이 몇 방울 튀었다. 나는 그의 시선이 가리키는 곳을 따라 그가 입은 푸른 재킷의 주머니를 봤다. 그는 그 안에 손을 집어넣고 있었는데, 나는 직감적으로 주머니에 툭 불거져 나온 것이 칼이 아니라 그의 검지임을 눈치챘다.

순간 또 다른 생각이 머리를 스쳤다. 설령 그가 칼을 가지고 있다 해도 주머니 안에 들어갈 정도라면 아주 작은 칼일 테고, 내게 큰 상처를 입히지는 못할 거라는 생각이었다. 나도 작은 주머니칼을 갖고 있었는데, 그 정도의 칼로는 내가 입고 있던 여러 겹의 옷을 뚫을 수 없었다. 그때 나는 매우 자랑스럽게 여기던 아이템인 가죽 재킷을 걸치고 있었고, 안에 회색 양모로 된 교복을 입었으며, 나일론 브이넥 스웨터와 학생이 의무적으로 입어야 하는 흰 면 셔츠에 줄무늬 타이를 하고, 면으로 된 조끼도 입고 있었다.

머릿속에 한 가지 계획이 떠올랐다. 이야기를 계속하다가 열차의 문이 막 닫히려는 순간 그를 밀치고 뛰어오르기. 마침 열차가 들어오고 있는 게 보였고, 나는 그가 미처 대응할 시간이 없을 거라고 확신했다.

우습게도, 내가 생각한 것은 하나만 맞았다. 그가 칼을 갖고 있지 않았다는 것. 그가 갖고 있던 무기는 테이프로 감싼 면도날이었으니 말이다. 우표보다 조금 클까말까 한 이 작은 쇳조각은, 단 한 번 휘둘렀을 뿐인데

사소한 것들의 과학

도 다섯 겹으로 된 옷을 너무나 쉽게 갈랐고 내 피부의 상피와 진피를 찢을 만큼 강력했다. 나중에 경찰서에서 그 무기를 봤을 때, 나는 그것에 매료되고 말았다. 면도날을 본 것이 물론 처음은 아니었지만, 그 물건에 대해 전혀 아는 게 없다는 걸 깨달았다. 마침 그때 면도를 하기 시작했던 나는 친근한 오렌지색 플라스틱에 담겨 있는 면도날만 봐 왔다. '빅Bic' 사의 안전 면도날 말이다. 경찰이 무기에 대해 물었을 때 나와 경찰 사이에 놓인 탁상이 흔들렸고, 그 위에 놓인 면도날도 흔들렸다. 그러자 면도날이 형광등 아래에서 반짝거렸다. 면도날은 그날 오후의 사건에도 불구하고 완벽한 상태를 유지하고 있었다.

얼마 뒤 나는 서류를 작성해야 했는데, 옆에서 부모님이 걱정스럽게 쳐다보시는 게 느껴졌다. 내가 서류를 앞에 둔 채 머뭇거렸기 때문이다. 혹시 이름과 주소를 잊어서였을까? 그게 아니라, 보고서의 첫 페이지 맨 위에 있는 스테이플러 철심을 쳐다보느라 그랬다. 그것도 철로 돼 있을 터였다. 언뜻 보기에 평범하기 그지없는 은빛 금속은 깔끔하고 정확하게 종이를 뚫고 있었다.

종이의 뒷면을 봤다. 스테이플러 철심의 두 끝이 서로를 향해 부드럽게 구부러져 종이다발을 단단히 고정시키고 있었다. (나중에 나는 최초의 스테이플러가 프랑스의 왕 루이 15세를 위해 손 제작 방식으로 만들어졌으며, 스테이플러 철심 하나하나에 왕의 인장이 새겨져 있었음을 알게 됐다. 스테이플러에 왕가의 피가 흐른다는 사실을 누가 알았을까?) 나는 부모님에게 스테이플러 철심이 너무 절묘하다고 말했다. 그랬더니 부모님은 몹시 걱정스러운 표정으로 서로를 바라보았다. 틀림없이 내 머릿속이 어떻게 된 거라고 생각했으리라.

　사실 부모님의 생각이 아주 틀린 것은 아니었다. 뭔가 아주 이상한 일이 일어나고 있기는 했다. 재료에 대한 나의 강박증이 태어난 거다. 그 첫 번째 대상은 철鐵이었다. 갑자기 철이 세상 모든 곳에 있다는 사실에 극도로 예민해졌다. 일단 관심을 갖고 보기 시작하면 당신도 세상 도처에 철이 있다는 사실을 깨달을 것이다. 철은 내가 경찰서의 조서를 작성하고 있던 볼펜의 끝에도 있었다. 안절부절못하며 기다리고 있는 아버지의 열쇠고리에서도 철이 부딪히며 내는 딸랑거리는 소리가 났다. 나중에 집에 갈 때는 철이 겨우 엽서 정도의 두께로 차의 외곽을 덮어서 나를 보호했고, 무사히 집까지 데려다주었다. 이상하게도 평소에는 시끄럽기 그지없던, 철로 된 우리 자동차 '미니Mini'가 그날따라 아주 얌전하다고 느꼈다. 마치 나를 베었던 칼부림 사건에 대해, 그 재료가 할 수 있는 미덕과 방식으로 사과라도 하는 듯이.

　집에 돌아온 뒤, 아버지와 식탁에 나란히 앉아 어머니가 만들어주신 수프를 묵묵히 먹었다. 그러다 순간 멈칫했다. 내가 입안에 철 조각을 넣고 있는 게 아닌가. 나는 의식적으로 수프를 떠먹고 있던 스테인리스 스틸 스푼을 핥은 뒤 꺼내 살폈다. 스푼은 밝고 빛나는 모습이었는데, 어찌나 빛나던지 왜곡된 내 모습이 스푼의 둥근 바닥 부분에 비칠 정도였다.

　"이건 무슨 물질이에요?" 나는 스푼을 흔들며 아버지에게 물었다. "왜 아무 맛도 안 나죠?" 그러고는 다시 확인하기 위해 스푼을 입에 물고 열심히도 빨아댔다.

　그러자 수많은 질문이 쏟아져 나왔다. 어떻게 이 한 가지 재료가 수많은 역할을 할 수 있는 걸까? 그럼에도 우리는 왜 그런 것들에 대해 거의

사소한 것들의 과학

이야기하지 않는 거지? 우리는 철을 입안에 넣고, 이걸로 원치 않는 머리 카락도 자르고, 그 안에 앉은 채 운전하며 돌아다니기도 한다. 우리 삶에 더없이 친숙한 존재이며 가장 믿음직한 친구인데, 어떻게 그런 기능을 발휘하는지는 거의 모르지 않는가. 왜 면도칼은 무언가를 잘라내는데 종이 클립은 구부러질까? 말이 나왔으니 좀 더 꼽아보면, 유리는 왜 투명할까? 콘크리트를 좋아하는 사람은 없는데 다이아몬드는 왜 모두가 좋아할까? 초콜릿은 왜 맛있을까? 왜 모든 재료가 그 자신의 고유한 모습과 특성을 가질까?

칼부림 사건 이후로, 나는 거의 대부분의 시간을 재료에 사로잡힌 채 보냈다. 옥스퍼드대에서 재료과학을 공부했고 제트엔진 합금 연구로 박사 학위를 받았다. 그리고 세계에서 가장 뛰어난 연구소에서 재료과학자와 공학자로 일해 왔다. 그러는 가운데 재료에 대한 관심은 점점 커져갔고, 특이한 재료를 모은 수집품 목록도 점점 늘어갔다.

이렇게 모은 재료 시료는 친구이자 동료인 조 러플린Zoe Laughlin과 마틴 콘린Martin Conreen과 함께 세운 커다란 재료 라이브러리에 한꺼번에 모셔져 있다. 99.8%가 공기인, 연기를 고체로 만들었다고 할 수 있는 미국항공우주국NASA의 에어로겔일반적인 겔은 액체에 고체 성분이 섞여 있어 끈적끈적한 특성을 갖는 물질이다. 에어로겔은 겔의 액체 성분을 기체로 대체해 만든, 밀도가 아주 낮은 고체다:역자 주 조각처럼, 어떤 것은 대단히 낯설다. 내가 호주의 골동품점 뒤에서 발견한 우라늄 유리유리를 착색시키기 위해 녹이기 전 우라늄을 섞은 유리. 자외선을 비추면 영롱한 초록빛으로 빛난다. 20세기 중반에 식기 등을 만드는 데 많이 쓰였다:역자 주처럼, 어떤 것은 방사능이 있다. 철망간중석에서 추출해낸 금속 텅스텐

주괴처럼, 어떤 것은 말도 안 되게 무겁다. 어떤 것은 평범함 속에 비밀을 숨기고 있다. 스스로 회복하는 콘크리트가 대표적이다. 다 합쳐서 1,000종 이상의 재료가 모인 이 라이브러리는 우리가 사는 집에서부터 입고 있는

사소한 것들의 과학

옷과 사용하는 기계, 그리고 예술 작품에 이르기까지 이 세상을 이루고 있는 모든 성분을 표현하고 있다. 재료 라이브러리는 지금 유니버시티 칼리지 런던UCL의 공작 연구소Institute of Making에 있다. 여기에 있는 내용물로 우리의 문명을 다시 세울 수도 있고, 무너뜨릴 수도 있다.

하지만 수백만 종의 재료가 있는 훨씬 더 큰 재료 라이브러리가 있다. 우리가 아는 가장 큰 라이브러리이며, 기하급수적으로 더 커지고 있기도 하다. 바로 인류가 만든 세상 자체다. 옆의 사진을 보자. 사진 속에서, 나는 내가 사는 아파트 옥상에서 차를 마시고 있다. 이 장면은 모든 면에서 특이한 점이라고는 없다. 자세히 들여다보면 우리의 문명이 만들어낸 온갖 물질의 목록이 그 안에 담겨있다는 점만 빼고 말이다. 이 물질들은 중요하다. 콘크리트와 유리, 직물, 금속, 그리고 이 장면에 등장하는 다른 재료들이 없다고 해보자. 나는 허공에 벌거벗은 채로 떨고 있을 거다. 우리는 스스로가 문명화됐다고 생각하는데, 바로 그 문명화는 상당 부분 재료가 풍요로워진 덕분에 이루어질 수 있었다. 이런 물질이 없다면, 우리는 금세 동물이 맞닥뜨리는 것과 똑같은, 생존을 위한 투쟁에 직면하게 될 것이다. 그렇다면 어느 정도까지는 우리를 인간답게 행동하게 하는 것이 우리의 옷, 집, 도시, 그리고 우리가 문화와 언어를 통해 활기를 불어넣는 온갖 사물들 덕분이라고 할 수 있다. (만약 당신이 재난 지역에 가본 적이 있다면 이 말을 좀 더 쉽게 이해할 것이다.) 그러므로 재료의 세계는 단지 우리의 기술과 문화를 전시하는 게 아니라 우리의 일부다. 우리는 그것을 발명하고 만들었으며, 반대로 그것은 우리를 우리답게 만들어준다.

재료의 기본적인 중요성은 우리가 문명화의 단계를 분류할 때 쓰는 이름을 보면 확실히 알 수 있다. 석기시대, 청동기시대, 그리고 철기시대는 인류가 새로운 재료에 의해 새로운 존재로 거듭났음을 의미한다. 강철은 빅토리아 시대를 규정하는 재료다. 이 시기의 공학자들은 현수교와 철로, 증기기관과 정기여객선 등을 만들고자 하는 꿈을 이루었다. 위대한 공학자 이점바드 킹덤 브루넬lsambard Kingdom Brunel. 19세기 영국의 토목공학자로, 대서양 횡단증기선이나 철도 선로 등을 설계했다:역자 주은 강철로 풍경을 바꾸었고, 그것으로 모더니즘의 씨앗을 뿌렸다. 세계를 실리콘 칩과 정보혁명으로 이끈 재료과학의 눈부신 발전 이후, 20세기는 종종 실리콘의 시대로 불린다. 하지만 이것은 당시 현대적인 삶을 혁신한 또 다른 새로운 재료들을 무시하는 용어기도 하다. 건축가들은 대량생산한 판유리를 강철 구조재와 결합시켜 마천루를 만들었고, 마천루는 새로운 도시적 삶을 발명해냈다. 제품디자이너와 패션디자이너들은 플라스틱을 받아들여 우리의 집 안과 옷을 바꿨다. 폴리머로 만든 셀룰로이드는 영화를 탄생시켰고, 이로 인해 지난 천 년 사이 시각문화에 가장 큰 변화가 일어났다. 알루미늄 합금의 발달과 니켈 초합금은 제트엔진을 만들어 인간이 하늘을 날아다닐 수 있게 했다. 이것은 문화의 충돌을 가속화시켰다.

병원과 치과에서 쓰이는 세라믹 재료들은 몸을 재건해주고 장애나 노화를 극복하게 해주었다. '성형수술plastic surgery'이라는 단어가 암시하듯, 재료는 때때로 우리의 몸을 고치는 새로운 치료술로 이끌기도 하고(고관절 대체술처럼), 특징을 강화하기도 한다(유방 확대술 같은 실리콘 이식술처럼). 군터 폰 하겐스Gunther von Hagens. 폴란드 출신의 독일 해부학자:역자 주가 기획한 '인체의 신비Body World'전 역시, 삶과 죽음 안에 존재하는 신체적 특성에 대해 숙고하도록 우리를 이끌어주며 새로운 생체재료의 문화적 영향을 증명한다.

나는 우리가 건설한 재료의 세계를 해독하고자 하는 사람들을 위해 이 책을 썼다. 재료들이 어디에서 탄생했고 어떻게 기능하며, 우리에 대해 무엇을 말해주는지 알려주기 위해서다. 우리 주위에 널려 있음에도 불구하고, 재료 자체에 대한 지식은 때로 놀랄 만큼 잘 알려지지 않았다. 재료를 한 번 들여다본 것만으로는 그 재료가 지닌 독특한 특성을 알지 못한다. 재료는 우리 삶의 배경으로 모습을 감추기도 한다. 대부분의 금속은 빛이 나며 회색빛이다. 얼마나 많은 사람들이 알루미늄과 강철의 차이점에 주목할 수 있을까? 나무는 분명히 서로 다르지만, 얼마나 많은 사람들이 이유를 설명할 수 있을까? 플라스틱은 헷갈린다. 누가 폴리에틸렌과 폴리프로필렌의 차이를 알까? 하지만 더 중요한 건 그 다음일지도 모른다. 도대체 누가 상관이나 할까?

나는 상관한다. 그래서 당신에게 이유를 설명하고 싶다. 게다가 주제가 만물을 이루는 물질인 한, 어디에서부터든 설명을 시작할 수 있다. 나는 우리 집 지붕 위에서 찍은 내 사진에서부터 이야기를 시작하고, 또 책의 내용에 대한 아이디어를 얻기로 했다. 사진에서 물질의 이야기를 풀어낼 열 가지 재료를 골랐다. 각각의 재료에 대해 그것이 존재할 수 있도록 한 요인이 무엇인지 풀고자 애썼고, 그 안에 숨은 재료과학을 밝혀냈으며, 그것을 만든 놀라운 기술에 찬사를 보냈다. 그러나 무엇보다, 나는 그게 왜 중요한지를 표현하는 데 가장 중점을 뒀다.

그 와중에 우리는 알게 될 것이다. 재료의 진짜 차이는 복잡한 과학 장비를 통해서만 접근할 수 있는, 표면 아래 깊숙한 곳에 있다는 것을. 그래서 재료의 성질을 이해하기 위해 우리는 거시적인 규모(휴먼 스케일)를 벗어나는 여행을 할 필요가 있다. 왜 어떤 재료는 냄새가 있고 어떤 재료는 냄새가 안 나는지, 왜 어떤 재료는 수천 년을 견디고 어떤 재료는 태양에 노랗게 색이 바래고 부스러지는지, 방탄유리도 있는데 왜 와인글라스는 사소한 충격에도 산산조각이 나는지를 알아보려면 현미경 스케일로 살펴봐야 한다. 미시 세계로 향하는 이 여행을 통해, 음식과 옷, 각종 기계, 보석, 그리고 우리 몸 자체에 숨은 과학이 드러날 것이다.

비록 이 세계의 물리적 크기는 매우 작지만, 시간 스케일은 대단히 크다. 실 하나를 예로 들어보자. 실은 머리카락과 비슷한 크기다. 실은 우리 눈으로 볼 수 있는 가장 작은 인공 구조물로서 끈과 천, 카펫, 그리고 옷을 만드는 재료가 된다. 천은 인류가 만든 가장 초기의 재료 중 하나다. 우리는 스톤헨지보다 오래 전에 설계한 미세한 직조물을 입는다. 역사시대 내내 옷은 우리 몸을 보호하고 따뜻하게 해주었으며 멋스럽게 해주었다. 하지만 옷도 하이테크다. 20세기에 우리는 달에 간 우주인을 보호할 만큼 충분히 강한 우주복을 직물로 만드는 법을 알아냈다. 인공 팔다리를 만들기 위한 고체섬유도 개발했다. 케블라Kevlar라고 불리는 고강도 합성섬유를 이용해 칼에 찔려도 안전한 속옷이 개발된 것은 내게 특별한 감흥을 주기도 했다. 이처럼 수천 년에 걸쳐 이루어진 재료기술의 진화는 이 책에서 내가 반복하고 또 반복할 내용이다.

각각의 장에서 나는 각기 다른 재료를 소개하는 데 그치지 않고, 재료를 바라보는 다양한 관점도 소개할 것이다. 어떤 것은 우선 역사적인 관점을 취하고, 어떤 것은 좀 더 과학적인 관점을 취할 것이다. 어떤 경우에는 재료의 문화적 측면을 강조할 것이고, 어떤 경우에는 놀라운 기술적 능력을 강조할 것이다. 모든 장은 이러한 접근법이 뒤섞여 있을 것이다. 재료와 우리의 관계가 너무나 다양해 단순하게 접근해서는 모두를 만족시킬 수 없기 때문이다. 재료과학 분야는 재료를 기술적으로 이해할 수 있는 가장 강력하고 일관된 틀을 제공한다. 하지만 재료에는 과학 이상의 것이 있다. 결국 모든 것은 무언가로 만들어져 있고 무언가를 만드는 사람들, 그러니까 예술가, 디자이너, 요리사, 엔지니어, 가구 제작자, 보석 가공사, 외과의사 등은 모두 실제적이고 감정적이며 감각적인 측면에서 그들이 다루는 재료를 각기 다르게 이해하고 있다. 나는 재료에 대한 지식의 이러한 다양함을 포착하고자 한다.

예를 들어, 종이에 대해 이야기하는 2장은 순간적으로 찍은 스냅사진을 모아 놓은 형태다. 종이가 여러 형태를 하고 있기에 그런 면도 있고, 종이가 여러 사람에게 대단히 다양한 다른 방식으로 사용되기 때문이기도 하다. 생체재료에 대한 장은 반대로, 우리 몸을 이루는 재료 속으로 깊숙이 파고든다. 이 분야는 재료과학 분야에서 미국 개척시대의 서부처럼 간주되는데, 새로운 재료가 생체공학(바이오닉) 분야라는 새로운 영역을 열어젖히고 있기 때문이다. 이 분야에서는 살과 피를 '지능적으로' 디자인하는 기술인 생체 이식의 도움을 받아 신체를 재건한다. 이런 재료는 사회에 예상치 못한 심오한 문제를 제기한다. 우리가 우리 자신과 맺는 관계를 근본적으로 바꿔놓기 때문이다.

또한 모든 것이 궁극적으로는 원자로 이루어져 있기에, 우리는 양자역학이라고 알려진 이론에 의해 기술되는, 원자를 지배하는 규칙에 대해 이야기하지 않을 수 없다. 이것은 우리가 일단 미세한 원자 세계에 들어섰다면, 상식이라는 것을 철저히 단념하고 파동함수와 전자 상태를 이야기해야 한다는 뜻이다. 점점 더 많은 재료가 이런 작은 스케일에서 일어난 변화로부터 태어나고 있으며, 불가능해 보이는 일을 해내고 있다. 양자역학을 이용해 만든 실리콘 칩은 이미 정보시대를 불러왔다. 비슷한 방식으로 만들어진 태양전지는 에너지 문제를 해결해줄 것으로 기대를 모으고 있다. 하지만 우리는 아직 해결의 단계에 이르지는 못했고, 여전히 석유와 석탄에 의존하고 있다. 왜 그럴까? 이 책에서 나는 우리가 달성하고자 하는 한계에 빛을 비춰주고자 노력할 것이다. 이 분야에는 새로운 희망을 품게 하는 재료인 그래핀이 등장했고, 나는 이 빼어난 재료를 요모조모 따져볼 것이다.

재료과학에 숨은 가장 핵심적인 아이디어는, 이렇게 미시적인 규모에서 일어나는 변화가 거시적인 규모에서 일어나는 재료의 특성 변화로 나타난다는 것이다. 그렇기 때문에, 현미경이 없어 자신이 무슨 일을 하는지 눈으로 볼 수 없었음에도 불구하고 우리 조상들은 청동이나 강철 같은 새로운 재료를 발견하는 뛰어난 성취를 했다. 당신이 금속 한 조각을 때린다고 해보자. 당신은 금속의 모양만 바꾸는 것이 아니라 내부구조까지 바꾸게 될 것이다. 만약 당신이 특정한 방식으로 때린다면 내부구조는 금속을 더 강하게 하도록 변할 것이다. 비록 이유는 몰랐지만, 우리의 조상들은 경험을 통해 이 사실을 알았다. 이러한 지식의 축적은 재료의 구조에 대한 진정한 인식이 생기기도 전에 우리를 석기시대에서 20세기로 이끌었다. 재료에 대한 경험적 이해의 중요성은, 이를테면 대장장이의 기예 같은 데에 고스란히 남아 있다. 우리는 이 책에서 소개한 거의 모든 재료에 대해 알고 있는데, 그것은 머리로만 이해하는 게 아니라 손으로도 이해하고 있는 것이다.

이렇게 물질과 맺은 감각적이고 개인적인 관계는 황홀한 결론을 낳는다. 우리는 어떤 재료를 그것이 가진 결점 때문에 사랑하고, 어떤 재료는 그것이 실용적이기 때문에 싫어한다. 세라믹(도자기)을 예로 들어보자. 세라믹은 주방 식기의 재료다. 접시, 사발, 컵이 세라믹으로 만들어진다. 세라믹이 없는 집이나 식당은 있을 수 없다. 우리는 수천 년 전에 농업을 발명했을 때부터 세라믹을 사용하고 있는데, 이 재료는 그때나 지금이나 쪼개지고 금이 가며 부서지기 쉽다. 왜 우리는 플라스틱이나 금속같이 더 튼튼한 재료로 접시나 컵을 만들지 않을까? 왜 우리는 역학적인 단점에도 불구하고 세라믹을 계속 고집하고 있는 걸까? 이런 종류의 질문에 대해서 고고학자와 인류학자, 디자이너와 미술가 등 여러 분야의 전문가가 연구해 왔다. 또 우리가 재료와 나누는 감각적인 상호작용에 대해 열정을 다해 체계적으로 연구하는 과학 분야 역시 존재한다. 심리물리학이라고 불리는 이 분야는 몇 가지 흥미로운 사실을 발견했다. 예를 들어 '바삭함'에 대한 연구에 따르면 음식이 내는 소리는, 우리가 음식을 즐길 때 맛만큼이나 중요한 역할을 한다. 이 연구는 요리사들로 하여금 효과음을 고려한 요리를 만들도록 했다. 또 감자칩 제조사들은 얇은 감자튀김 자체를 바삭하게 했을 뿐만 아니라, 포장지가 내는 소리도 바스락거리게 만들었다. 나는 초콜릿을 다루는 장에서 재료의 심리물리학적 측면을 탐구하고, 이것이 수세기 동안 혁신의 주요한 원동력이었음을 보여줄 것이다.

이 책은 결국 재료에 대한 지난한 조사서이자, 재료가 인류문화와 맺는 관계에 대한 연구서다. 한편으로는 그것들이 우리 삶에 미친 영향에 대한 한 장의 스냅사진이기도 하다. 심지어 건물 지붕 위에서 차를 마시는 것 같은 아주 평범한 활동조차 재료의 심오한 복합체 위에서만 가능하다. 당신은 역사와 기술이 인류의 문화에 어떻게 영향을 미쳤는지 알기 위해 박물관에 갈 필요가 없다. 그 영향의 결과는 주변에 널려 있기 때문이다. 거의 대부분의 시간 동안 우리는 그것들을 무시한다. 아니, 무시해야만 한다. 종일 콘크리트 벽에 손가락을 대고 문지르며 감탄하는 소리를 내고 있다가는 미친 사람 취급을 받기 딱 좋을 테니 말이다. 하지만 그런 묵상의 시간은 꼭 찾아올 것이다. 내겐 지하철역에서 면도날에 베였던 그때 그 순간이 그랬다. 그리고 당신에게는, 이 책이 그런 순간을 불러오면 좋겠다.

0·1

불굴의
steel

Stuff
Matters

steel

steel : 강철

구리시대에서 청동기시대로,
다시 철기시대로. 문명사는 이렇게 점점 더
강한 합금으로 향하는 계승의 역사다.

　　이전에는 펍(선술집)의 화장실에서 비밀 폭로 금지 협약에 서명하라
는 요구를 받아본 적이 한 번도 없었다. 그래서 브라이언이 요구하는 게
서명뿐이라는 사실을 알고 나서는 적잖이 안도했다. 나는 브라이언을 한
시간 전에 처음 만났다. 던 레아리Dun Laoghaire. 아일랜드의 수도 더블린의 해변에 위치한 부도
심:역자 주에 위치한, 당시 내가 일하던 곳에서 가까운 시한의 펍Sheehan's pub에
서였다. 브라이언은 얼굴이 붉은 60대의 사내로 다리가 불편해 지팡이를
짚고 다녔다. 수트를 말끔하게 차려입었고 머리엔 노르스름한 빛을 띠는
흰머리가 드문드문 나 있었는데, '실크 컷일본 담배 브랜드:역자 주' 담배를 끊임없
이 피워댔다. 브라이언은 내가 과학자라는 것을 알고는 자신이 1970년대
에 런던에서 겪은 일에 대해 관심을 갖고 들어줄 것이라고 단정해버렸다.

틀린 말은 아니었다. 그때 그는 인텔 4004 실리콘 칩을 거래할 최적의 자리에 있었다. 그는 칩이 1만 2,000개 든 상자 하나를 1파운드에 사들인 뒤, 당시 막 싹이 트기 시작한 컴퓨터업체에 작은 묶음 하나당 10파운드씩 받고 팔았다. 내가 유니버시티 칼리지 더블린University College Dublin의 기계공학과에서 합금을 연구한다고 밝히자, 그는 처음으로 깊은 생각에 잠긴 얼굴로 입을 다물었다. 나는 그 기회를 화장실에 다녀올 찬스로 활용했다.

비밀 폭로 금지 협약은 그가 방금 공책에서 뜯은 게 분명한 종잇장에 휘갈겨 있었다. 내용은 간단했다. 자신이 발명한 것을 내게 설명해줄 예정인데, 내용에 대해 비밀을 지켜야 한다는 것이었다. 그 대가로 그는 내게 1아일랜드 파운드를 지불한다고 했다. 나는 그에게 좀 더 설명해달라고 했지만, 그는 우스꽝스럽게 입술을 다물며 시치미를 뗐다. 도대체 왜 우리가 화장실 칸막이에서 이런 대화를 나눠야 하는지 알 수 없었다. 그의 어깨너머로 다른 취객이 드나드는 게 보였고, 나는 도와달라고 외쳐야 하나 생각했다. 브라이언은 재킷 주머니를 뒤지더니 볼펜을 꺼냈다. 바지 주머니에서는 너덜너덜한 1파운드 지폐가 나왔다. 그는 매우 집요했다.

나는 그래피티가 그려진 칸막이벽에 대고 종이에 사인했다. 그도 사인했다. 그리고 지폐를 건네줬다. 이로써 이 종이는 법적인 효력을 갖는 문서가 됐다.

술잔이 있는 바로 다시 돌아와서, 나는 브라이언이 무뎌진 면도날을 날카롭게 하는 전자기기를 발명했다는 설명을 들었다. 그의 주장에 따르면 면도 사업 분야에 혁명을 불러오는 일인데, 이 기계를 쓰면 사람들이 평생 면도날을 딱 하나만 가지면 됐기 때문이다. 단번에 수억 달러 규모의

사소한 것들의 과학

산업이 붕괴하고 그는 대단한 부자가 되며 지구의 자원이 낭비되는 걸 막을 수 있는 일이었다. "어때요?" 그는 영광스러운 표정으로 맥주를 한 모금 삼키며 말했다.

나는 의심스러운 눈으로 그를 살펴봤다. 모든 과학자는 희한한 발명 아이디어를 지닌 사람의 이야기에 대해 귀가 솔깃하기 마련이다. 더구나 면도날은 내게 아주 민감한 주제였다. 해머스미스역의 플랫폼에서 일어난 사건과 그로 인해 등에 생긴 큰 상처가 떠올라 점차 불편한 기분이 됐다. 하지만 그에게 마저 이야기하라는 신호를 보내고 계속 들었다.

의아한 일이지만, 사람들이 강철을 과학적으로 이해하기 시작한 것은 20세기에 들어선 이후다. 그 이전 수천 년 동안, 강철 제조는 기예의 일종으로 세대를 거쳐 전수돼 왔다. 심지어 우리가 천문학이나 물리학, 화학에 대해 뛰어난 이론적 성취를 거둔 19세기에조차 산업혁명의 기반이 된 철과 강철은 경험에 의존해서만 만들 수 있었다. 즉 직관에 의한 어림짐작, 주의 깊은 관찰, 그리고 엄청난 운이 당시 강철 제조법의 유일한 비결이었다. (브라이언이 이런 엄청난 운의 도움을 받아 면도날을 날카롭게 하는 혁신적인 공정에 우연히 도달했다고 볼 수 있을까? 그런 생각을 도무지 배제할 수가 없었다.)

석기시대에, 금속은 지극히 드물고 귀했다. 지구에서 찾을 수 있는 금속이라고는 드물게 지각에서 자연적으로 얻을 수 있는 구리와 금뿐이었다(다른 대부분의 금속과 달리, 이들은 원석에서 추출한다). 철도 일부는 지각에 존재하지만 대부분은 하늘에서 운석의 형태로 떨어졌다.

:: 라디보크 라직과 2007년 이후 그의 집을 강타한 5개의 운석.

　　보스니아 북부에 사는 라디보크 라직Radivoke Lajic은 하늘에서 떨어진 금속 조각에 대해서라면 뭐든지 아는 사내다. 2007년부터 2008년 사이에 그의 집에는 운석이 다섯 개 이상 떨어졌다. 확률적으로 너무나 일어나기 힘든 일이기에, 외계인이 그를 노렸다는 그의 주장이 설득력 있게 들릴 지경이었다. 라직이 대중 앞에 나서고 한창 의혹에 휩싸여 있던 2008년, 그의 집에 운석이 또 하나 떨어졌다. 이 현상을 조사한 과학자들은 그의 집을 강타한 것이 진짜 운석이 맞으며, 그렇게나 일어나기 힘든 일이 믿기 어려울 정도로 자주 일어나는 원인을 밝히기 위해 그의 집 주변의 자기장

사소한 것들의 과학

을 연구하고 있다고 밝혔다.

구리와 금, 그리고 운석에서 온 철이 없던 구석기시대 선조들의 도구는 부싯돌과 나무, 그리고 뼈로 만들어졌다. 이런 도구로 뭔가를 만들고자 노력해본 사람이라면 이 도구들에 얼마나 제약이 많은지 알 수 있을 것이다. 만약 나뭇조각을 내리친다면, 나무는 부서지거나 갈라지거나 끊어질 것이다. 돌이나 뼈도 비슷하다. 하지만 금속은 이런 재료들과 근본적으로 다르다. 금속은 두들겨서 모양을 만들 수 있다. 녹아 흘러내리기도 하고, 얇게 펼 수도 있다. 뿐만 아니라, 때리면 점점 강해진다. 망치로 치는 것만으로 칼날은 강해질 수 있다. 금속을 불에 넣고 가열하는 것만으로 이 과정들을 반대로 할 수도 있다. 1만 년 전에 이런 특성을 처음 발견한 사람은 바위처럼 단단하면서도 플라스틱처럼 유연하고 자유자재로 모양을 만들 수 있으며, 무한히 되풀이해 사용할 수 있는 재료를 찾은 것이다. 다시 말해 그들은 도구, 특히 도끼나 끌, 면도날처럼 무언가를 자르는 도구를 만들 완벽한 재료를 찾아냈다.

부드러운 재료에서 단단한 재료로 변하는 금속의 능력은 고대의 조상들에게 마술처럼 보였던 것 같다. 아마 브라이언에게도 마술이었을 것이다. 그는 시행착오 끝에 면도날을 세우는 기계를 만들었다. 물리학이나 화학의 도움은 전혀 받지 않았고, 어느 정도 성공했다. 그는 기계를 이용해 면도칼을 가공하면서 내게 가공 전후에 날이 얼마나 날카로운지 측정해 달라고 했다. 그런 증거가 있어야 면도날 회사를 상대로 진지하게 사업 논의를 할 수 있을 터였다.

나는 브라이언에게 면도날 회사들이 이 성과를 진지하게 받아들이게

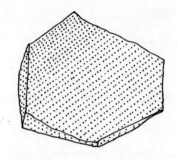

:: 금속의 결정. 면도날의 내부에 존재하는 결정도 이런 모양이다. 일렬로 늘어선 점들은 원자를 의미한다.

하려면 한두 가지 측정만 해서 될 일이 아니라고 설명했다.

금속은 결정으로부터 만들어진다. 보통 면도날은 수십억 개의 결정을 지니고 있고, 각각의 결정은 원자가 아주 특정한 방향, 거의 완벽한 3차원 패턴으로 배열돼 있다. 원자 사이의 결합을 통해 금속 원자는 제자리에 위치할 수 있고, 결정은 강도를 갖게 된다. 면도날이 무뎌지는 것은 수염과 충돌해 이런 결정의 상당수가 다른 모양으로 재배열되기 때문이다. 결정이 재배열되면 원자 사이의 결합이 끊어지거나 새로 만들어지면서 매끈한 면도날 모서리에 미세한 홈이 생긴다. 이런 면도날을 브라이언의 주장처럼 전자적·기계적 메커니즘을 이용해 다시 날카롭게 만들려면, 이 과정을 반대로 거쳐야 한다. 다시 말해, 원자를 움직여서 망가진 구조를 다시 구축해야 한다는 뜻이었다.

브라이언의 생각이 진지하게 받아들여지려면, 결정 규모에서 구조의 재구축이 일어났다는 증거뿐만이 아니라 원자 수준에서도 어떻게 그런 일이 일어났는지 납득할 만한 설명을 할 수 있어야 했다. 전기적으로 만들든 그렇지 않든, 열은 브라이언이 주장한 것과는 다른 결과를 일으킨다.

사소한 것들의 과학

나는 그에게 열은 금속의 결정을 부드럽게 만든다고 설명했다. 브라이언은 자기도 그건 안다며 그가 만든 장치는 강철 면도날에 열을 가하지 않는다고 단호하게 말했다.

금속이 결정으로 이루어져 있다는 사실은 이상하게 생각될 수 있다. 결정에 대한 일반적인 이미지는 다이아몬드나 에메랄드같이 투명하고 다각형의 면을 지닌 보석과 연결돼 있기 때문이다. 금속의 결정 특성은 우리 눈에 보이지 않도록 숨어 있다. 금속의 결정은 불투명하고, 대부분의 경우 현미경으로 봐야 할 정도로 아주 작다. 전자현미경으로 보면, 작은 금속 조각의 결정은 마구잡이로 포장된 도로처럼 보이고, 결정의 안쪽에는 구불구불한 선이 있다. 이 선을 '전위dislocation'라고 한다. 전위는 금속결정에 생긴 결함으로, 이곳에서 원자는 평소의 완벽한 배열을 잃고 일종의 불연속성을 지니게 된다. 전위는 거기 있어서는 안 되는 원자의 파열 현상이다. 듣기에는 그리 좋지 않은 일이 일어난 것 같은 느낌이지만, 사실은 대단히 유용하다는 사실이 밝혀졌다. 어떤 금속이 도구, 날, 그리고 궁극적으로 면도날처럼 특별해질 수 있는 게 바로 전위 덕분이다. 금속결정으로 하여금 모양을 바꿀 수 있게 하기 때문이다.

전위의 힘을 경험하기 위해 망치를 쓸 필요는 없다. 클립을 구부린다고 해보자. 이때 실제로 구부러지는 것은 금속의 결정이다. 만약 결정이 구부러지지 않는다면 클립은 막대기처럼 부서지거나 뚝 부러지고 말 것이다. 이렇게 모양을 다시 만들 수 있는 성질(가소성)은 결정 안에서 전위가 움직임으로써 생긴다. 전위는 움직이면서 재료를 약간씩 결정의 한쪽에서 다른 쪽으로 옮긴다. 이런 일은 음속으로 일어난다. 만약 클립을 구

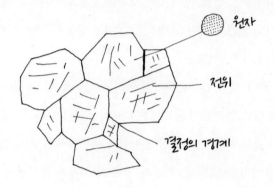

원자

전위

결정의 경계

:: 이 스케치에서는 보기 쉽게 하려고 전위를 조금만 그렸다. 보통 금속에는 전위가 매우 많아서 서로 겹치고 교차한다.

부리면, 대략 100조 개의 전위가 초속 수십만 m의 속도로 움직인다. 이때 움직이는 것은 비록 결정의 작은 일부(사실은 하나의 원자 평면)뿐이지만, 금속으로 하여금 부서지기 쉬운 바위가 아니라 아주 강력한 플라스틱처럼 행동하게 한다.

금속의 녹는점은 금속 원자가 서로 얼마나 강력하게 결합돼 있는지를 나타내는 지표이기도 하지만, 전위가 얼마나 쉽게 움직일 수 있는지 여부에 영향을 미치기도 한다. 납은 녹는점이 낮고 따라서 전위도 터무니없을 만큼 쉽게 이동한다. 납이 부드러운 금속이 된 것도 이 때문이다. 구리는 녹는점이 높고 단단하다. 금속을 가열하면 전위가 움직여 스스로 다시 조직하게 되는데, 그 결과 중 하나가 금속이 물러지는 것이다.

금속의 발견은 선사시대에 일어난 중요한 순간이었다. 하지만 금속이 주변에 별로 없다는 근본 문제를 풀어주지는 못했다. 대안 중 하나는 분명했다. 하늘에서 더 많은 운석이 떨어지길 기다리는 것인데, 그러자면 인내

심이 엄청나야 했다. (매년 수 kg의 운석이 지구 표면에 떨어지는데, 그나마 대부분은 바다에 떨어진다). 그러나 어느 시점에서 인류는 석기시대를 끝내고 재료를 거의 무한정 공급할 수 있는 세계의 문을 열었다. 매우 뜨거운 불에 넣으면 붉은색 잔화에 둘러싸인 채 빛나는 금속 조각으로 변하는, 녹색의 돌을 발견한 것이다. 이 녹색의 돌은 공작석malachite. 수산화 탄산구리로 이뤄진 광물로 구리의 원광석이다:역자 주이고, 금속은 당연히 구리다. 인류에게 있어 구리의 발견은 가장 눈부신 발견이었음에 틀림없다. 갑자기 인류는 죽어 있고 쓸모없는 바위가 아니라, 내밀한 삶을 지닌 신비로운 재료에 둘러싸인 채 살게 됐다.

인류는 돌을 금속으로 바꿔내는 변환을 할 수 있게 됐지만, 공작석 등 한두 개의 돌을 가지고서만 가능했다. 금속을 얻으려면 광석을 구분할 수 있어야 할 뿐만 아니라 불의 화학적 성질을 주의 깊게 조절할 수 있어야 하기 때문이다. 인류는 아무리 불을 뜨겁게 피워도 돌 형태를 완고하게 유지하는, 그러니까 금속을 잘 만들 수 없는 광석에 어떤 비밀이 있다고 생각했다. 그리고 그 생각은 옳았다. 비록 광물 제련에서 다음 단계의 큰 변화로 이끄는 데 필요한 화학(광석과 그 안에서 형성된 기체 사이의 화학반응을 통제한다)을 이해하기까지는 수천 년이 걸렸지만, 이 공정은 수많은 광물에 사용되고 있다.

한편, 기원전 5,000년쯤부터 인류는 시행착오를 통해 구리 생산 방법을 익히기 시작했다. 구리로 만든 도구는 인류기술의 눈부신 발전을 촉발했고, 다른 기술은 물론 도시나 최초의 문명을 탄생시킨 주역이 됐다. 이집트의 피라미드는 구리로 만든 도구가 충분할 경우 어떤 일이 가능한지 보여준다. 각 피라미드의 돌 블록 하나하나는 광산에서 얻었는데, 각각 구리로 만든 끌을 이용해 손으로 깎아 만들었다. 끌 30만 개가 필요했다고 봤을 때, 고대 이집트에서는 구리 광석 1만 톤이 사용됐던 것으로 추정된다. 이는 매우 놀라운 성취인데, 구리 도구가 없었다면 노예가 아무리 많이 동원됐다 한들 피라미드를 만들기 어려웠을 것이기 때문이다. 금속 도구 없이 바위를 깎기란 현실적으로 불가능하다. 더구나 인류는 구리가 무르기 때문에 바위를 깎는 데 이상적인 재료가 아니라는 사실도 알게 됐다. 구리로 된 끌로 석회암을 깎다 보면 끌이 금세 무뎌진다. 추정하건대, 구리로 만든 끌은 망치로 한두 번 내려치기만 해도 다시 끝을 뾰족하게 깎아야 했을 것이다. 같은 이유로, 구리는 면도칼 재료로도 이상적이지 않았다.

금은 또 다른 부드러운 금속이다. 어찌나 부드러운지, 순수한 금으로만 만든 반지는 귀하다. 상처가 너무 빨리 나기 때문이다. 하지만 금을 합금으로 만들면, 그러니까 은이나 구리 같은 다른 금속을 몇 % 섞으면 금의 색상을 바꿀 수 있을 뿐만 아니라(은을 넣으면 금에 흰 빛이 강해지고 구리가 들어가면 붉은 빛이 강해진다), 금을 더 강하게 만들 수 있다. 성분을 아주 약간 더해서 금속의 성질을 바꾸는 것은 놀랍고 멋진 일이었다. 금 합금에서 첨가한 은 원자가 어디로 가는지 궁금할 텐데, 정답은 은 원자가 금 원자 대신 금 결정구조의 안에 있다는 것이다. 이렇게 원자결정의 격자 속에서 일어나는 원자의 치환(바꿔치기)은 금을 강하게 만들어 준다.

합금은 몇 가지 단순한 이유 때문에 순수한 금속보다 강하다. 합금 원자는 크기가 다르고, 원래의 금속 원자 안에서 벌어지는 것과 화학반응도 다르다. 그래서 합금 원자가 원래의 금속 안에 자리 잡고 나면, 온갖 종류

사소한 것들의 과학

의 기계적·전기적 방해를 일으키고 여기에 더해 한 가지 중요한 변화도 일으킨다. 전위가 움직이기 어렵게 만드는 것이다. 만약 전위가 움직이지 못하면 금속의 결정이 모양을 바꾸기 어렵기 때문에 금속이 더 강해진다. 따라서 합금을 디자인하는 것은 전위의 움직임을 막는 기술이라고도 할 수 있다.

이런 원자 치환은 다른 결정 안에서도 자연적으로 일어난다. 산화알루미늄 결정은 순수한 상태에서는 색이 없다. 하지만 여기에 철 원자가 불순물로 섞이면 푸르스름하게 변한다. 이게 바로 보석인 사파이어다. 같은 방식으로 크롬을 불순물로 지니면 루비가 된다.

구리시대에서 청동기시대로, 다시 철기시대로. 문명사는 이렇게 점점 더 강한 합금으로 향하는 계승의 역사다. 구리는 약한 금속이지만 자연적으로 얻을 수 있고 제련하기 쉽다. 청동은 구리의 합금으로, 적은 양의 주석이나 비소를 함유하고 있고, 구리보다 훨씬 강하다. 그래서 만약 당신이

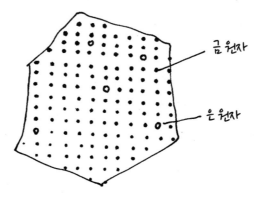

:: 은과 합금 상태가 된 금을 원자 규모에서 본 그림. 은 원자가 결정 안에서 어떻게 금 원자를 대체했는지 보여준다.

구리를 갖고 있고 제대로 다룰 줄만 안다면, 추가 힘을 거의 들이지 않고도 구리보다 열 배는 더 강하고 단단한 무기와 면도칼을 만들 수 있다. 유일한 문제는 주석이나 비소가 매우 귀하다는 점이다. 청동기시대에 콘월 Cornwall. 영국 잉글랜드 지방 남서부의 주:역자 주이나 아프가니스탄 같은 곳에서 중동 등 문명의 중심지로 가는 정교한 무역로가 생긴 것도 바로 이런 이유에서다.

현대의 면도칼도 합금으로 만들어졌다. 하지만 내가 브라이언에게 설명했듯, 면도칼은 우리 조상들을 수천 년 동안이나 혼란에 빠뜨린 아주 특별한 종류의 합금이었다. 강철, 그러니까 철과 탄소의 합금은 청동보다 강하고 성분은 자연에 훨씬 풍부했다. 거의 대부분의 바위는 안에 철 성분을 조금씩 지니고 있고, 탄소는 불이 있는 곳이라면 어디에나 연료로 존재한다. 조상들은 강철이 합금이라는 사실을 알아차리지 못했다. 탄소는 숯의 형태를 띠고 있는데, 철을 가열하고 모양을 가다듬기 위한 연료로만 여겨졌을 뿐, 철 결정 안에 들어가는 재료라고는 어느 누구도 생각하지 못했다. 탄소는 구리나 주석, 청동을 정련할 때는 이런 모습을 보이지 않는다. 아마 당시 사람들에게는 굉장히 희한하게 느껴졌으리라. 오늘날에는 양자역학 지식 덕분에 이런 일이 왜 일어나는지 설명할 수 있다. (강철 안의 탄소는 결정 속 철 원자를 대체해 들어가 있는 게 아니다. 철 원자 사이에 끼어들어 갈 수 있고, 따라서 결정을 쭉 늘릴 수 있다.)

다른 문제도 있다. 만약 철이 너무 많은 탄소와 합금을 이루게 되면 어떨까. 예를 들어 강철 안에 1%의 탄소가 들어가는 대신 4%가 들어가게 되면 강철은 매우 부서지기 쉬워져 도구나 무기를 만들기에 전혀 적합하지 않다. 불 속에는 탄소가 아주 많기 때문에, 이것은 큰 골칫덩이다. 안에

사소한 것들의 과학

철을 너무 오래 두거나 액체가 되게 내버려두면 많은 양의 탄소가 금속 결정에 들어가게 되고 합금은 부스러지기 좋게 변한다. 이렇게 탄소 함량이 높은 강철로 만든 칼은 전투 시 똑 부러지고 말 것이다.

합금 공정이 처음으로 온전히 설명된 20세기 이전까지는, 왜 어떤 강철 제조 공정은 되고 다른 것은 되지 않는지 설명할 수 있는 사람이 없었다. 강철 제조 공정은 시행착오를 통해서만 완성될 수 있었고, 이렇게 완성된 제조 공정은 한 세대에서 다음 세대로 비밀리에 전수됐다. 그 기술은 너무나 복잡해서 혹시 제조법을 도둑맞는다 해도 다른 누군가가 그 제조 공정을 재현할 확률은 매우 낮았다. 특정 문화권의 야금治金 문화는 질이 매우 좋은 강철을 만드는 것으로 정평이 났고, 그런 문명은 번성했다.

1961년, 옥스퍼드대의 리치몬드 교수는 로마인들이 기원후 89년에 판 채굴장을 발견했다. 여기에서 5cm짜리 작은 못 76만 3,840개, 중간 크기 못 8만 5,128개, 큰 못 2만 5,088개, 그리고 아주 큰(약 40cm) 못 1,344개가 나왔다. 금이 아니라 철과 강철을 저장한 곳이었다는 사실에 많은 사람이 실망했지만, 리치몬드 교수는 아니었다. 그는 왜 로마 군대가 7톤이나 되는 철과 강철을 파묻었는지 자문했다.

로마제국에서 가장 외곽 지역이라 할 수 있는 스코틀랜드의 인크투틸Inchtuthil이라는 지역에 농업 전진기지가 세워졌고, 여기서 로마 군대는 야만적이고도 위협적인 켈트족으로부터 국경을 지키는 임무를 맡았다. 5,000명의 남자로 이루어진 군대는 6년간 그 지역을 차지했지만 결국 요새를 포기하고 후퇴할 수밖에 없었다. 로마 군대는 그 과정에서 적에게 도움이 될 수 있는 것을 남겨놓지 않으려고 크게 주의를 기울였다. 그들은 식량과 음료가 든 통들을 산산이 부쉈고, 요새는 불태워 땅에 묻었다. 하지만 그것으로도 만족하지 않았다. 타고 남은 재 속에는 요새를 서로 연결시켜주던 강철로 만든 못이 남았다. 이 못들은 자신들을 쫓아낸 켈트족에게 남겨두고 가기에는 너무나 중요한 물건이었다. 철과 강철은 로마인들로 하여금 수로와 배, 칼을 만들게 한 재료로, 제국을 운영하는 데 중요한 역할을 한 물건들이었다. 못을 남겨두고 간다는 것은 무기 저장고를 그대로 둔 것만큼이나 적에게는 유용한 일이 될 터였다. 그래서 로마인들은 남쪽으로 가기 전에 구덩이를 파고 못을 묻었다. 수가 적고 작은 강철 물품 중에는 무기나 갑옷처럼 몸에 지닌 채 퇴각했을 물건이 있을 것이다. 그 중 그들의 문명화된 삶을 보여주는 물품으로 로마식 면도칼, 노바칠리 novacili가 있다. 노바칠리와 노바칠리를 쓰는 이발사 덕분에 로마인들은 면도가 된 말끔한 모습으로 퇴각할 수 있었고, 덕분에 야만적인 유목민들과 자신들을 구분할 수 있었다.

강철 제조를 둘러싼 비법은 많은 신화를 만들어냈다. 로마가 물러나는 시기에 영국을 통일시키고 통치권을 회복하는 과정을 그린 신화에도 이러한 상징이 남아 있다. 바로 아더왕의 전설적인 칼 엑스칼리버다. 이 칼은 때때로 마술적인 힘을 지니고 있다고 여겨지기도 하고, 영국의 통치권과 관련이 있는 것으로 묘사되기도 한다. 당시에는 전투에서 칼이 부러지면서 기사가 무방비 상태에 놓이는 일이 자주 일어났다. 강한 전사가 쓰는 질 좋은 강철 칼이 왜 혼란을 종식시키는 문명의 지배를 의미하게 됐는지 이해하고도 남을 일이다. 또한 강철을 만드는 과정에는 반드시 대단히 의례적인 도움이 필요했다는 사실을 생각해보면, 강철이 왜 마술과 관련

사소한 것들의 과학

이 있는지도 설명할 수 있다.

이런 사실을 일본만큼 더 잘 보여주는 나라도 없다. 사무라이 칼을 만드는 데에는 여러 주가 걸리는데, 종교적인 의식의 일부다. '아마노무라쿠모노쓰루기(하늘의 구름을 모으는 칼이라는 뜻)'라는 전설적인 일본도는 뛰어난 전사였던 야마토 타케루로 하여금 바람을 통제하고 모든 적을 물리치게 했다. 환상적인 이야기와 의식에도 불구하고, 어떤 칼이 다른 칼보다 10배나 더 강하고 날카로울 수 있다는 이야기는 그저 신화가 아니라 현실이다. 15세기까지 일본 사무라이가 사용한 칼의 강철은 세계에서 가장 뛰어난 것이었고, 20세기에 과학으로서의 야금학이 발달하기 전까지 500년 동안 줄곧 훌륭한 상태를 유지했다.

사무라이 칼은 타마하가네라는 특별한 강철로 만들어졌다. 타마하가네는 보석 강철이라는 뜻인데, 태평양의 검은 화산재(대부분 마그네타이트라고 불리는 철광석으로 돼 있다. 이 광석은 나침반의 바늘을 만들 때 쓰였던 원재료다)로 만들어졌다. 이 강철은 높이가 약 4피트(약 1.2m), 길이가 약 12피트(약 3.6m)에 달하는, 진흙으로 만든 커다란 제철로^{製鐵爐} '타타라_{원래 일본어} 타타라는 골풀무라는 뜻으로 가마에 공기를 넣는 장치다:역자주'에서 만들어진다. 이 제철로는 안에 불을 피우기 때문에 진흙 주형이 도자기로 변하며 단단해진다. 일단 이렇게 불을 피우면 용기는 검은 모래와, 도자기 용광로에서 사용되는 검은 숯에 의해 미세하게 코팅된다. 이 과정은 일주일 정도 걸린다. 그 동안 4~5명으로 이뤄진 팀이 끊임없이 주의를 기울여야 하는데, 손풀무로 안에 공기를 주입시켜 온도를 충분히 높게 유지시킨다. 마지막에는 타타라를 깨서 여는데, 재 안에서 모래와 숯 잔여물과 함께 타마하가네 강철을 건져낼 수 있다. 색이 변한 이 강철 덩어리는 별로 호감이 가게 생기지는 않았지만 꽤 특별한 점이 있으니, 바로 탄소 함량이 다양하다는 점이다. 이 덩어리 중 일부는 탄소 함량이 아주 낮고 어떤 부분은 매우 높다.

사무라이의 혁신은 탄소 함량이 높아 단단하지만 잘 부러지는 강철과, 잘 부러지지 않는 질긴 성질을 갖지만 상대적으로 부드러운 저탄소 강철을 따로 구분한 것이었다. 그들은 강철 덩어리의 생김새와 손에서 만져지는 느낌, 부딪혔을 때 내는 소리만으로 이 과정을 해냈다. 서로 다른 종류의 강철을 구분한 다음에는 저탄소 강철이 칼의 중심부에 오도록 했다. 이로써 칼은 상당히 질긴 성질을 갖게 돼, 전투에서 잘 부러지지 않게 되었다. 칼날에는 탄소 함량이 높은 강철을 용접했다. 이 강철은 잘 부러지기는 했지만 대단히 단단하고 날카롭게 만들 수 있었다. 날카로운 고탄소 강철을 질긴 저탄소 강철 위에 덧씌우는 방식을 쓰면서, 사무라이들은 그동안 불가능하다고 생각했던 것을 이룰 수 있었다. 다른 칼이나 갑옷과 부딪혔을 때 부러지지 않고, 그 후로도 여전히 날카로워서 적의 목을 베어버릴 수 있는 칼을 얻은 것이다. 이 칼은 동서양을 통틀어 가장 우수한 것이었다.

산업혁명 이전까지, 아무도 사무라이보다 더 강하고 단단한 강철을 만들지 못했다. 이 시기에 유럽 국가들은 처음으로 철길이나 다리, 배 같은 대단히 큰 규모의 구조물을 짓기 시작했다. 그것들은 다량으로 만들 수 있는 데다 거푸집에 부어 만들 수 있기 때문에 주철로 제작되었다. 그러나 불행하게도 주철은 특정 조건에서 잘 깨지는 성질이 있었다. 공학기술이 더욱 야심찬 프로젝트를 진행하면서, 이런 조건을 만나는 일은 더 자주 벌어지게 됐다.

최악의 사건 중 하나는 스코틀랜드에서 일어났다. 1879년 12월 28일 밤, 당시 세계에서 가장 긴 다리였던 테이철교가 심한 강풍에 무너져버렸다. 75명의 승객을 태운 열차가 테이강으로 떨어져 승객 모두가 사망했다. 이 재난은 많은 사람이 의심했던 대로 주철이 그러한 구조물에 적합하지 않다는 사실을 확인시켜 주었다. 필요한 것은 사무라이의 칼만큼 강한 강철을 만드는 능력이 아니었다. 강철을 대량으로 생산하는 능력이었다.

어느 날, 셰필드에서 활동하던 공학자 헨리 베세머Henry Bessemer는 영국과학진흥협회 회의에서 자신이 강철을 대량생산하는 방법을 알아냈다고 선언했다. 그의 공정은 사무라이의 칼 제작 과정처럼 공을 들일 필요가 없었다. 그는 수 톤의 액체 강철을 만들었다. 제조 방법의 혁명이었다.

베세머의 공정은 아주 간단했다. 용해된 철에 공기를 불어넣는 과정을 포함시킨 것이다. 공기 중의 산소가 철 속 탄소와 반응하면 이산화탄소 기체가 된다. 이 방법으로 베세머는 철 속의 탄소를 제거할 수 있었다. 이 공정은 화학지식 덕분에 가능해졌는데, 이로써 강철 제조 공정은 과학의 영역에 들어서게 되었다. 더구나 산소와 탄소의 반응은 매우 격렬했고 열을 많이 발생시켰다. 이 열은 강철의 온도를 올려서 뜨거운 액체 상태로 유지시켰다. 이 공정은 정확했고, 산업적인 규모로도 활용될 수 있었다. 그야말로 사람들이 애타게 찾던 답이었다.

베세머 공정의 유일한 문제는, 실제로 해보면 잘 안 된다는 점이었다. 최소한 실제로 해본 사람들은 그렇게 말했다. 베세머에게 라이선스를 사서 많은 돈을 들여 장비를 투자한 강철 제조회사들은 그렇게 해서 잘 부러지는 철만 나온다는 데에 분노했고, 환불을 요구했다. 베세머는 할 말이 없었다. 그는 왜 이 공정이 어떨 때는 되고 어떨 때는 되지 않는지 이해할 수 없었다. 하지만 그는 이 기술을 계속 연구했고, 영국의 야금학자 로버트 포레스터 무세트Robert Forester Mushet의 도움으로 기술을 개선했다. 탄소를 딱 맞는 양, 그러니까 1% 정도만 남을 때까지 제거하는 게 까다로운 문제였다. 강철 제조회사들이 각기 다른 철을 사용했기 때문이다. 무세트는 아예 모든 탄소를 없애 버린 뒤 1%의 탄소를 다시 넣는 방식을 제안했다. 이 방법은 잘 통했고, 반복해서 같은 결과를 얻는 데에도 성공했다.

그러나 베세머가 새로운 공정으로 세상을 이롭게 하려고 노력하고 있을 때, 강철 제조사들은 그의 공정이 또 다른 사기라고 생각하고 무시했다. 그들이 보기에 액체 철로 강철을 만드는 것은 불가능했고, 베세머는 사기꾼일 뿐이었다. 결국 베세머는 스스로 제조시설을 세울 수밖에 없었고, 강철을 직접 만들기 시작했다. 한두 해가 지나서 헨리 베세머 사Henry Bessemer & Co.는 대단히 많은 양의 강철을 라이벌 회사보다 훨씬 싸게 만들 수 있었고, 그들로 하여금 자신의 공정에 대한 라이선스를 사도록 만들었다. 그는 기계시대를 열어젖혔고, 물론 엄청난 부자가 되었다.

브라이언은 또 다른 베세머인가? 그는 면도칼 끝의 금속 결정구조를 전기장 또는 자기장을 이용해 재배열하는 공정을 발견한 것인가? 그가 비록 이해하지는 못하지만 분명히 작동하는 그런 방식으로? 세상에는 몽상가를 보고 비웃다가 뒤늦게 찾아온 성공에 당황하는 사람들에 대한 이야기가 많다. 많은 사람들이 공기보다 무거운 비행 기계가 가능하다는 아이디어를 비웃었지만, 지금은 모두 비행기를 타고 잘만 날아다닌다. 텔레비

사소한 것들의 과학

전, 휴대전화, 컴퓨터 등은 모두 비웃음의 구름 속에서 태어났다.

20세기까지, 강철 면도날과 외과용 칼은 매우 비쌌다. 최고급 강철을 이용해 수제로 만들어야 했다. 이런 칼만이 피부도 베지 않고, 수염을 깨끗하고 쉽게 깎을 만큼 날카롭게 만들 수 있었기 때문이다. (무딘 면도날을 써본 사람은 작은 피부 상처에도 얼마나 날카로운 고통을 느끼는지 알 것이다.) 그리고 강철은 공기와 물이 있으면 부식하기 때문에, 면도칼을 씻는 것 역시 날을 무디게 만든다. 날카로운 날이 말 그대로 녹이 슬어버리는 것이다. 그러므로 수천 년 동안 면도 의식은, 날을 가죽에 앞뒤로 문질러서 갈아 날카롭게 만드는 데서부터 시작됐다. 가죽처럼 부드러운 재료가 강철을 날카롭게 만들 수 있다니 믿어지지 않겠지만, 사실이다. 가죽숫돌에서 나온 미세한 세라믹 가루가 날을 날카롭게 만드는 일을 한다. 전통적으로 '보석 세공인의 루주'라 불리는 광물이 사용됐지만, 요즘은 다이아몬드 가루가 더 보편적으로 쓰인다. 강철을 뒤집어가며 숫돌에 갈면 강철이 단단한 다이아몬드 가루 입자와 만나는 과정에서 충돌이 일어나 금속의 아주 작은 부분이 제거되고, 정교하고 예리한 날이 되살아난다.

하지만 1903년, 변화가 일어났다. 미국의 사업가인 킹 캠프 질레트King Camp Gillette가 베세머 공정을 도입해 값싼 산업용 강철을 제조하기로 결정했다. 일회용 면도기를 만들기 위해서였다. 질레트의 일회용 면도기는 면도의 민주화를 이뤄냈다. 그는 날을 아주 싸게 만들어서 무뎌지면 그냥 버리면 되게 했다. 날카롭게 갈 필요가 없게 만들어버린 것이다. 1903년 질레트는 51개의 면도기와 168개의 면도날을 팔았다. 이듬해 그는 9만 884개의 면도기와 12만 3,648개의 면도날을 팔았다. 1915년까지 질레트의 회사는 미국과 캐나다, 영국, 프랑스, 독일에 공장을 세웠고, 면도날 판매는 700만 개를 넘어섰다. 면도를 하려고 이발소에 갈 필요가 없어지자 일회용 면도칼은 모든 집 욕실의 필수용품이 됐다. 그리고 이런 현실은 지금도 계속되고 있다. 음식 분야에서는 옛날로 돌아가자는 운동이 수도 없이 진행되고 있는 와중에도, 구리칼로 머리를 자르자고 하거나 무딘 면도날로 면도를 하자는 사람은 아무도 없다.

질레트의 사업모델은 여러 가지 이유에서 대단히 영리했다. 이유 중 하나는 면도날이 면도 행위 자체로는 무뎌지지 않는다 해도 녹 때문에 빠르게 무뎌질 수 있다는 사실이었다. 이는 질레트로 하여금 사업을 계속할 수 있게 한 원동력 중 하나였다. 하지만 이 이야기에는 더 주목할 만한 점이 있었는데, 혁신이 엉뚱할 만큼 단순했고 우연히 발견됐다는 점이다.

1913년, 유럽의 강대국들은 제1차 세계대전을 앞두고 무장에 한창이었다. 헨리 브리얼리Henry Brearley는 총의 몸통 부분을 개선하기 위해 금속 합금을 조사하고 있었다. 그는 셰필드의 야금학 실험실에서 일하며, 강철에 다양한 원소를 섞어 합금을 만든 뒤 주조해 기계적 강도를 실험했다. 브리얼리는 강철이 철과 탄소의 합금이라는 것을 알았고, 특성을 증가시키거나 없애기 위해 강철에 다른 많은 원소를 추가할 수 있다는 사실도 알았다. 당시에는 왜 그렇게 되는지 아무도 이유를 몰랐기 때문에, 브리얼리는 시행착오를 통해 강철을 녹이고 다른 성분을 넣어 효과를 알아냈다. 어느 날은 알루미늄을 넣었고, 다른 날은 니켈을 넣었다.

브리얼리의 실험에는 진전이 없었다. 만약 새로운 금속이 단단하지 않다고 밝혀지면 그대로 구석에 내팽개쳤다. 천재적인 발견은 한 달 뒤,

그가 연구실에 들어가 녹슨 강철 덩어리 더미에서 무언가 빛나는 것을 보는 순간 일어났다. 그는 녹슬지 않은 금속을 집어 들었고, 곧 중요성을 알아챘다. 세계 최초로 녹슬지 않는 강철(스테인리스 스틸)을 손에 쥔 것이다.

우연히 탄소와 크롬이라는 두 합금 성분의 비율이 딱 맞았던 덕분에, 그는 철 결정 사이에 탄소와 크롬이 둘 다 들어간 특별한 결정구조를 만들어낼 수 있었다. 크롬이 추가됐다고 해서 강철이 더 단단해지지는 않았다. 그래서 그 시료를 버렸지만, 이 합금에는 더욱 흥미로운 특성이 있었다. 보통 강철이 공기와 물에 노출되면 표면의 철이 반응해 흔히 녹이라고 부르는 붉은 광물인 산화철(Ⅲ) 분자식은 Fe_2O_3. 여러 산화철 가운데 철 원자 2개와 산소 원자 3개가 결합한 것:역자 주을 이룬다. 이 녹이 벗겨지면 다시 새로운 강철층이 드러나면서 부식된다. 이 때문에 강철 구조물에서는 늘 녹이 생길 수밖에 없었다. 이 골칫거리를 해결하기 위해 다리와 자동차의 표면에 항상 페인트를 칠해야 했다. 하지만 크롬이 들어가자 다른 일이 일어났다. 무척이나 예의 바른 어떤 손님들이 그렇듯, 크롬은 주인인 철 원자가 산소와 결합하기 전에 먼저 반응했다. 이렇게 해서 만들어진 산화크롬은 투명하고 단단하며 철과 아주 잘 달라붙는 광물이었다. 다시 말해 산화크롬은 벗겨지지 않았고, 거기 있다는 사실조차 알아차리기 어려웠다. 크롬은 눈에 보이지 않는 화학 보호막을 강철 표면 전체에 씌웠다. 더구나 이 보호막은 손상됐을 때 스스로 치유되는 능력도 있다. 스테인리스 스틸이 긁혀서 보호막이 망가졌다 해도, 이 합금은 다시 막을 만든다.

브리얼리는 계속해서 세계 최초의 스테인리스 스틸 칼을 만들고자 노력했다. 하지만 곧 문제에 부딪혔다. 새로운 금속은 날카로운 날을 만들 수 있을 정도로 단단하지가 않았고, 금세 무뎌져 '자를 수 없는 칼'이 됐다. 단단한 성질이 없다는 이유로, 브리얼리는 스테인리스 스틸이 총에 사용할 수 없는 합금이라고 일찌감치 퇴짜를 놨다. 그러나 이 합금은 한 세기 뒤에 다른 용도로 쓰이게 됐다. 스테인리스 스틸은 복잡한 모양으로 만들 수 있었고, 덕분에 가장 영향력 있는 영국의 조각품 중 하나가 됐다. 오늘날 이 조각품은 모든 집에 하나씩 있다. 바로 주방의 싱크대다.

스테인리스 스틸 싱크대는 튼튼하고 반짝반짝 빛이 나며, 안에 던져 넣으면 무엇이든 담을 수 있을 것처럼 생겼다. 기름이나 표백제, 산 같은 쓰레기를 즉시, 편리하게 버리고 싶어 하는 세상에서 이 재료는 큰 성공을 거뒀다. 스테인리스 스틸로 만든 싱크대는 세라믹 싱크대를 주방에서 사라지게 했고, 마음만 먹는다면 화장실에서 세라믹 변기도 사라지게 할 기세였다. 하지만 사람들이 아직은 자신들에게 가장 친숙한 쓰레기 처분 방식에 사용할 만큼 이 금속을 신뢰하지는 않았다.

스테인리스 스틸은 현대의 화신이다. 깨끗해 보이고 빛나며, 부서지지 않게 생겼다. 게다가 매우 민주적인 물질이다. 100년이 채 안 되는 시간 동안 스테인리스 스틸은 우리에게 가장 친숙하고 가까운 금속이 됐다. 우리는 이 금속을 매일 입안에 넣는다. 왜냐하면 브리얼리가 스테인리스 스틸로 나이프와 포크 등 식기를 만드는 데 성공했기 때문이다. 산화크롬으로 된 투명한 보호막 덕분에 우리는 스푼에서 아무 맛도 느끼지 못한다. 혀는 금속에 닿지 못하고 타액도 반응하지 못한다. 우리는 식기의 맛을 보지 못한 역사상 첫 세대 중 하나다. 스테인리스 스틸은 건축과 미술에도 쓰였다. 밝은 표면이 부식되지 않기 때문이었다. 미국 시카고에 있는 아니쉬 카푸어^{Anish Kapoor}의 '구름의 대문' 조각이 좋은 예다. 이 조각은 관람객들에게 현대성(모더니티)이 주는 느낌을 반영한다. 치료받은 느낌, 더러움과 먼지, 삶의 혼란함을 극복한 느낌 말이다. 결코 굴하지 않는 우리 자신의 모습이다.

스테인리스 스틸을 식기에 사용할 수 있을 만큼 단단하게 만드는 문제를 풀면서, 야금학자들은 무의식중에 면도날의 녹 문제를 해결했다. 그래서 세계가 그때까지 갖지 못했던 가장 날카로운 날을 창조해냈고, 수많은 얼굴과 몸의 외양을 바꾸어 놓았다. 부주의하게도, 면도의 가정 내 보급은 길거리 범죄의 무기로 사용될 가능성까지 만들었다. 면도날은 내구성이 좋고 값이 싸며, 무엇보다 매우 날카로워서 여러 층의 가죽과 울, 면 그리고 피부를 자를 수 있다. 내가 너무나 잘 알고 있듯이….

나는 브라이언과 함께 그가 고안했다는 새로운 스테인리스 스틸 면도날 가공 공정에 대해 이야기하며 이런 모든 사실을 떠올렸다. 스테인리스 스틸처럼 단단하고 질기며, 날카로우면서도 물과 공기를 통과시키지 않는 강철은 지난 수천 년 동안의 시행착오를 통해 창조됐다. 누군가, 그것도 과학의 훈련을 받지 않은 사람이 우연히 면도날을 다시 날카롭게 하는 공정을 우연히 찾아낸다는 것도 전적으로 불가능하지는 않을 것이다. 재료의 미시적인 세계는 너무나 복잡하고 거대하기 때문에 전체의 아주 작은 영역만이 탐구됐을 뿐이다.

저녁이 끝날 무렵, 우리가 함께 술집을 떠날 때였다. 그는 나와 악수를 하며 계속 연락하겠노라고 했다. 거리에 쏟아지는 나트륨 가로등의 빛을 받은 채 더블린 시내의 길을 비틀비틀 걸어가다 말고, 뒤를 돌아 취한 목소리로 이렇게 소리쳤다. "강철의 신에게 가호를!"

나는 그가 그리스신화에서 금속과 불, 화산의 신인 헤파이스토스를 의미한 거라고 생각했다. 헤파이스토스의 고전적인 이미지는 용광로의 대장장이다. 그는 몸에 장애가 있어서 쩔뚝거렸다. 아마 당시의 대장장이에게는 형벌과도 같았던 비소중독으로 고생하고 있었으리라. 청동을 제련할 때 높은 농도의 비소에 노출되곤 했던 대장장이에게는 흔한 일이었다. 이들은 다리를 저는 증세나 피부암으로 고통 받았다. 나는 뒤를 돌아 브라이언이 멀어져가는 모습을 바라봤다. 그의 지팡이와 붉은 얼굴을. 그리고 다시 한 번 그가 누구일지 궁금해졌다.

사소한 것들의 과학

0⊗2

미더운
paper

Stuff
Matters

paper : 종이

어떤 메시지를 위해서라면,
종이는 다른 모든 매체보다 우위에 있다.

종이는 우리 일상의 삶에 너무나 많은 부분을 차지하고 있어서, 종이가 대부분의 역사 동안 매우 귀하고 비쌌다는 사실을 곧잘 잊게 된다. 우리는 포스터나 프린트, 혹은 벽지같이 벽을 장식한 종이와 함께 아침을 맞는다. 화장실에 가서는 화장지를 사용하는데, 만약 다 떨어지기라도 하면 큰 위기를 맞게 된다. 주방으로 가보면 알록달록한 판지가 있다. 아침식사로 먹을 시리얼을 담는 용기이기도 하고, 재잘재잘 즐거운 아침 노래를 들려주는 광고지이기도 하다. 과일주스 역시 코팅된 판지에 담겨 있고 우유도 그렇다. 찻잎은 종이 티백에 담겨 있어 뜨거운 물에 쉽게 넣었다 뺄 수 있다. 커피는 종이 필터를 이용해 걸러진다. 아침을 먹고 나면 세상을 향해 집 밖으로 나가는데, 지폐나 책, 잡지 같은 종이를 갖고 나가지 않는 경우는 드물다. 만약 종이를 갖고 나가지 않았다 해도 금세 종이와 마주치게 된다. 대중교통 티켓을 발행하거나 신문을 사고 간식거리를 산 뒤 구매 기록을 담은 영수증을 받는다. 대부분의 사람들의 일은 수많은 문서와 관련이 있다. 문서 없는 사무실이라는 말이 있지만, 절대 그럴 것 같지도 않고 실제로 그랬던 적도 없다. 정보 저장고로서의 종이에 대한 우리의 믿음은 이처럼 깊다.

점심때는 종이냅킨을 쓴다. 이게 없다면 개인의 위생 수준은 급격히 떨어질 것이다. 상점은 종이라벨로 가득 차 있다. 역시 이게 없다면 우리는 무엇을 살지 얼마를 지불해야 할지 감도 못 잡을 것이다. 우리는 산 물건들을 종이봉투에 담은 채 집으로 향한다. 집에 오면 종이로 생일선물을 포장하고, 종이봉투에 종이로 만든 카드를 곁들인다. 파티 사진을 찍으면 사진 용지에 인쇄를 해 기억을 남긴다. 잠자리에 들기 전에 책을 읽고, 잠에 굴복하기 전에 코를 풀거나 화장실을 마지막으로 방문해 화장지를 찾는다. 그러고는 꿈에 굴복한다(혹시 종이가 없는 세상에 대한 악몽일지도). 그런데, 우리가 이토록 익숙해져 있는 이 물질은 도대체 뭘까.

사소한 것들의 과학

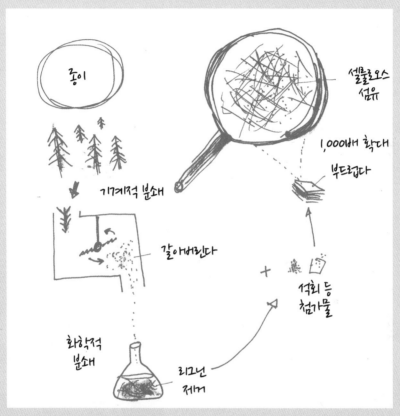

:: 종이 제조의 기본. 공책에 그린 스케치.

공책의 종이는 평평하고 부드러우며 연속된 물질처럼 보이지만, 그건 착각이다. 종이는 짚으로 만든 가마니처럼 작고 얇은 섬유로 돼 있으며, 사실은 울퉁불퉁하다. 그러나 우리는 종이의 복잡한 구조를 느끼지 못한다. 현미경으로나 관찰할 수 있는 아주 미시적인 규모에서 가공돼, 우리의 촉각이 느낄 수 있는 범위를 벗어나 있기 때문이다. 우리가 종이를 부드럽다고 느끼는 것은 우주에서 지구를 보면서 둥글다고 느끼는 것과 비슷하다. 실제로 지구는 언덕과 계곡, 산 때문에 울퉁불퉁한데 말이다.

대부분의 종이는 나무에서 삶을 시작한다. 나무를 지탱하는 힘은 현미경으로만 볼 수 있는 작은 섬유인 셀룰로오스에서 온다. 이 셀룰로오스는 리그닌이라는 유기물에 의해 단단히 붙어 있다. 셀룰로오스는 대단히 단단하고 복원력이 좋은, 수백 년을 지탱할 수 있는 합성 구조다. 그런데 리그닌으로부터 셀룰로오스 섬유를 추출해내는 것은 쉬운 일이 아니라서, 마치 머리카락에 붙은 껌을 떼어내려 애쓰는 것과 비슷하다. 실제로 나무에서 리그닌을 제거하는 과정은 이렇다. 나무를 작은 조각으로 자르고 높은 온도와 압력을 가하며 화학약품과 함께 끓인다. 이 과정을 통해 리그닌 안에 있던 결합이 끊어지고 셀룰로오스 섬유가 풀려난다. 이 과정이 다 끝나면, 나무 펄프라고 하는 엉킨 섬유가 남는다. 이것은 액체가 된 나무라고 할 수 있는데, 현미경으로 관찰해보면 이 섬유가 소스에 잠긴 불어터진 스파게티 면을 닮았다는 사실을 알게 될 것이다. 이 펄프를 평평한 표면에 놓은 뒤 말리면 종이가 된다.

이렇게 만들어진 기본 종이는 거칠고 갈색 빛을 띤다. 이것을 희고 매끄러우며 빛나는 종이로 만들려면, 화학적으로 표백을 하고 탄산칼슘처럼 분필가루 형태를 한 곱고 흰 가루를 섞어줘야 한다. 이후에 종이 표면에 놓인 잉크가 셀룰로오스 조직에 너무 깊이 스며든 나머지 배어나오는 것을 방지하기 위해 코팅을 한다. 이상적으로는, 잉크가 공책 종이 표면에 아주 약간만 스며들고 거의 즉시 말라야 한다. 이 과정을 통해 색깔을 담은 분자들이 셀룰로오스 조직에 안착하고, 종이에 영구적인 자국이 생긴다.

종이의 중요성을 과소평가하기란 힘들다. 2,000년 된 이 기술은 그동안 복잡한 부분이 숨겨져 왔고, 그래서 우리는 그 미시적인 특성을 잘 몰랐다. 우리는 단지 빈 종이를 봐왔을 뿐이었다. 우리가 위에 뭐든 기록할 수 있는 그런 백지를.

J. ᵾ. MIODOWNIK   11,Bonython Road,

                  Newquay (Cornwall).

                  11th November,1939.

T.L.Horabin Esq.,M.P.
18,Lawrence Road,
South Norwood,
London,S.E.25.

Dear Mr.Horabin,
        I have the honour to hand you copies of my
application dated 22nd August,1939,and of my letter dated 8th
November,1939,giving particulars referring the case I submitted
to the Home Office,and I should be very obliged if you would
let me know whether you could urge the Department's decision.
I would not trouble you,but the situation in Belgium seemed to
become more precarious every day,and my wife and I are very
anxious to be joined with our son who,aged nine years,could be
brought over from Brussels to this country by a friend just
travelling the same route.
        Therefore we should be extremely obliged if
you could make it possible to help us in reaching a decision
at an early date.
        Thanking you in advance for your trouble and
kindness and anxiously awaiting your esteemed reply,

        Yours sincerely,

        Tsmar Miodownik

:: 제2차 세계대전이 발발한 뒤 내 할아버지 이스마르 미오도닉이 영국 내무성에 보낸 편지 사본.

우리 할아버지는 제2차 세계대전이 발발했을 때 독일에 살고 계셨다. 그 시절의 이야기는 어린 나를 매료시켰다. 하지만 지금 할아버지는 돌아가셨고, 남기신 문서를 통해 당신의 이야기를 해야만 한다. 내 손으로 진짜 역사의 한 자락을 만질 수 있게 해주는 것으로 그가 영국 내무성에 쓴 편지만 한 것이 없다. 편지는 독일 침공을 두려워한 할아버지가 아버지를 벨기에서 빼내기 위해 쓰신 것이었다.

종이는 시간이 지나면 두 가지 이유로 누렇게 변색된다. 값싼 저급 펄프로 만든 종이의 경우, 안에 리그닌이 포함돼 있다. 리그닌은 빛이 있는 환경에서 산소와 만나 '크로모포어chromophore. 색 운반자라는 뜻'를 만드는데, 크로모포어의 농도가 증가하면 종이의 색도 누렇게 변한다. 이런 종이는 값싼 일회용 종이제품에 쓰인다. 신문지가 빛을 받으면 금세 누렇게 변하는 것도 바로 이 때문이다.

종이의 표면을 황화알루미늄으로 코팅하면 재질감이 높아진다. 황화알루미늄은 물을 정화하기 위해 쓰는 화학성분인데, 사람들은 처음에는 잘 몰랐던 독특한 성질을 발견했다. 이를 이용해 물질을 산성 상태로 만들 수 있다는 것이다. 산성 상태가 되면 셀룰로오스 섬유가 수소 이온과 반응해 역시 종이를 누렇게 만들고, 강도도 떨어뜨린다. 19세기와 20세기에 만들어진 많은 책들은 이러한 소위 '산성 종이'에 인쇄됐고, 밝은 노란색을 띠는 특유의 겉모습 때문에 요즘도 서점과 도서관에서 쉽게 구분할 수 있다. 산성 종이가 아니더라도, 모든 종이에서 느리지만 이런 현상이 일어난다는 주장도 있다.

이런 종이의 노화가 일어나는 것은 다양한 휘발성(쉽게 증발한다는 뜻) 유기 분자가 생성됐기 때문이다. 이 유기 분자들은 오래된 종이와 책에서 나는 냄새의 원인이기도 한데, 도서관은 많은 장서를 관리하고 보존하기 위해 최근 책 냄새와 관련한 화학을 활발히 연구하고 있다. 비록 책이 망가지는 냄새지만, 많은 사람들이 기분 좋은 냄새로 인식한다.

종이가 누렇게 변색되고 분해되는 것은 성가신 일이다. 하지만 모든 골동품이 그렇듯, 종이도 오래된 정도에 따라 권위와 힘을 갖는다. 오래된 종이가 주는 감각적 인상은 우리에게 과거로 들어가는 문을 제공한다. 그 덕분에 우리는 훨씬 쉽게 과거로 들어갈 수 있다.

인화용지

영국 내무부에 당신의 아들을 구해달라고 낸 할아버지의 청원은 성공했다. 이것이 그 결과물이다. 내 아버지의 독일 신분증인데, 1939년 12월 4일 브뤼셀에서 나오는 길에 찍은 출국 도장이 보인다. 아버지는 당시 9세였는데, 사진 속의 아버지는 자신이 처한 상황의 위험에 대해 전혀 모르는 표정이다. 독일은 1940년 5월 침공을 시작했다.

사진 인화용지가 인류의 문화에 미친 영향은 아무리 높이 쳐도 지나치지 않는다. 사진 인화용지 덕분에 우리는 표준화되고 검증된 신분 확인 방법을 얻었다. 또 사진은 우리가 어떻게 보이는지, 나아가 우리가 진정 누구인지 말해줄 수 있는 최종 결정권자이기도 했다. 사진의 거의 파시스트적인 권위는(겉으로 보기에는) 왜곡이 없다는 특성 덕분이다. 이미지가 그대로 갈무리된 결과이기 때문이다. 그리고 그 이미지는 종이 위에 고스란히 새겨진다. 얼굴에서 반사된 빛에 화학물질이 반응해 얼굴의 어둡고 밝은 부분을 자동으로 기록하기 때문에, 이미지 자체는 온전해 보인다.

아버지의 흑백사진은, 처음에는 브롬화은과 염화은 분자를 함유한 미세한 겔로 코팅된 흰 종잇조각이었다. 1939년, 아버지에게 반사된 빛은 카메라 렌즈 속으로 들어가 인화용지에 떨어졌다. 빛은 브롬화은과 염화은 분자를 작은 은 금속결정으로 바꿨고, 이것은 종이 위에 회색의 작은 반점처럼 보였다. 이때 종이가 카메라에서 제거됐다면 아버지의 이미지는 사라져버렸을 것이다. 왜냐하면 이미지가 없던 흰 영역이 넘쳐나는 빛에 휩싸일 것이고, 이 빛은 브롬화은과 염화은 분자와 즉각 반응해 전체가 검은 사진을 만들 것이기 때문이다. 이를 방지하기 위해 사진은 암실에서 '고정'된다. 이때 빛과 반응하지 않은 할로겐화은여기서는 브롬화은과 염화은을 통칭한다:역자 주은 종이에서 제거된다. 이 과정을 거치면 종이 표면에는 겔 층에 포함돼 있는 은 결정만 남는다. 그것을 말린 뒤 처리한 게 아버지의 사진이다. 그를 다른 소년들과 달리 수용소에서 탈출할 수 있게 한 사진 말이다.

아버지는 여전히 이야기를 들려주시며 건재하시다. 하지만 어느 날에는 우리에게 이 순간을 상기시켜줄 사진만이 남게 될 것이다. 이것은 역사를 이루는 물질적 팩트들로, 우리의 집단 기억을 완성시켜줄 것이다. 물론 사진에 진짜로 왜곡이 없는 건 아니다. 하지만 사진에 왜곡이 있다면 기억역시 왜곡이 있다고 해야 할 것이다.

책

:: 우리 집의 내 책장 사진. 책은 단순한 장서 이상이다. 개성을 말해주기 때문이다.

　지식이 이야기나 노래, 도제 제도 등에 의해 전해 내려오는 구술문화에서 문어^{文語}에 기반한 기록문화로 변천하는 과정은 수백 년쯤 정체돼 있었다. 적합한 기록 재료가 없었기 때문이다. 돌과 진흙으로 만든 판이 쓰였지만, 갈라지기 쉬운 데다 들고 다니기엔 부피가 크고 무거웠다. 나무는 부서지기 쉽고 여러 종류의 부식에 취약했다. 벽화는 이동성이 없었고 공간적 제약이 컸다. 흔히 중국의 4대 발명 중 하나로 꼽히는 종이의 발명이 이 문제를 해결했다. 하지만 로마인들이 두루마리 형태의 종이를 '코덱스 codex' 또는 우리가 현재 '책'이라 부르는 것으로 대체하기 전까지는 이 재료의 잠재력이 최대로 발휘되지 않았다. 발명된 지 2,000년이 지났지만, 종이는 여전히 말을 기록하는 주요한 재료로 쓰이고 있다.

돌이나 나무 등 다른 재료보다 훨씬 더 부드러운 재료인 종이가 글의 수호자 자격을 따냈다는 사실은 재료 분야에서도 놀라운 이야기다. 종이는 매우 얇다. 이는 곧 매우 뛰어난 장점으로 밝혀졌으니, 덕분에 다루기 편한 유연성을 갖게 돼서다. 종이는 얇고 유연하지만, 책의 형태로 묶이면 단단하고 강해진다. 책이란 것이 본질적으로 나무를 개조한 것이니 그럴 만도 하지만. 모두를 묶어줄 딱딱한 표지를 덧붙이자, 책은 수천 년 동안 글을 지켜줄 요새가 되었다.

이른바 '코덱스' 형식, 즉 종이를 쌓은 뒤 한쪽 면을 마치 척추처럼 묶고 표지 사이에 샌드위치처럼 넣는 형태에는 고유한 장점이 있다. 이것이 두루마리를 대체한 이유이기도 한데, 글을 종이의 양쪽 면에 실을 수 있다는 것이다. 덕분에 독서가 끊이지 않고 이어질 수 있었다. 다른 문화권에서도 비슷한 형태인 '콘체르티나 concertina. 아코디언처럼 접히는 형태의 책:역자 주'를 만들어내기도 했다. 이 형태의 책은 길게 이어진 한 장의 종이 자체를 여러 번 반복적으로 접어 쌓은 모양이었다. 하지만 낱장의 쪽을 지닌 코덱스 형태의 장점이 더 컸다. 여러 명의 필경사가 동시에 같은 책을 작업할 수 있었기 때문이다. 인쇄술이 발명된 뒤에는 같은 책을 여러 권 동시에 만드는 일도 가능해졌다. 생물학이 발견했듯, 정보를 빠르게 복사하는 것은 정보를 보호하는 가장 효율적인 방법이다.

성경은 이런 새로운 방식으로 만들어진 최초의 책으로 꼽힌다. 특히 목회자에게 적합했는데, 목적에 적합한 글귀를 찾을 때 수고롭게 두루마리 전체를 풀 필요 없이 간단히 쪽수를 이용하면 됐기 때문이다. 일종의 '랜덤 액세스 메모리RAM. 임의 접근 기억 장치라는 뜻으로, 기억 장치에 저장된 자료에 자유롭게 접근해 읽고 쓸 수 있다:역자 주'로, 디지털 시대를 미리 보여주는 것이었다. 그리고 어쩌면 디지털 시대보다 책이 더 오래 남을지도 모를 일이다.

포장지

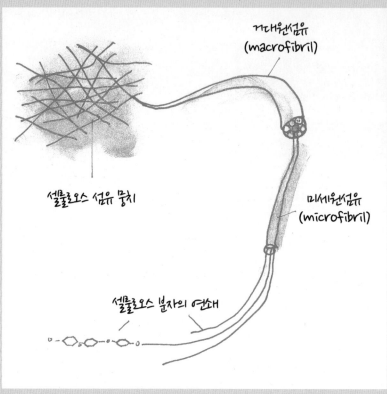

:: 종이는 기본적으로 셀룰로오스 섬유 뭉치다.

종이는 단지 정보를 보전하는 데에만 유용한 게 아니다. 재료를 포장하는 역할도 있는데, 종이는 안에 든 것을 감춰버리는 이 역할도 아주 잘 해낸다. 흥분과 기대감을 더하는 역할을 하는 이 재료가 없다면 생일이 어떻게 될까. 나는 천이나 장식장에 넣은 선물을 받아본 적이 있는데, 어떤 것도 종이 포장지가 주는 마술 같은 경험을 대신하지 못했다.

선물은 종이로 포장이 돼 있지 않으면 진짜 선물이 아니다. 물건을 감추거나 드러냄으로써 주거나 받는 행위를 의식으로 승화시키고, 물건을 선물로 만들어주는 것이 바로 종이다. 이건 단지 문화적인 연상 작용이 아니다. 종이라는 재료 자체가 이런 역할을 하는 데 이상적인 특성을 지니고 있기 때문이다.

종이의 기계적인 특성 자체가 접히고 구부러지는 데 유리하다. 종이를 이루는 셀룰로오스 섬유는 가장 많이 구부러진 곳에서 부분적으로 끊어져 영구적인 주름을 만들 수 있다. 물론 충분히 많은 섬유들이 끊어지지 않은 채 그대로 남아 있어 재료가 끊어지거나 찢어지지 않게 지탱해준다. 사실 이런 상태에서도 상당히 많은 섬유가 서로 떨어지지 않고 견딘다. 하지만 작은, 찢어지기 시작하는 지점만 생긴다면 주름을 따라 정확히 찢어지기도 한다. 이런 기계적 특성이 잘 조합해 주름과 접힘만으로 다양한 형태를 구현해내는 종이접기 예술이 가능하다.

이런 게 가능한 재료는 거의 없다. 금속호일은 주름을 만들 수는 있지만 주름을 통제하기가 어렵다. 비닐은 아주 부드럽지 않은 이상 주름이 전혀 잡히지 않고, 부드러울 경우엔 꼿꼿하지가 않아 격식이 떨어진다. 포장 재료로는 실격인 셈이다. 격식을 유지하면서 주름도 지닌다는 특성이 종이를 포장에 적합한 유일무이한 재료로 만든다.

종이로 선물을 포장하면 바스락거리는 기분을 느끼게 해주고, 선물이 예뻐 보인다. 이는 선물이 새로우며 내용물이 가치 있음을 강조해주는 효과가 있다. 또한 종이는 선물을 운반할 때는 내용물을 보호할 만큼 강하지만, 아기도 쉽게 찢을 수 있을 만큼 약하기도 하다. 선물을 여는 순간 내용물은 몇 초 만에 미지의 대상에서 모두의 관심을 받는 주인공으로 변모한다. 선물 포장을 뜯는 행위는 아기를 낳는 것과 똑같다. 물건이 새 삶을 시작하니까 말이다.

영수증

이것은 내 아들 래즐로^{Lazlo}가 2011년 태어나기 3일 전에 마크앤스펜서에 다녀갔을 때 받은 영수증이다. 래즐로의 엄마 루비는 힘겨운 임신 기간을 보냈다. 그 이유 중 하나는 루비가 너무나 맥주를 마시고 싶어 했다는 것이다. 물론 맥주를 마실 수는 없었으니, 자기를 위해 내가 대신 마셔달라고 우겨댔다. 어느 날은 그 갈망이 더 심해져서, 마크앤스펜서 영수증이 보여주듯, 나는 하룻밤 사이에 맥주를 세 병이나 마셔야 했다. 루비는 그동안 내가 마시는 맥주 한 모금 한 모금을 지켜봤다. 어떨 때는 몹시 갈망하는 눈빛으로, 하지만 대체로 나무라는 눈빛으로 말이다.

래즐로는 거의 2주나 일찍 태어날 뻔했다. 하지만 막상 태어날 때가 되자 아무도 이유를 만족스럽게 설명할 수 없지만, 래즐로는 세상에 나오길 거부했다. 24시간 뒤에 우리는 병원에서 다시 집으로 돌아왔고, 의사는 우리에게 매운 커리를 먹으면 래즐로가 자궁에서 나오는 데 도움이 될 거라고 조언을 했다. 2주 후 우리는 밤마다 먹던 커리에 조금 질려 있었고, 나는 그 사실을 나중까지 기억하게 됐다. 우리가 가장 좋아했던 것은 양고기 요리인 로간 조쉬Rogan josh였고, 그날 밤에도 그 요리를 먹었다. 논리적으로 따지면 매운 음식이 래즐로의 삶을 불편하게 할 것 같은데, 실제론 극단적인 식단을 소화시키느라 우리가 고통 받고 있었다. 어쨌든 래즐로는 이제 두 살이 됐고 매운 음식을 좋아한다.

영수증은 불편했던 시절의 기억을 떠올리게 하지만, 지금도 그걸 갖고 있어서 기쁘다. 사진이나 일기와는 또 다른 친밀함을 지니고 있기 때문이다. 언뜻 평범해 보이는 이런 디테일은 잃어버리기 쉬운 법이다. 슬프게도, 영수증은 래즐로가 읽을 수 있을 때까지 남아 있지 않을 것이다. 벌써 희미해지고 있다. 인쇄된 열전사지가 시간이 지남에 따라 벌써 분해되고 있기 때문이다. 열전사지에 인쇄할 때는 잉크를 칠하지 않는다. 잉크는 '류코leuco'라는 염료와 산 형태로 이미 종이에 들어 있다. 인쇄를 할 때는 종이를 가열해서 산과 염료가 서로 반응하게 하면 된다. 투명한 염료가 검은 색소로 변하며 글자가 된다. 기계에 잉크가 떨어질 리 없는 교묘한 종이 기술이다. 하지만 시간이 지나면 색소가 다시 투명한 상태로 돌아가 잉크가 희미해진다. 커리와 맥주와 함께했던 저녁식사의 증거도 함께 사라질 것이다. 하지만 마크앤스펜서는 '당신의 기록을 잘 간직하세요'라고 열성적으로 응원한다영수증 끝에 적힌 문구를 의미:역자 주. 이미 내가 책임감 있게 해낸 것처럼.

봉투

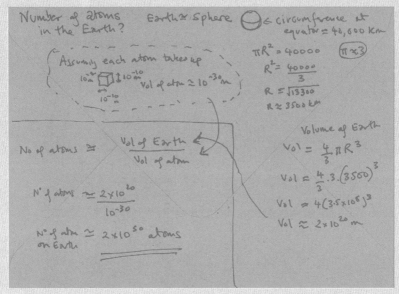

:: 내가 봉투 뒤에 한 계산. 지구에 있는 원자의 수를 계산했는데, 10,0000000000,0000000000,0000000000,0000000000,0000000000개다(사진 위쪽의 원 둘레 공식은 작가의 착오임. 2πr이 맞다).

버스 안이나 카페에서 영감이 떠올랐을 때는 바로 신체로 표현해야 한다. 즉 잊어버리기 전에 기록해야 한다. 하지만 어디에? 책상이나 노트북은 멀리 있다. 주머니를 뒤지면 휴지 조각과 편지, 전기 청구서 같은 것들을 찾을 수 있을 것이다. 하지만 당신이 한 생각의 개요를 적을 만큼 충분한 공간을 지닌 것으로는 봉투 뒷면만 한 것이 없다. 역사 속 유명한 과학자와 엔지니어들이 봉투 뒷면을 아이디어의 중요한 향연장이라고 주장했듯이, 당신도 그들의 뒤를 잇는다.

물리학자 엔리코 페르미Enrico Fermi는 봉투 뒷면의 제한된 공간에 과학의 근본적인 문제를 푼 것만으로 모자라, 그것을 과학의 주요한 과정으로 정식화했다. '하이쿠'의 과학 버전이라고 할 만한 이 새로운 계산을 '규모의 비교Order of magnitude' 계산이라고 부른다. 세상을 바라보는 방식으로서, 이 방법은 정확한 답을 구하지 않고 대신 쉽게 이해할 수 있는 답을 준다. 그럼에도 버스 안에서 얻을 수 있는 정도의 정보만으로 세상에 대한 근본적인 이야기를 한다. 답은 '규모의 비교' 안에서만 정확하면 충분한데, 규모의 비교란 답이 원래의 2배나 3배 범위 안에서만 맞으면 된다는 뜻이다. (예를 들어 답이 3분의 1 정도로 적거나 3배 정도 많으면 되는데, 그 이상도 이하도 안 된다.) 이런 계산값은 비록 근사치지만, 페르미나 다른 과학자들은 세상의 어떤 모순을 보여주기 위해 이 값을 사용했다. 가령 우주에 많은 별과 행성이 있다면 다른 지적 생명체도 많이 태어났을 것이고 만날 기회도 많아야 한다. 그런데 우리는 아직 그들을 만나지 못했다. 똑같은 '많은 수'가 이번에는 반대로 지적 생명체가 얼마나 드문지를 정확히 보여준다.

아이였을 때 나는 봉투 뒷면에 근본적인 문제를 풀어재끼는 수많은 과학자들의 이야기에 매료됐다. 그래서 오래된 봉투를 학교에 가져가서 문제를 그 뒤에 풀어보곤 했다. 그 덕분에 생각을 잘 정리할 수 있었고 시험도 잘 치렀다. 옥스퍼드대의 입학시험을 볼 때 첫 번째 물리학 문제는 다음과 같았다. "지구에 있는 원자의 갯수를 어림하시오." 나는 문제를 보자마자 미소를 지었다. 이거야말로 고전적인 봉투 뒷면 계산 아닌가! 당시 시험에서 어떻게 답을 했는지는 기억하지 못하겠다. 하지만 옆 페이지에 적은 게 바로 이 문제에 대한 요즘 버전의 봉투 뒷면 계산이다.

화장지

:: 화장지의 화학식이다. 거의 순수한 셀룰로오스 섬유다.

나는 아직도 우리가 종이로 밑을 닦는다는 사실이 놀랍기만 하다. 이 가장 냄새나고 원초적인 일을 하기 위해 더 위생적이고 효율적인 수단이 발명됐음에도 종이를 쓰니 말이다.

화장실 휴지를 쓰는 일은 수많은 연쇄효과를 불러온다. 먼저 잡지 「내셔널 지오그래픽」에 따르면, 전 세계적으로 화장실에서 사용하기 위해 베어져 가공되는 나무의 수는 매일 2만 7,000그루에 달한다. 화장지는 딱 한 번 쓰이곤 정화조 속으로 버려지는데, 이토록 많은 나무가 맞는 삶이란 정말이지 끔찍할 것 같다. 하지만 이보다 더 나쁜 시나리오가 있으니, 화장지가 변기를 빠져나가지 못하는 사태다. 그리고 내게 이런 일이 일어났다. 맨해튼의 건물 34층에 있는 형네 아파트에 머물 때였다.

다른 사람의 아파트에서 볼일을 보고 물을 내렸는데 안 내려가는 순간에는 뭔가 특별한 오싹함이 있다. 똥이 내려가지 않자 나는 그 위에 휴지를 더 덮었다. 그 당시에도 잘못된 생각이라고 느꼈지만, 어쩔 수 없었다. 크리스마스를 함께 보내기 위해 가족이란 가족은 다 그 집에 와 있었는데, 화장실의 상황은 점점 더 안 좋아져 갔다. 나는 문 옆에서 어떻게 할지를 고민하고 있었다. 결국 마지막으로 한 번 더 물을 내리기로 했다. 두려워했던 대로, 물이 점점 차올랐다. 그리고 끝내 모두가 두려워하는 '그 일'이 일어났다. 물이 변기를 타고 넘쳐흘러 아름답고 현대적인 아파트 바닥을 적신 것이다. 34층에 있다는 사실 때문인지 사태는 더 안 좋게만 느껴졌다. 아래층에서부터 가득 차 있던 똥이 곧 형네 아파트로 터져 나올 것만 같았다. 말이 안 되는 생각이었지만, 넘쳐나는 똥을 보고 그렇게 생각하지 않는 사람은 없을 것이다. 똥과 화장지가 바닥을 헤엄쳐 다녔고, 타일을 가로질러 내게로 다가오고 있었다.

형이 하수구처럼 오싹해진 화장실에서 나를 구했다. 문틈으로 걸레와 하수구 청소봉을 건네줬다. 나는 한 시간 동안 청소를 해야 했는데, 마치 하루 종일 하는 것만 같았다. 그 일이 있고나서부터 나는 밑을 닦는 대체 기술에 굉장한 관심을 기울이게 됐다. 물론 21세기에는 화장지가 사라지고 이 가장 기본적인 문제를 해결할 새로운 길이 열릴 것이다.

종이가방

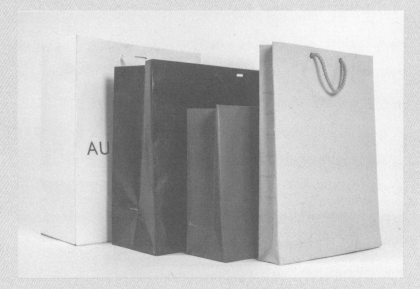

나는 비싼 옷을 살 때 특별히 더 예민해진다. 가게에서 옷을 입어볼 때마다 외계인이 된 느낌이 들어서, 가게 점원이 연신 내게 미소를 짓고 칭찬의 뜻을 담아 고개를 끄덕이는데도 돈을 써야 하는지 말아야 하는지 좀체 확신이 들지 않는다. 그럼에도 불구하고 사겠다고 하면, 나는 아무리 해도 싫증이 나지 않는 뭔가를 선물로 받는다.

그 선물은 처음에는 납작하게 접힌 상태로 온다. 하지만 바닥을 누르면 천둥 같은 상서로운 소리가 나며 아코디언처럼 접혀 있던 종이 옆면이 펼쳐진다. 그리고 곧게 선다. 이것은 번데기에서 이제 막 성체가 된 나비처럼 가게 카운터에 앉아 있다. 완벽하고 우아하며 자신만만하게. 갑자기

사소한 것들의 과학

쇼핑을 하길 잘했으며 옷은 이 특별한 물건을 집까지 모시고 오도록 시중을 들 목적으로 배당 받았다는 생각이 든다.

화장지와는 완전히 대조적으로, 이 모양 좋은 종이는 고상하고 우아한 재료다. 가볍고 빳빳하며 강하다. 하지만 강하다는 건 허상이다. 종이가방을 만드는 셀룰로오스 섬유는, 나무 상태일 때 섬유를 서로 붙여주는 리그닌과 더 이상 결합해 있지 않기 때문이다. 비록 나무를 말리는 과정에서 섬유 사이에 수소결합이 만들어지고 그게 약간의 강도를 더해주기도 하지만, 대개는 인공적으로 고정해 보강해야만 한다. 하지만 그렇게 보강을 한다 해도 물에는 취약한 재료다. 일단 젖으면 섬유는 수소결합을 잃고 종이가방은 빠르게 와해된다.

하지만 바로 이렇게 아주 쉽게 망가질 수 있다는 사실 덕분에 종이가방을 쓰는 게 아닐까 싶다. 비싼 옷은 가볍고 약하다. 이런 옷을 집까지 가져오기 위해 무언가로부터 도움을 받는다면 종이로 충분한 게 사실이다. 종이는 매우 문화적이기도 하다. 종이는 재단사가 만든 옷과 어울리는, 제작기술이나 수공예품의 느낌을 표현해준다. 다시 한 번 말하지만, 이건 종이 케이스가 주는 환상이다. 종이가방 자체는 전적으로 공업의 생산물이고 환경 측면에서도 비싼 물건이다. 하나의 종이가방을 사용할 때 소비되는 에너지의 양은 비닐봉투보다 많다. 그러니까 종이가방은 영광스러운 구매를 축복하기 위해 만들어진 탐닉의 물건이다. 종이가방은 당신이 좁은 복도를 지나 집으로 돌아가는 순간을 담당한다. 종이가방이 문틀에 부딪히며 나는 부드럽고 큰 소리는, 당신의 가슴을 희열과 뿌듯함으로 가득 채울 것이다.

광택지

　종이의 외양과 느낌은 종이가 가진 중요한 가치 중 하나로, 종이가 재료로서 이토록 유용한 이유이기도 하다. 단지 표면층의 변화만으로 종이는 소박한 것에서부터 격식을 차린 것까지, 예스러운 것부터 화려한 것까지 다양한 모습으로 변신할 수 있다. 이렇게 미적인 측면을 조절할 수 있다는 점은, 상업 출판계에서 경제적 이윤을 위해 없어서는 안 될 요소다.

　이러한 변신과 관련한 과학은 대단히 고급스러운 연구 주제다. 종이가 지니는 광택과 부드러움, 무게는 잡지의 성공에 대단히 중요한 요소다. 하지만 두께의 중요성에 대해서는 잘 알려져 있지 않다. 만약 두께가 너무 얇으면 종이는 금세 구부러지며, 너무 잘 구부러지는 종이는 싼 느낌을 준다. 반면 너무 딱딱하면 거만한 느낌이 든다. 딱딱함은 정립整粒, sizing이라는, 고령토나 탄산칼슘으로 된 고운 가루 첨가물로 조절한다. 이 첨가물은 종이가 수분을 흡수하는 성질을 감소시켜서 잉크가 섬유로 퍼져나가지 않고 표면에서 마르게 한다. 종이는 이를 통해 흰색을 잘 유지할 수 있다. 이런 가루와, 이 가루를 종이의 셀룰로오스 섬유에 잘 붙게 하는 고착제는 소위 '혼합물 매트릭스composite matrix'라고 하는 구조를 형성한다. (혼합물의 잘 알려진 예는 콘크리트다. 콘크리트는 두 개의 서로 다른 물질인 시멘트와 쇄석으로 돼 있다. 시멘트는 고착제 역할이고 쇄석은 보강재다.) 이 매트릭스를 조절하면 무게와 강도, 단단한 정도를 결정할 수 있다.

문제가 없지는 않다. 화려한 잡지는 단단하면서도 가벼워야 하는데, 이렇게 만들면 종이가 너무 얇아 날이 거의 면도칼만큼 날카로워진다. 대부분의 상황에서 종이는 구부러질 뿐 베지 않는다. 하지만 만약 종이 한 장에 손가락을 특정한 각도로 대고 문지르면 여지없이 손가락을 베이고 말 것이다. 이렇게 베인 상처는 유달리 고통스러운데, 그 이유는 정확히 모른다. 아마도 상처가 손가락에 났기 때문일 것이다. 손가락은 감각 수용체가 매우 높은 밀도로 존재하므로 몸의 다른 곳을 베였을 때보다 더 고통스러울 수 있다. 물론, 이런 고통은 각오할 가치가 있다. 수많은 사람들이 매주 광택지로 된 잡지를 사는 것도 그래서일 것이다.

표

SOUTH EASTERN RAILWAY
RESERVATION TICKET
SECOND CLASS
BHUBANESWAR   VII/88
SEAT NO...
TRAIN No.....JOURNEY TICKET No.........
DATE OF JOURNEY.............................
RS 2 00   TWO RUPEES
ISSUED SUBJECT TO CONDITIONS
RULES AND REGULATIONS IN FORCE

:: 1989년, 엠마 웨스트레이크와 재키 히드와 함께 인도를 여행할 때의 열차표. 부바네스와르 지역으로 가
는 열차였다.

　　종이가 두꺼워지면 유연함이 사라지고 점점 뻣뻣해져서 어느 시점에
이르면 그 무게 때문에 구부러지지 않고 꼿꼿이 서게 된다. 이 지점에서
새로운 문화적 역할이 생긴다. 그 중 하나가 여행을 할 수 있게 해준다는
것이다. 버스, 열차, 비행기의 표는 세계 여러 곳에서 엽서지라고 하는 두
꺼운 종이로 만들어진다.

　　인류의 모든 교통수단은 잘 구부러지지 않게 만들어졌다. 아마 이 때문
에 카드의 물리적인 뻣뻣함이 여행을 대표하는 데 적합할 것이다. 잘 구부러
지는 자동차는 평범하지 않을 뿐만 아니라, 제대로 작동할 수도 없다. 자동
차의 차대(섀시)가 충분히 튼튼하지 않으면 차대가 받는 큰 압력이 운전 메

사소한 것들의 과학

커니즘을 어그러뜨릴 것이기 때문이다. 비슷하게, 열차가 너무 잘 구부러져도 철로에서 벗어날 수 있다. 비행기 날개가 자신의 무게를 견디지 못해 축 처진다면 양력揚力을 더 이상 받지 못할 것이다. 그러므로 열차와 비행기, 자동차 공학은 거의 숭배 수준으로 뻣뻣함을 중요하게 생각한다.

뻣뻣함과 별개로, 엽서지가 단단함과 견고함을 더하면 표에 권위의 느낌이 더해진다. 표는 결론적으로 탑승할 권리를 주는 일시적인 여권과 같다. 요즘은 표를 사람뿐만 아니라 기계로도 검사한다. 따라서 손에 쥐거나 주머니에 넣어둘 때, 지갑에 넣고 뺄 때 구부러지거나 구겨지지 않게 하는 게 더 중요해졌다.

여행의 세계는 뻣뻣하고 강한 기계로 가득한 세상이다. 엽서지는 이 사실을 우리에게 환기한다. 흥미롭게도, 자동차와 비행기가 가볍고 더 효율적이 되면서 표도 이를 반영해 점점 얇아졌다. 아마 곧, 이들은 함께 사라질 것이다. 디지털 생활의 한 부분이 돼서 말이다.

지폐

　돈은 종이 형태로 돼 있을 때 가장 매혹적이다. 개인 식별번호를 벽에 난 구멍에 쳐 넣으면 사랑스러운, 바스락거리는 소리를 내는 지폐가 나온다. 인생에 이보다 더 기분 좋은 일은 몇 가지 없다. 충분한 양이 있다면 지폐는 세계 어디에서든 무엇을 하든 일사천리로 통과할 수 있다. 그리고 이런 자유는 중독적이다. 지폐는 세상에 만들어진 종이 중 가장 복잡한 종이이며, 그래야만 한다. 사전적으로나 물질적으로나, 우리가 전체 경제 시스템에서 갖춰야 할 신뢰를 표명하고 있기 때문이다.

　위조를 방지하기 위해 지폐는 그 안에 여러 가지 교묘한 장치를 감추고 있다. 우선 다른 종이와 달리 나무 셀룰로오스로 만들지 않고 면섬유로 만든다. 면 셀룰로오스는 지폐의 강도를 더 강하게 하고, 비를 맞거나 세탁기 안에 들어가도 잘 분해되지 않게 한다. 면섬유는 종이가 내는 특유의 소리도 바꿨는데, 덕분에 바스락거리는 소리는 지폐의 가장 잘 알려진 특

　　　　　　　　　　　　　　　　사소한 것들의 과학

성 중 하나가 됐다.

면섬유로 만들어졌다는 사실은 위조를 방지하는 가장 강력한 수단이 기도 하다. 왜냐하면 나무로 만든 종이로는 위조지폐를 만들기 어렵기 때 문이다. 은행에서 사용하는 기계는 면 종이의 특수한 재질을 검사한다. 사 람들도 재질에 민감하기는 마찬가지다. 만약 지폐에 일말의 의심이 간다 면, 면으로 만들어진 지폐인지 아닌지 알아볼 수 있는 손쉬운 화학실험도 있다. 가게에서는 요오드 펜을 이용해 이런 검사를 한다. 셀룰로오스로 만 든 종이에 요오드 펜을 쓰면, 요오드가 셀룰로오스 안의 전분과 반응해 색 소를 형성하고 그 결과 검은색이 나타난다. 하지만 면 종이에 쓰면, 요오 드와 반응할 전분이 없기 때문에 아무런 자국이 남지 않는다. 이런 두 가 지 기본적인 실험을 통해 가게에서도 컬러복사기를 이용한 위조지폐의 이용을 막을 수 있다.

지폐는 또 다른 교묘한 장치를 숨기고 있는데, 바로 워터마크다. 종이 에 내장된 무늬나 그림을 말하는데, 빛이 종이를 투과할 때만 볼 수 있다. 다시 말해 지폐를 빛 쪽으로 들고 있어야 볼 수 있다. '물 자국'이라는 이 름과 달리, 이 무늬 또는 그림은 물이나 잉크 등의 자국과 관련이 없다. 공 학적으로 면의 밀도를 약간 다르게 하면, 지폐의 서로 다른 부분이 밝거나 어두워지며 무늬를 이룬다. 영국 지폐의 경우 여왕의 머리가 나타난다.

지폐는 멸종위기종이다. 오늘날 돈은 대부분 전자화폐의 형태를 띠고 있고, 현금으로 이뤄지는 거래는 매우 제한된 비율을 차지하고 있다. 대부 분 가치가 낮은 거래이며, 전자화폐가 이들을 대체할 준비를 하고 있다.

전자종이

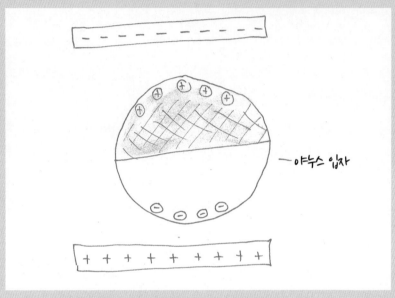

:: 전자책 속 전자 '종이'는 전자 '잉크'라는 정전기적 야누스 입자를 이용한다.

정보를 종이에 기록할 수 있게 되면서, 도서관은 문명의 축적된 지식과 지혜를 저장하는 가장 중요한 저장소가 됐다. 도서관의 이런 핵심 역할은 최근까지 살아남았다. 어떤 대학에서나 큰 도서관에 접근하는 것은 학업의 열쇠였고 지역 도서관에 가는 것은 현대사회의 기본적 인권으로 여겨졌다. 그러나 디지털 혁명은 이러한 풍경을 꽤 많이 바꾸었다. 이제는 누군가에게 인류가 쓴 모든 기록물을 컴퓨터를 통해 건네는 게 가능해졌다. 하지만 물리적인 책에서 디지털 책으로 옮겨 가는 데에는 저항이 많다. 대부분은 접근 때문이 아니라 읽는 행위의 감각적 기쁨 때문이다.

공학의 역사에서 종종 그랬듯, 한동안 여기저기 퍼졌지만 딱히 많이 응용되지는 않았던 한 기술이 갑자기 그 응용 분야를 찾았다. 전자종이는 진짜 잉크를 이용해 글자를 표시하는 평평한 스크린이다. 마치 진짜 책처럼, 빛이 그 위에 반사했을 때 그 빛을 통해 읽도록 설계됐다. 차이점이라면 전자종이는 필요한 글자를 즉시 표시하기 위해 디지털로 조절된다는 점이다. 컴퓨터 칩과 결합해, 전자종이는 수백만 권의 책을 저장하고 읽을 수 있다.

이 기술은 야누스 입자라고 불리는 형태의 잉크 덕분에 가능했다. 잉크 입자 각각은 한쪽 면은 어두운 색, 다른 쪽은 흰색으로 염색돼 있다. 두 면은 서로 반대되는 전기 전하를 띠고 있고, 따라서 전자종이의 모든 화소(픽셀)는 적절한 전기 전하를 가하면 어둡거나 흰색을 나타낼 수 있다. 이 입자는 로마신화에 나오는 변화의 신 이름을 따서 이름이 야누스 입자가 됐다. 야누스는 얼굴이 둘이고, 때로 문이나 대문과 관련이 있다. 야누스 입자는 진짜 물리적 입자인 까닭에, 글자가 바뀔 때 물리적으로 회전을 해야 하므로 액정 디스플레이(LCD)나 아이패드, 스마트폰처럼 화면이 빨리 바뀌지는 않는다. 따라서, 영화나 다른 보기 좋은 콘텐츠를 보여줄 수는 없다. 전자종이는 아마도 기록물에 적합할, 만족스러운 복고풍의 성능을 보이는 기기다.

야누스 입자는 전자책을 읽는 행위를 실제 책을 읽는 경험과 훨씬 더 비슷하게 만든다. 최소한 페이지 위의 단어가 보여주는 모습이라도 말이다. 기록된 단어의 미래 모습일까. 하지만 전자종이가 책을 완전히 밀어

낼 것 같지는 않다. 종이 특유의 냄새나 느낌, 소리가 없기 때문이다. 책 읽기의 큰 매력 중 하나는 이렇게 여러 감각을 자극하는 특징 때문이다. 사람들은 글이 적혀 있는 것을 사랑한다기보다 '책'이라는 형태를 사랑한다. 사람들은 책을 자신이 누구인지 정의하는 수단으로, 그리고 자신들의 가치의 물리적 증거를 제공하기 위해 이용한다. 책꽂이와 테이블 위의 책은 우리 자신에게 내가 누구이며 무엇이 되고 싶은지 상기시켜주는 내적 마케팅 훈련의 하나다. 우리는 물리적 실체가 있는 존재다. 따라서 물리적 실체가 있는 물건으로 우리의 가치를 알아내고 표현하는 건 당연하다. 읽을 뿐만 아니라 느끼고 만지고 냄새를 맡길 좋아하는 물건으로.

신문

　뉴스를 전할 때 다른 어떤 형식보다 사건을 더 실제적으로 묘사하는 일에 있어, 인쇄된 사진이나 신문의 헤드라인에는 뭔가 특별한 것이 있다. 아마 신문 자체에 뭔가 거부할 수 없는 실체가 있기 때문이리라. 신문은 진짜 재료로 된 물건이다. 실체가 주는 신빙성은 뉴스에 영향을 미친다. 뉴스에 표시를 하고 밑줄을 치며 잘라내고 게시판에 붙이며 스크랩북이나 도서관 자료실에 스크랩해 둔다. 뉴스는 만들어진 것이 되고 조만간 냉동 보관될 것이다. 사건은 영원히 멀어져버리겠지만, 그 재료가 존재하는 한 논의할 여지가 없는 사실이 돼 살아남는다. 그게 진실이 아닐지라도 말이다.

반대로, 뉴스 웹사이트는 덧없어 보인다. 비록 이들도 자료화는 하지만, 그들이 전달하는 정보를 증명할 만한 고유한 물리적 요소가 없다. 이런 이유 때문에, 뉴스를 더 쉽게 바꿀 수 있고 역사 자체를 대체할 수도 있다는 느낌이 들기도 한다. 동시에, 콘텐츠가 즉시성과 유동성을 지닌다는 사실은 디지털 미디어를 아주 재미있는 매체가 되게 한다. 뉴스 웹사이트는 역사를 이전 시대보다 훨씬 덜 획일적으로 바라보는 세대에 맞춰져 있다. 뉴스 웹사이트는 훨씬 더 민주적일 가능성도 있다. 물리적인 신문이 거대한 언론사와 배급을 위한 열차, 비행기, 트럭, 가게, 그리고 가판대를 필요로 하는 데 반해, 디지털 세상에서는 한 명이 세상 전체를 상대로 소통할 수 있다. 필요한 건 컴퓨터 한 대뿐이다. 단 한 그루의 나무도 벨 필요가 없다.

인쇄된 신문에서 디지털 뉴스로의 움직임은 나라와 도시 내의 대화만 바꾸는 게 아니라 사회적 습관도 바꾼다. 종이의 바스락거리는 소리는 더 이상 일요일 오후 의식의 일부가 아니다. 사람들은 더 이상 진흙이 묻은 부츠 아래에 신문을 깔지 않고 문 닫힌 역 라운지의 벤치에 놓지도 않는다. 페인트가 떨어지지 않게 바닥을 보호하지도 않고 귀한 물건을 보호하기 위해 싸지도 않는다. 공 모양으로 구겨 불을 붙이는 데 쓰거나, 믿을 만한 형제에게 뻔뻔스럽게 던지지도 않는다. 신문의 이런 쓰임새 가운데 중요한 건 하나도 없다. 하지만 전체적으로 보면 신문이 매우 가정적이고 쓸모 있으며 아주 사랑스러운 재료라는 걸 알 수 있다. 그리워질 재료다.

> Do you remember
> the first cold night we met
> when you were wearing a beard
> and that lumpy brown cardigan
> and I was in my fake leopardskin coat
> and I asked you too many questions
> and I wanted to impress you
> because you felt so right
> and you and the wine made me bold
> and I said we should see each other again
> I'd rehearsed it in my head
> as we sat talking
> and you said yes
> and I walked away glowing
> and grinning
> and the next time I saw you
> and we were at that strange party
> where you talked to a man
> in a bow tie
> and I was coming down with flu
> and we left in the freezing fog
> and that Russian bar was closed
> and we got the night bus
> or was it a taxi
> to your flat
>
> where earlier we'd had a cocatail
> and you lit a fire and made
> hot toddies.
> and we sat on the floor and kissed
> and I stayed the night
> and you lent me your Kurasawa tshirt
> and I kept my leggings on
> and in the morning we met Buzz
> and had coffee together
> and that was the beginning
> of this most precious part of my life
> and every day I think to myself
> how incredibly lucky I am to have met you
> and how exciting our future seems
> and how full of love
> and possibility.
>
> I miss you, and it's
> cold, and I'm wearing
> your brown cardigan.
> XXX R

:: 사랑하는 사람에게 받은 연애편지

디지털 기술의 종횡무진에도 불구하고, 종이가 커뮤니케이션의 수단으로서 완전히 사라질 거라고는 믿기 힘들다. 어떤 메시지를 위해서라면, 종이는 다른 모든 매체보다 우위에 있다. 당신이 사랑하는 사람에게 우편으로 편지를 받을 때보다 놀라서 가슴을 움켜쥐게 되는 순간은 없다. 물론 전화도 좋고 친숙하며, 문자메시지와 이메일은 즉각적이고 유쾌하다. 하지만 사랑하는 사람이 만진 바로 그 재료를 손에 들고 종이에서 나는 달콤한 숨을 마시는 것이야말로 진짜 사랑이다.

연애편지는 단순한 언어 이상의 소통이다. 불안한 본성을 위로하는 물리적인 단단함과 영구성을 지니고 있다. 읽고 또 읽을 수 있다. 우리 삶에서 물리적인 공간을 차지한다. 종이는 곧 주고받는 이들의 피부가 되고 냄새가 되며, 필체는 지문과 같은 그들의 고유한 특징을 보여준다. 연애편지는 속일 수 없고, 잘라 붙일 수 없다.

종이의 어떤 면 때문에, 우리는 그냥 있었으면 비밀이 됐을 말을 표현하게 되는 걸까. 보통 혼자 있는 순간에 편지를 쓰게 되고, 그때 종이는 감각적인 사랑에 스스로를 내어준다. 쓰는 행위는 근본적으로 감동적이고 흘러넘치며 번창하는 하나의 행위다. 사랑스러운 방백이나 가벼운 묘사, 그리고 키보드라는 기계의 도움을 받지 않는 개인성이 한데 모인 것이다. 잉크는 정직함과 표현력을 갈망하는 일종의 피가 돼 종이에 부어지고, 생각이 흘러가도록 허락한다.

편지는 찢기 어렵다. 꼭 사진처럼, 페이지에서 영원히 메아리를 울리기 때문이다. 마음이 아픈 사람에게는 몹시 잔인한 일이다. 마음이 떠난 사람에게는 끝없는 책망이거나, 최소한 마음이 쉬이 변한 데 대한 고통이다. 종이는 그럼에도, 탄소로 만든 재료로서, 이런 고통에서 벗어나길 원하는 사람을 위한 영리한 답도 갖고 있다. 바로 성냥이다.

03

기초적인

concrete

Stuff
Matters

Concrete

concrete : 콘크리트

'추하다'는 말이 붙어 다니는 재료다.
그러나 콘크리트의 미학에 본질적으로 부족한 부분은 없다.

2009년 어느 봄날, 나는 시장에서 빵을 사오고 있었다. 길모퉁이를 돌자 서더크 타워런던 중심부 서더크 지구에 있던 고층건물. 런던브릿지역 근처에 있으며 2008년 철거됐다:역자 주 가 사라져버렸다는 사실을 알게 됐다. 25층 높이의 오래된, 1970년대 업무지구 전체가 사라졌다. 언제 그 건물을 마지막으로 봤는지 기억해내기 위해 머리를 짜냈다. 분명히 지난주에 똑같은 길을 가기 위해 이곳을 지나가지 않았던가? 약간 어질어질해졌다. 내가 관심이 없었나? 혹은 건물 철거가 훨씬 더 빨라졌나? 어느 쪽이든 스스로에 대해 확신이 없었고, 별로 중요한 일도 아니었다. 하지만 나는 서더크 타워를 좋아했다. 거기엔 건물이 한창 지어질 당시 유행이던 자동문이 있었다. 이제 그 건물은 사라졌고, 거리와 내 삶에 생각보다 더 큰 구멍을 남겼다. 어떤 것도 똑같아 보이지 않았다. 나는 서더크 타워가 사라진 공간을 둘러싸고 있는 밝게 채색된 공사장 울타리로 향했다.

공사장 울타리 한쪽에, 유럽에서 가장 높은 건물인 '더 샤드'가 지어질 예정이라는 안내가 있었다. 거기엔 서더크 타워가 있던 곳 위에 솟아나 지하철 런던브릿지역까지 이어지는 거대하고 뾰족한 유리 마천루 그림이 있었다. 안내문은 앞으로 수십 년 동안 런던의 스카이라인을 지배할 이 새로운 건물의 모습을 칭찬하고 있었다.

짜증이 나고 걱정스러웠다. 이 거대한 유리 남근상이 테러리스트의 표적이 되면 어쩌려고? 미국의 쌍둥이빌딩처럼 공격당해 무너지고, 나와 가족을 죽이기라도 하면 어쩌려고?

구글 지도를 통해 이 330m짜리 건물이 만약 옆으로 넘어져도, 그 꼭대기가 내가 사는 아파트에는 닿지 않는다는 사실을 다시 확인했다. 기껏 해야 근처에 있는 셰익스피어 주막이라는 이름의 선술집에 닿을 뿐인데, 다행히 나는 거기에 자주 안 간다. 그럼에도 불구하고 왠지 묵시록적인 기분에 사로잡힌 채 빵을 사러 걸어갔다. 숨이 막히는 먼지구름이 만들어질 거야, 라고 중얼거리며.

이후 몇 년 동안, 난 이 거대한 마천루가 지어지는 모습을 문간에서 봐 왔다. 대단히 희귀한 광경을 보고 공학의 놀라운 능력을 목격했다. 하지만 가장 중요한 것은, 콘크리트에 대해 매우 잘 알게 됐다는 사실이다.

건설은 땅에 거대한 구멍을 파는 것에서부터 시작됐다. 거대하다는 건, 실로 엄청난 크기라는 뜻이다. 매주 빵을 사러 가는 임무를 수행할 때마다, 나는 공사장 울타리에 난 관찰용 창을 통해 거대한 기계가 흙을 퍼 올리고 점점 깊이 파는 모습을 지켜봤다. 그건 마치 무언가를 채굴하는 모습과 비슷했다. 하지만 그 기계들이 퍼 올리는 것은 그냥 진흙이었다. 템즈강 옆에서 수십만 년 동안 쌓여 있던 점토 말이다. 런던시를 건설할 때 집이나 창고를 짓기 위한 벽돌을 굽는 데 썼던 굵은 점토가 바로 이 점토였다. 하지만 이 점토는 더 샤드를 짓는 데엔 쓰이지 않을 예정이었다.

어느 날, 이 점토가 다 치워지고 난 뒤 트럭 700대분의 콘크리트가 구멍에 부어졌다. 72층 위에서 2만 명이 거주할 거대한 초고층건물을 지지하고, 진흙 속에 가라앉지 않도록 막기 위해서였다. 거대한 구멍을 콘크리트로 한 겹 한 겹 채웠고, 지하층 위에 층을 세워 섰다. 이 공사는 거대한 구멍이 다 사라질 때까지 이어졌고, 지하에서는 천천히 고체가 돼 가는 콘크리트의 지하 무덤이 완성되고 있었다. 이 과정은 아주 잘 마무리됐을 뿐만 아니라 인상적일 만큼 빨리 이루어졌다. 빨랐다는 사실은 대단히 중요한데, 비용 문제 때문에 건설사는 기초공사가 다 끝나기도 전에 지상부 건설을 시작했기 때문이다.

"콘크리트가 굳는 데 얼마나 오래 걸릴까요?" 울타리의 창으로 공사 장면을 함께 지켜보던, 개를 데리고 나온 남자가 물었다. "모르죠, 뭐." 나는 거짓말을 했다.

거짓말은 대화를 짧게 자르려는 의도였고, 성공적이었다. 이는 런던에서 생활하면서 낯선 사람들과의 대화를 예의 바르게 회피하는 방법을 찾다 생겨난 습관적인 거짓말이었다. 특히 그 사람(혹은 그의 개)은 내가 그의 말에서 틀린 점, 즉 콘크리트는 굳지 않는다는 사실을 지적해줌으로써 관계가 시작되길 바라고 있는지도 몰랐다.

오히려 정반대로, 물은 콘크리트의 주요 성분이다. 콘크리트는 준비 과정에서 물과 반응해, 재료 깊숙한 곳에서 복잡한 미세 구조를 이룰 일련의 화학반응을 시작한다. 이를 통해 콘크리트는 안에 물을 많이 가둬놓고 있지만 굳지 않고, 방수 성능까지 갖는다.

콘크리트를 준비하는 과정의 핵심은, 화학의 묘미 중 하나다. 콘크리트에는 유효성분으로 암석의 가루가 들어 있다. 아무 암석이나 되는 것은 아니다. 만약 당신이 직접 콘크리트를 만든다면, 탄산칼슘이 필요하다. 탄산칼슘은 석회석의 주요 구성 성분이다. 석회암은 생명체가 수백만 년 동안 압착된 뒤, 지각의 움직임에 의한 열과 압력으로 융합된 암석이다. 규산염을 함유한 암석도 필요할 것이다. 규산염은 규소와 산소를 포함한 화합물로, 지각을 구성하는 원소의 거의 90%를 차지하고 있다. 점토 역시 그 일부다. 그러나 이런 성분을 다 갈아서 물과 섞어서는 아무 일도 일어나지 않는다. 그저 진흙투성이를 만들려고 한 게 아니라면 말이다. 그 안에서 핵심이 되는 성분이 물과 반응하게 만들려면, 화학결합 상태를 바꿔줘야 한다.

이게 쉽지 않다. 이러한 화학결합은 대단히 안정적이다. 바위가 쉽게 물에 녹거나 다른 물질과 반응하지 않는 게 바로 이런 안정성 때문이다. 바위는 지독한 기후나 오염에서도 수백만 년을 버틸 수 있다. 이 문제를 해결할 비법은 1,450℃라는 극단적으로 높은 온도로 가열하는 것이다. 이 온도는 보통의 나무나 석탄이 낼 수 있는 온도를 넘는다. 이들은 붉거나 노랗게 타오를 때 600~800℃ 수준을 기록한다. 1,450℃에서 불꽃은 붉거나 노란 색조가 거의 없고 약간 푸른빛이 도는 흰색이 된다. 이 불꽃은 대단히 밝고 불안하며 쳐다보기에 눈이 아플 정도다.

이런 온도에서, 암석은 분해된 뒤 칼슘 실리케이트(calcium silicate, 규산칼슘)라고 불리는 원소족을 이루기 위해 다시 결합한다. '족族'이라고 하는 것은 수많은 불순물이 만들어져 결과물을 변화시킬 수 있기 때문이다. 콘크리트를 만들기에는 알루미늄과 철이 많은 암석이 적합하다. 물론 적절한 비율도 중요하다. 모두 잘 식으면 달빛 같은 회백색의 특별한 가루가 만들어진다. 그 안에 손을 넣으면 실크처럼 부드러운 재의 질감을 느낄 수 있을 것이다(할아버지에게 물려받았다고 할 만한 면이다재료인 석회암이 원래 생명체였음을 암시함:역자주). 하지만 손은 곧 미묘한 공격을 받은 것처럼 메마른 느낌을 받을 것이다. 이것이 바로 재미없는 이름을 가진 특별한 재료, 시멘트다.

만약 시멘트 가루에 물을 넣으면 가루는 쉽게 물을 흡수해 색이 어두워진다. 하지만 대부분의 돌가루에 물을 넣었을 때 그렇듯이, 진흙처럼 질척질척해지지는 않는다. 대신 일련의 화학반응이 일어나 겔이 된다. 겔은 준고체 상태에 있는 불안정한 물질이다. 어린이가 주인공인 파티에서 제공되는 젤리도 겔이고, 대부분의 치약도 겔이다. 액체처럼 출렁거리지 않는데, 내부에 골격이 있어 액체가 움직이지 않게 하기 때문이다.

젤리의 경우, 이 골격은 젤라틴에 의해 만들어진다. 시멘트에서는 칼슘 실리케이트 수화물 섬유가 골격으로, 칼슘과 규산염 분자로부터 자라는 결정 비슷한 물질이며 물에 녹아 거의 유기물처럼 보인다(98쪽 그림 참조). 그래서 시멘트 속에 만들어진 겔은 내부의 고체 골격이 자라고 더 많은 화학반응이 일어남에 따라 계속해서 변한다.

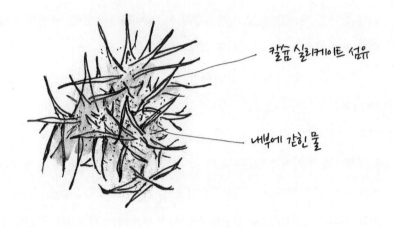

칼슘 실리케이트 섬유

내부에 갇힌 물

:: 칼슘 실리케이트 섬유가 시멘트 안에서 자라는 모습을 그린 스케치.

섬유가 자라고 서로 만나면, 서로 엉켜서 결합을 하고 안에 점점 더 많은 물을 가둔다. 이러한 과정은 전체 질량이 겔에서 고체 바위가 될 때까지 이어진다. 섬유는 서로 연결될 뿐만 아니라 다른 바위나 돌과도 결합한다. 이것이 바로 시멘트가 콘크리트로 변하는 이유다. 시멘트는 집을 짓는 과정에서 벽돌을 서로 붙일 때, 기념물을 만들기 위해 돌을 이을 때 등에 쓰인다. 하지만 양쪽 모두 시멘트는 보조적인 구성 요소로 틈을 메웠을 뿐이다. 일종의 도시용 풀이라고나 할까. 시멘트에 소형 벽돌 역할을 하는 작은 돌을 넣어서 콘크리트가 되면, 이 재료는 마침내 구조재가 될 가능성을 얻는다.

화학반응처럼, 콘크리트를 만드는 이 과정도 재료의 비율을 잘못 잡으면 결코 성공하지 못할 것이다. 물을 너무 많이 넣는다면 시멘트 가루에 있는 칼슘 실리케이트가 반응을 일으키지 못할 것이고, 물이 남아 구

사소한 것들의 과학

조를 약하게 만들 것이다. 반대로 물이 너무 적다면, 반응하지 않은 시멘트가 남아 구조를 약하게 만들 것이다. 콘크리트가 잘못됐을 때의 원인은 대부분 인간이 저지른 이런 종류의 실수다. 불량으로 만들어진 콘크리트는 잘 발견되지 않지만, 건축업자가 떠나고 여러 해가 지난 뒤에 재앙을 불러온다.

2010년 아이티에서 지진이 일어났을 때 파괴가 심했던 것은 조잡한 건설기술과 저질 콘크리트 탓이 컸다. 당시 약 25만 채의 건물이 무너졌고 30만 명 이상의 사람이 죽었으며 100만 명 이상의 추가 이재민이 발생했다. 더 나쁜 것은, 아이티가 전혀 특별한 경우가 아니라는 사실이다. 이런 콘크리트 시한폭탄은 전 세계에 산재해 있다.

콘크리트가 일으킨 이러한 문제의 기원을 추정하다보면 깜빡 속을 수가 있다. 겉에서 보기에는 콘크리트가 아무런 문제가 없어 보일 수 있기 때문이다.

미국 JFK공항을 건설할 때였다. 공사를 감독하던 엔지니어는 정기검사를 하던 중, 오전에 도착한 트럭에 실려 있던 콘크리트는 사용했을 때 좋은 강도를 보이지만, 오후에 도착한 콘크리트는 대체로 약하다는 사실을 알아냈다. 혼란스러워진 그는 이 현상을 설명할 만한 모든 원인을 조사했지만 답을 알아내지 못했다. 결국 공항까지 콘크리트를 운반하는 트럭을 따라가 본 뒤에야 이유를 알았다. 점심 무렵 운전자들은 잠시 쉬며 식사를 했는데, 이때 콘크리트에 추가로 물을 부었던 것이다. 운전자들은 이렇게 해야 콘크리트가 좀 더 오래 액체 상태를 유지할 수 있을 거라고 믿었다.

:: 더 샤드 엔지니어들이 발견한 로마 시대 목욕탕의 유적.

더 샤드와 이를 지지할 구조물의 기초를 파내려갈 때, 엔지니어들은 현대적인 콘크리트에 앞선 또 다른 콘크리트의 증거를 찾았다. 로마의 콘크리트 말이다. 엔지니어들은 과거에 서더크 타워가 있던 곳 바로 옆 동네의 피시 앤 칩스 가게를 허물었다. 그들은 거기에서 로마식 목욕탕 유적을 찾았는데, 콘크리트가 유적들을 결합시켜주고 있었다. 로마인들은 콘크리트에 관한 한 운이 좋았다. 지표에서 발굴한 암석을 다양하게 조합해 아주 뜨거운 온도로 가열하는 실험을 하는 대신, 그들은 나폴리 바로 바깥에 있는 포주올리Pozzuoli라는 지역에서 기성품처럼 이미 만들어져 있는 시멘트를 찾았다.

포주올리는 말 그대로 악취가 심한 곳이다. 포주올리라는 이름 자체가 라틴어로 '푸테레putere'라는 단어에서 왔는데, 냄새가 난다는 뜻이다.

냄새는 근처에 있는 화산성 모래의 황에서 유래한다. 이런 냄새에도 좋은 점은 있다. 이 지역은 수백만 년 동안 용암이 고이는 곳이었고, 재와 작은 돌의 분출도 계속되는 곳이었다. 이 화산재는 규산염 암석이 매우 뜨겁게 가열돼 형성됐고, 이후 화산volcanic vent을 통해 분출됐다. 이 과정은 놀랍게도 오늘날의 시멘트 제조 과정과 매우 비슷하다.

고대의 로마인들이 할 일이라고는 지독한 냄새를 견디고 수백만 년 동안 쌓인 돌가루를 캐내는 것뿐이었다. 이러한 천연 시멘트는 오늘날의 시멘트('포틀랜드'라고 부른다)와는 조금 달라서 고정시킬 때 석회석을 추가해야만 한다. 하지만 이렇게 석회석을 섞고 강도를 위해 돌을 추가하고 나자, 그들은 인류 역사상 처음으로 완전히 독창적이고 단단한 건축재료를 손에 넣을 수 있었다.

벽돌건물의 복합적인 특성은 벽돌건물이 갖는 매력 중 하나다. 벽돌 자체는 손에 쏙 들어가게 디자인된 건설의 기본 요소로, 이를 이용해 휴먼 스케일의 건축물을 지을 수 있다. 콘크리트는 이와 완전히 다르다. 콘크리트는 먼저 액체 상태로 사용된다. 이 말은 콘크리트를 부어서 건물을 지을 수 있고, 또 기초부터 지붕까지 결합부가 없는 연속적인 구조물을 지을 수 있다는 뜻이다.

콘크리트 공학자들 사이에 내려오는 말이 있다. "기초를 원하면 기초를 부어주겠다. 기둥을 원하면 기둥을 부어주겠다. 바닥을 원하면 바닥을 부어주겠다. 크기를 두 배로 키워달라면? 문제없다. 곡선으로 해달라고? 역시 문제없다!"

이처럼 콘크리트를 쓰면, 거푸집을 만들 수 있는 한 어떤 구조든 창조할 수 있다. 콘크리트의 힘은 의심할 바 없는 사실이고, 이 물질을 만들고 있는 건축 현장을 방문한 사람은 누구나 매료된다. 한 주 한 주 더 샤드의 건축 현장을 관찰용 창으로 살펴보면서, 나는 내 눈으로 본 것에 사로잡혔다. 건물이 기초부터 자라나고 있었다. 인간 개미가 콘크리트를 부었고, 점차 형체를 갖추어 갔다. 가루가 된 바위와 돌이 현장에 도착했고, 단지 물을 더하는 것만으로 다시 바위가 됐다.

이것은 공학의 영역이기도 했지만, 철학에 속하기도 했다. 하나의 순환이 완성됐기 때문이다. 지구의 맨틀은 산을 만들며 바위와 돌을 창조했다. 사람이 이것을 캐냈고, 우리의 설계로 인공적인 바위산으로 변형시켰다. 그 안에서 우리가 살고 일하는 산 말이다.

:: 로마의 판테온.

사소한 것들의 과학

콘크리트의 존재는 공학자들에게 도전의식을 불러일으킨다. 로마인들은 콘크리트를 발명한 뒤 제국의 기반시설을 짓는 데 이용할 수 있다는 사실을 깨달았다. 콘크리트를 이용하면 원하는 곳이라면 어디에서나 항구를 지을 수 있었다. 바다 속에도 콘크리트를 칠 수 있었기 때문이다. 수로와 다리도 지을 수 있었다. 콘크리트의 원재료들을 필요한 곳으로 나르기 위해서는 이런 시설이 꼭 필요했다. 그렇지 않았다면 자갈과 점토 등을 각 지역에서 구해야 했을 것이다. 이런 관점에서 콘크리트는 제국의 건축에 매우 이상적이었다.

하지만 로마제국의 콘크리트 공학 작품 가운데 가장 인상적인 것은 수도에 있다. 바로 판테온 돔이다. 지어진 이후 2,000년이 지난 오늘날에도 건재를 과시하는 이 건물은, 철근을 사용하지 않고 오로지 콘크리트로만 지은 건물 중에는 여전히 세계에서 가장 크다.

판테온은 로마제국의 몰락에서 살아남았지만, 재료로서의 콘크리트는 아니었다. 로마제국이 콘크리트 건축물 짓기를 중단한 이후, 콘크리트 건물은 1,000년 이상 지어지지 않았다. 콘크리트 기술이 사라진 이유는 여전히 미스터리다. 아마도 콘크리트는 자연이 만든 공업이었고 따라서 공업이 발달한 제국의 뒷받침이 필요했던 게 아닌가 싶다. 철기구 제작술이나 석공예 기술, 목공예처럼 특별한 기술이나 솜씨가 연관된 게 아니고, 따라서 가족 대대로 전승되지 않았기 때문일 수도 있다. 또는 로마의 콘크리트가 아무리 좋더라도 하나의 치명적인 약점이 있어서일 수도 있다. 로마인들은 그 약점을 알았지만, 해결하지는 못했다.

재료를 부러뜨리는 데에는 두 가지 방법이 있다. 하나는 모양을 변형해 부수는 방법으로, 예를 들어 껌을 잡아당겨 나눌 때와 비슷하다. 재료는 스스로 재배열돼 변형되고 가운데가 가늘어지다가 결국 두 조각으로 나뉜다. 대부분의 금속을 자르려면 이렇게 해야 하지만, 금속이 이렇게 변형되게 하려면 많은 에너지가 필요하다(많은 전위를 움직여야 하기 때문이다). 그래서 금속이 강하고 질긴 재료인 것이다.

재료를 부러뜨리는 다른 방법은 안에 균열을 만드는 방법이다. 유리컵이나 찻잔이 깨지는 방식으로, 이들은 장력(잡아당기는 힘)을 견딜 수 있도록 하는 변형이 일어나지 않는다. 그 대신 전체가 유기적인 결합력을 잃고 쪼개지거나 산산이 부서지는데, 콘크리트 또한 이렇다. 로마인들에게는 큰 골칫거리였다.

로마인들은 이 문제를 전혀 풀지 못했기 때문에 장력을 받는 구조물에는 콘크리트를 쓰지 않고 기둥이나 돔, 건물의 기초같이 압력을 받는 구조물에만 썼다. 이들 구조에서 콘크리트는 구조물의 무게에 의해 꽉 압착돼 있다. 이렇게 압력을 받는 상태에서는 콘크리트에 균열이 발생하더라도 여전히 강한 상태를 유지한다. 만약 2,000년 된 콘크리트인 판테온 돔에 간다면, 오랜 세월에 걸쳐 균열이 생겼다는 걸 알 수 있을 것이다. 균열은 지진이나 지반 침하의 결과로 만들어졌을 것이지만, 이런 균열은 구조물에 어떤 위험도 가하지 않는다. 왜냐하면 전체 돔은 압축되고 있기 때문이다. 로마가 바닥을 공중에 매달거나 콘크리트로 대들보를 만들고자 했다면 이야기가 달라졌을 것이다. 이들은 휘는 압력을 견뎌야 하기 때문이다.

그러나 로마인들은 여기에 작은 균열만 생겨도 구조물이 무너져 내릴

사소한 것들의 과학

것을 알았다. 균열이 생겼을 때, 그 양쪽의 콘크리트는 자신의 무게와 건물의 무게 때문에 양쪽으로 잡아당겨진다. 콘크리트는 여기에 저항할 방법이 없다. 그러므로 오늘날의 우리가 하듯 벽이나 바닥, 다리, 터널, 그리고 댐을 콘크리트로 지어 이 재료를 능력의 최대치까지 이용하기 위해서는, 장력에 약하다는 문제를 해결해야 했다. 이 문제에 대한 해결책은 유럽의 산업혁명 시기가 되어서야, 기대하지 않았던 곳에서 나타났다.

파리의 정원사 조셉 모니에Joseph Monier는 화분 만드는 것을 좋아했다. 1867년 당시, 화분은 주로 불에 구운 점토로 만들었는데, 아주 약하고 잘 부서졌으며 만드는 데 비용이 많이 들었다. 모니에는 특히 온실에서 열대 식물 키우는 걸 아주 좋아했는데, 그 식물들을 감당할 만한 큰 화분은 더 비쌌다. 여기에는 콘크리트가 해결책이 될 가능성이 있었다. 가마에서 구울 필요가 없어 점토보다 큰 화분을 만들기 쉬웠고 값도 쌌다. 하지만 여전히 장력에는 약했고, 그의 화분은 테라코타(유약을 바르지 않고 구운 토기. 질그릇 토기)처럼 쉽게 깨지고 말았다.

조셉은 콘크리트 안에 강철 테를 넣어서 이 문제를 해결했다. 그는 시멘트가 강철과 아주 잘 붙는다는 사실을 몰랐다. 강철은 콘크리트 안에서 마치 비네그레트 소스식초와 기름, 양념 등으로 만든 소스의 일종:역자 주 속의 기름처럼 따로 노는 존재라고 생각됐다. 하지만 아니었다. 콘크리트 안의 칼슘 실리케이트 섬유는 돌뿐만 아니라 금속에도 잘 붙었다.

콘크리트는 원래 돌의 모조품이라 할 수 있다. 돌에서 나왔고, 모양도 닮았을 뿐만 아니라 조성이나 성분도 비슷하다. 강철로 보강된 콘크리트(철근 콘크리트)는 근본적으로 다르다. 이런 재료는 자연적으로는 만들어지지 않는다. 철근 콘크리트에 휘는 압력을 가했을 때, 강철의 내부구조가 압력을 흡수하고 큰 균열이 생기는 것을 막아준다. 하나에 두 가지 재료가 들어 있는 것. 이것이 콘크리트를 특정 분야에서만 사용할 수 있는 한정된 재료에서, 언제나 활용 가능한 최고의 다목적 건축재료로 다시 태어나게 했다.

조셉이 당시에 알지 못했던 또 다른 사실 하나가 철근 콘크리트의 성공을 불러온 핵심으로 드러났다. 재료는 정적이지 않으며 환경, 특히 온도에 반응한다. 대부분의 재료는 더운 환경에서 팽창하고, 차가운 환경에서는 수축한다. 낮과 밤의 기온 사이클을 관측하면 건축물, 도로, 다리는 모두 이렇게 마치 숨을 쉬듯 팽창하고 수축한다. 도로와 건축물에 그 많은 균열을 만드는 것이 바로 이런 팽창과 수축이다. 그리고 설계 때 이런 사실을 고려하지 않으면 압력이 축적돼 언젠가 구조를 무너뜨릴 수 있다. 공학자들은 조셉의 실험 결과를 보고는, 콘크리트와 강철이 서로 다른 비율로 팽창과 수축을 하며 서로가 서로를 찢어버릴 것으로 내다봤다. 그 말대로라면, 조셉 정원의 한여름 열기나 한겨울 추위 속에서 강철은 콘크리트를 부숴서 화분을 갈라지게 할 터였다.

아마 이 때문에, 조셉은 실험을 했다. 전혀 성공할 것 같지가 않아 보였지만, 정말 운이 좋게도 강철과 콘크리트는 팽창계수가 거의 똑같았다. 다시 말해 이 둘은 온도에 대해 거의 똑같은 비율로 팽창하고 수축한다. 이것은 작은 기적이었다. 하지만 조셉만이 이걸 알아차린 건 아니었다. 윌리엄 윌킨슨이라는 영국 사람도 이 두 재료의 빼어난 궁합을 우연히 알아냈다. 이로써, 철근 콘크리트의 시대가 열렸다.

사소한 것들의 과학

아무 개발도상국에라도 가보라. 수백만 명의 가난한 사람들이 진흙과 나무, 주름 모양으로 만든 강철지붕으로 지어진 오두막에 살고 있다는 사실을 알게 될 것이다. 이런 집은 매우 취약하다. 햇빛이 들면 덥고, 비가 오면 물이 새고 위험하다. 폭풍이 몰아치면 곧잘 무너진다. 홍수가 나면 쓸려가고, 경찰이나 권력층이 나서기라도 하면 불도저 아래 깨끗이 날아간다. 이런 모든 일로부터 스스로를 방어하고 맞대응하려면, 강할 뿐만 아니라 불이나 폭풍, 비에 견딜 수 있어야 하고 특히 전 세계 사람 누구나 이용할 수 있을 만큼 값이 싼 재료를 활용해야 한다.

철근 콘크리트가 바로 이런 재료다. 1톤에 100파운드(한국 돈으로 약 19만 원) 정도로, 세계에서 가장 싼 건축재료다. 하지만 콘크리트는 건설의 기계화를 가능하게 했고, 가격을 더욱 떨어뜨렸다. 사람 한 명과 콘크리트 믹서 한 대만 있으면 한두 주 만에 집의 기초를 다지고 집의 벽과 바닥, 지붕도 올릴 수 있다.

이런 요소들이 모두 같은 구조이기 때문에, 날씨와 상관없이 쉽게 100년을 버틸 수 있다. 기초는 집에 물이 올라오지 않게 막아주고 곤충의 접근을 방지해 주며 거푸집이 상하지 않게 해준다. 벽은 붕괴를 막아주고 유리창을 안전하게 지탱해준다. 유지하는 데 힘도 별로 안 든다. 타일이 날려 떨어질 일은 없다. 아예 쓰이지 않으니까. 지붕은 건물에서 특히 필수 불가결한 부분이다. 덩굴과 작물, 심지어 잔디까지 지붕 위에서 기를 수 있다. 이들은 살림살이에 도움이 될 뿐만 아니라 건물의 단열에도 도움을 준다. (사실 이렇게 평평한 지붕 위의 정원이 가능해진 것도 오직 콘크리트 속에 보강된 강철 뼈대 덕분이다. 그렇지 않았다면 판테온 같은 돔만이 가능했을 것이다. 철근 콘크리트를 만든 정원의 발명가에게 경의를 표하는 것 같다.)

더 샤드의 공사가 계속되면서, 더 이상 공사장 울타리에 뚫은 관람용 창을 찾을 필요가 없어졌다. 대부분의 공사가 점점 높아지고 있는 건물의 꼭대기에서 이루어졌기 때문에, 관람용 창은 오히려 관람하기에 최악의 장소였다. 오히려 우리 집 옥상에서 가장 잘 볼 수 있었다. 아침에 일어나면 모닝커피를 마시며 더 샤드의 진척 상황을 가만히 들여다보는 습관이 생겼다. 언제부터인가 나는 굴뚝의 벽돌에 분필로 더 샤드가 얼마나 높아졌는지 표시하기 시작했다. 더 샤드는 점점 커졌다! 공사가 절정에 달했을 때, 나는 엔지니어들이 2~3일에 한 층씩 통째로 쌓아 올리고 있다고 어림했다.

이렇게 건물이 높아져갈 수 있는 것은 콘크리트를 끊임없이 갤 수 있기 때문이다. 콘크리트는 트럭으로 건물의 1층에 도착한 뒤 펌프질로 꼭대기층의 거푸집까지 올릴 수 있다. 거푸집은 건물 바닥의 크기와 형상을 이루는데, 콘크리트 탑의 기본 뼈대가 되는 강철 막대로 만들어진다. 일단 바닥이 주조되면 이게 거푸집을 지지하는 역할을 한다. 거푸집은 다음 층으로 이동해 그 층을 주조할 준비를 한다. 이 과정이 반복되고, 건물은 점점 높아진다. 어림해 보니 건물은 하루에 3m씩 자라고 있었다.

나를 더 놀라게 한 것은, 거푸집을 다음 층으로 올리고 콘크리트를 부어주기만 하면 이 과정이 끝도 없이 계속될 것처럼 보였다는 점이다. 마치 자라나는 묘목의 새싹 같았다. 하지만 실제로는 이 공정에도 한계가 있었다. 더 샤드보다 세 배는 큰 건물인 두바이의 부르즈 할리파를 지은 공학

사소한 것들의 과학

:: 세계에서 가장 아름다운 다리 중 하나인 프랑스의 미요교는 철근 콘크리트로 지어졌다.

자들에 따르면, 콘크리트를 건물의 꼭대기로 수직으로 퍼 올리는 데 쓰는 기계의 용량이 심각한 문제였다.

　그럼에도 불구하고, 이 방법은 참 영리하다. 콘크리트가 현대의 재료가 될 수 있었던 것은 건축 과정의 기계화 덕분이라고 해도 과언이 아니다. 콘크리트는 붓고 주조함으로써 거대한 구조물을 빠르게 지을 수 있도록 한다. 유럽의 석조 예배당이나 중국의 만리장성 같은 거대한 구조물들은 짓는 데 수십 년이 걸렸다. 이에 비해 유럽에서 가장 높은 건물 중 하나인 더 샤드의 중심 코어는, 짓는 데 여섯 달이 채 안 걸렸다.

　콘크리트는 사람들로 하여금 생각을 크게 하고, 또 꿈을 꿀 수 있게 해준다. 토목 공학자들의 야심을 실현시킬 수 있게 해주는 재료이기도 하다. 후버댐이 건설된 것도 철근 콘크리트 덕분이고, 미요교The Millau viaduct,

:: 공사 중인 더 샤드.

2004년 프랑스 남부에 지어진 2,460m 길이의 사장교:역자 주가 건설된 것도, 복잡한 고속도로 인

터체인지가 지어진 것도 다 철근 콘크리트 덕분이다.

　　어느 날, 더 샤드는 자라나기를 멈췄다. 그리고 콘크리트 거푸집을 취

급하는 장비들이 순식간에 사라졌다. 남겨진 것은 72층 높이의 콘크리트

탑이었다. 이 거친 회색 탑은 마치 신생아처럼 주름이 져 있었다. 런던에

서 가장 최근에 지어진 콘크리트 탑이 바람 속에서 조용히 흔들리는 동안,

바닥에서부터 다시 공사가 시작됐다. 아무것도 하지 않고 그저 인간 개미들이 기초부에 모여드는 모습을 지켜보는 것처럼 보였지만, 게으름을 피우고 있는 것은 아니었다. 콘크리트 안에서는 칼슘 실리케이트 수화물 섬유가 자라고, 서로 얽히며 돌과 철 사이를 연결하고 있었다. 그렇게 함으로써 더 샤드는 점점 더 강해졌다.

콘크리트가 물과 반응해 충분한 강도를 갖는 데에는 24시간이 걸리지만, 내부구조를 완성하고 최대한의 강도를 얻는 데에는 수년이 걸린다. 내가 이 글을 쓰고 있는 동안에도 더 샤드의 콘크리트 코어는, 비록 인지할 수 없지만 계속 단단해지고 강해지고 있다.

일단 최대 강도에 이르면, 이 콘크리트 구조물은 하루 거주 인구 2만 명의 무게를 견딜 것이고 수천 개의 책상과 의자, 가구와 컴퓨터, 그리고 어마어마한 물의 무게를 견딜 것이다. 콘크리트 구조는 눈에 띄는 변형 없이 이 과정을 매일 해낼 것이다. 바닥은 튼튼하고 견고한 상태를 유지할 것이다. 건물의 모든 거주자들을 지탱할 것이며 수천 년 동안 그들을 환경으로부터 보호할 것이다. 콘크리트가 지속적으로 관리를 받는다면, 충분히 가능한 일이다.

철근 콘크리트가 갖는 건축재료로서의 놀라운 신뢰성에도 불구하고 콘크리트는 꾸준한 관리를 받아야 한다. 콘크리트가 갖는 취약한 특성은 그것이 갖는 강한 특성과 기원이 같다. 내부구조가 원인이기 때문이다.

여러 요소에 노출된 일상적인 환경에서, 콘크리트를 보강하는 역할을 하는 강철은 쉽게 녹이 슨다. 하지만 콘크리트 안에 둘러싸여 있으면 염기성 상태 때문에 강철 표면에 수산화철로 된 층이 생겨 마치 보호막처럼 보호를 받는다. 그러나 건물의 일생에 걸쳐 정상적인 마모와 갈라짐이 일어나고, 겨울과 여름에 팽창과 수축이 일어나기 때문에 콘크리트에는 작은 금이 발생한다. 이런 금 안에는 물이 들어갈 수 있고, 물은 얼어서 팽창해 금을 더 깊게 만든다. 모든 석조 건물은 이런 종류의 마모와 침식을 견뎌야 한다. 산脈이 현재의 지형이 된 것도 이런 마모와 침식 때문이다. 석재나 콘크리트 구조물이 이런 식으로 손상되지 않도록 하려면, 50년 정도마다 구조를 관리할 필요가 있다.

콘크리트는 좀 더 치명적인 피해를 겪을 수도 있다. 많은 양의 물이 콘크리트에 스며들어가 철근을 잠식해 버릴 때 문제가 생긴다. 녹이 구조물 안에서 팽창하고, 더 큰 균열을 만들어내며 전체 내부 강철 구조를 손상한다. 특히 소금물이 있으면 이런 손상이 더 잘 일어나는데, 수산화철의 막을 파괴하고 강철을 급격히 녹슬게 한다. 추운 나라에서는 염분(눈과 얼음을 치우기 위해 사용하는 염화칼슘 같은)에 노출된 콘크리트 다리와 길이 이런 만성적인 파괴에 취약하다. 최근 영국의 해머스미스 고가도로가 이런 종류의 콘크리트 파손을 겪고 있다.

세상 구조물의 절반은 콘크리트로 돼 있다. 이 말은, 콘크리트를 유지하는 데 굉장히 많은 노력이 필요하다는 뜻이다. 더욱 문제인 것은, 이러한 구조물 중의 상당수가 우리가 두 번 다시 찾고 싶어 하지 않는 환경에 건설되어 있다는 사실이다. 예를 들자면 스웨덴과 덴마크를 잇는 외레순 다리Oresundsbron 나 핵발전소의 노심爐心 등을 꼽을 수 있다. 이런 경우, 콘크리트 스스로 자신을 돌보도록 방법을 찾는 게 이상적이다. 다시 말해 콘크리트로 하여금 스스로 치유하도록 만드는 것이다. 이러한 콘크리트

사소한 것들의 과학

(자기치유 콘크리트)는 지금도 존재한다. 비록 아직 초창기지만, 이미 제대로 잘 기능하고 있다.

자기치유 콘크리트는 과학자들이 극한 환경에서 살아남는 생명체를 조사하면서 시작됐다. 과학자들은 화산활동에 의해 만들어진 강한 염기성의 호수 바닥에 사는 박테리아를 발견했다. 이런 호수는 수소이온농도(pH)가 9~11로, 사람의 피부에 닿으면 화상을 일으킬 정도로 염기성이 강했다. 당연히, 과거에는 이런 유황호수에 생명체가 살 수 없다고 생각됐다. 하지만 주의 깊게 연구한 결과, 생명은 우리가 생각하는 것보다 훨씬 더 끈질기다는 것을 알 수 있었다. 염기성 환경을 좋아하는 박테리아가 이런 환경에서 살아남을 수 있다는 사실이 밝혀졌다. 또 파스테우리[B. pasteurii]라고 하는 특별한 박테리아는 콘크리트의 성분이기도 한 광물인 방해석을 분비할 수 있다. 이 박테리아 역시 끈질긴 생명력을 보여서, 바위에 갇힌 채 수십 년 동안 휴면기에 든 상태로 버틸 수 있다.

자기치유 콘크리트는 안에 이런 박테리아와, 이들의 먹이가 되는 전분이 들어 있다. 일상적인 환경에서 이런 박테리아는 칼슘 실리케이트 수화물 섬유에 갇힌 채 휴면 상태를 유지하고 있다. 하지만 만약 구조에 균열이 생긴다면, 박테리아가 거기서 벗어나 물이 있는 환경에 들어가고, 휴면에서 깨어나 먹이를 찾기 시작한다. 박테리아는 곧 콘크리트에 첨가해둔 전분을 찾아내, 그걸로 성장하고 복제를 하기 시작한다. 이 과정에서 박테리아는 방해석을 분비하고 탄산칼슘을 형성한다. 방해석은 콘크리트와 결합하고, 균열을 이을 수 있는 광물 구조를 만들기 시작한다. 그 결과 균열은 더 커지지 않고 메워진다.

이론적으로는 참으로 아름답지만 현실에서는 불가능해 보이는, 그런 아이디어다. 하지만 실제로 가능하다. 최근의 연구에 따르면, 균열이 생긴 콘크리트를 이러한 방식으로 처리했더니 강도가 90% 회복됐다. 현재 이런 자기치유 콘크리트는 실제 공학적 구조물에 사용할 수 있도록 개발 중이다.

생물을 이용한 또 다른 콘크리트는 '필터크리트filtercrete'라고 부른다. 이 콘크리트는 속에 구멍이 많아서(다공성), 박테리아가 자연히 군집을 이뤄 살 수 있다. 콘크리트 안에 들어 있는 이 구멍으로 물이 흐를 수 있어 배출구가 따로 필요 없으며, 박테리아가 안에 살기 때문에 기름 성분과 기타 오염물을 분해해서 물을 깨끗하게 만들 수 있다.

요즘은 콘크리트 천이라는, 직물 형태의 콘크리트도 있다. 이 재료는 돌돌 말린 형태를 하고 있는데, 원하는 모양으로 굳히고 싶을 때는 물을 부으면 된다. 이 재료는 조각을 만드는 데에도 뛰어난 잠재력이 있지만, 뭐니 뭐니 해도 가장 큰 응용 분야는 재난 대응 분야다. 공중에서 콘크리트 두루마리를 던져 놓으면 금세 텐트가 만들어지며 며칠 만에 임시 도시도 만들 수 있다. 현장을 재건할 때까지 비바람이나 햇빛을 피할 수 있도록 말이다.

더 샤드에서 다음에 일어난 일은 콘크리트의 잠재력을 찬양하는 것과는 별개였다. 강철과 유리가 천천히, 하지만 체계적으로 건물의 겉면을 덮기 시작했다. 콘크리트로 지은 건물 코어의 흔적을 없애기 위해서다. 이것이 주는 암시는 분명하다. 콘크리트는 부끄러운 것이다. 바깥세상, 혹은 거주민들과 민낯으로 만날 수 있는 곳은 없다.

사소한 것들의 과학

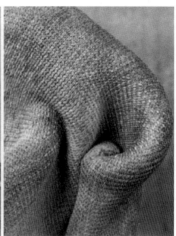

:: 콘크리트 천.

이런 태도는 대부분의 사람에게 공통적이다. 사람들은 콘크리트가 고속도로, 다리, 수력발전소, 댐을 건설하는 데에는 적합하다고 생각하지만, 도시 안에서 건물을 지을 때 어울리는 재료라고는 생각하지 않는다. 1960년대 런던 사우스뱅크 센터가 그랬듯 자유와 해방의 감각을 표현하기 위해 콘크리트를 쓴다는 것은, 오늘날에는 생각할 수 없는 일이다.

1960년대는 콘크리트가 잘 나가던 시기였다. 도심을 재창조하고 현대적인 세계를 건설하기 위해 공학자들은 과감하게 콘크리트를 썼다. 그러나 그러던 중 어딘가에서 이런 분위기는 깨졌고, 사람들은 콘크리트가 더이상 미래의 재료가 될 수 없다고 결정했다. 아마 질 낮은 콘크리트 주차장이 너무 많이 지어졌거나, 너무 많은 사람들이 그래피티로 가득 덮인 콘크리트 지하도에서 강도를 당했거나, 혹은 너무 많은 가족들이 콘크리트로 지은 높은 건물에 살면서 비인간화됐다고 느껴서일 것이다. 오늘날 콘

:: 로마의 교회 '자비로우신 하느님Dives in Misericordia'

크리트에 대해서는 꼭 요긴하고 싸고 기능적이지만 회색이고, 황량하고 더럽고 비인간적이라는 인식이 있다. 그리고 그 무엇보다, 콘크리트는 추하다는 인식이 강하다.

하지만 진실을 들여다보면 달라진다. 디자인이 싼 티가 난다는 것은 엄밀히 말해 재료의 문제는 아니다. 강철도 좋은 디자인과 나쁜 디자인에 모두 쓰일 수 있으며, 나무나 벽돌도 마찬가지다. 하지만 '추하다'는 말이 붙어 다니는 재료는 오직 콘크리트뿐이다. 콘크리트의 미학에 본질적으로 부족한 부분은 없다. 유명한 조개 모양의 외벽을 콘크리트로 지은 시드니의 오페라하우스나, 런던 바비칸센터Barbican Centre의 내부를 보자. 이들은 콘크리트로 가장 거대하면서 가장 특별한 건축물을 지을 수 있다는 사실을 여실히 보여준다. 이러한 상황은 1960년대 이후로도 그다지 변한 게 없

사소한 것들의 과학

다. 그런데도 오늘날 콘크리트의 외양은 참을 수 없다는 느낌을 주며, 그 때문에 보통 눈에 안 보이게 감춰지곤 한다. 콘크리트는 건물의 코어와 기초를 이루지만, 눈에 띄면 안 된다.

미적인 호소력을 높이기 위해 새로운 형태의 콘크리트가 많이 개발됐다. 가장 최근에 개발된 것은 이산화티타늄 입자가 들어 있어서 저절로 세척이 되는 콘크리트다. 이 입자는 콘크리트 표면에 있지만 매우 작은 데다 투명해서 겉으로 보기엔 그냥 콘크리트와 다를 바가 없다. 하지만 태양으로부터 자외선을 흡수하면, 이 입자에서 자유라디칼 이온들이 나온다. 자유라디칼 이온은 접촉한 유기물 때를 분해한다. 분해되고 남은 때는 비에 씻기거나 바람에 불려 사라진다. 로마에 있는 교회인 '자비로우신 하느님 Dives in Misericordia'이 바로 이 콘크리트로 지어졌다.

사실, 이산화티타늄은 콘크리트를 깨끗이 하는 것 외에 다른 일도 한다. 마치 촉매 변환기자동차에서 매연을 저감하기 위해 다는 장비:역자 주처럼, 자동차가 내뿜은 질소산화물의 농도를 낮춰준다. 이는 여러 연구에서 효과가 있다는 사실이 밝혀졌다. 미래에는 도시환경을 구성하는 건물과 길이 식물처럼 공기를 정화하는 등, 수동적인 역할에 머무르지 않게 될 것이다.

이제 더 샤드는 완공됐고, 콘크리트는 사람들에게 보다 친숙한 재료에 둘러싸인 채 가려졌다. 하지만 우리의 추한 비밀이자 더 샤드의 비밀은, 콘크리트가 말 그대로 우리 사회의 기초라는 점이다. 콘크리트는 도시와 길, 다리, 발전소의 기반이다. 이들은 우리가 만들어내는 모든 것의 50%에 해당한다. 하지만 마치 뼈처럼, 우리는 콘크리트가 안에 들어가 있기를 바라며 만약 도드라져 보이기라도 하면 거부감을 느낀다.

아마 언제까지나 이렇지는 않을 것이다. 콘크리트를 향한 열망의 두 번째 물결이 이제 끝나고 있다. 첫 번째 물결은 고대 로마인들에 의해 시작됐고 수수께끼 같은 이유로 끝이 났다. 새롭게 등장하는 콘크리트는 더 복잡하고, 아마도 우리의 취향을 전복하며 열망의 세 번째 물결을 일으킬 것이다. 박테리아가 내장된 스마트 콘크리트는 살아 숨 쉬는 건축을 가능하게 할 것이다. 이 가장 기초적인 재료와 우리의 관계는 변화할 것이다.

사소한 것들의 과학

0 ✦ 4

맛 있 는
chocolate

Stuff
Matters

Chocolate

chocolate : 초콜릿

초콜릿은 입안에서 액체로 변하도록 설계됐다.
이런 기술은 수백 년에 걸친 요리와 공학적 노력의 결정체다.

다크초콜릿 한 조각을 입에 넣어보자. 잠시 동안 입과 혀에 전해지는 단단한 모서리를 느낄 수 있겠지만, 풍미는 즐길 수 없을 것이다. 어서 한 입 깨물고 싶은 마음에 저항하기란 거의 불가능하다. 하지만 깨물지 않도록 노력해보자. 무슨 일이 일어날까? 초콜릿 덩어리는 혀에서 열을 흡수해 갑자기 축 늘어지게 될 것이다. 액체가 되어감에 따라, 당신은 혀가 더 차가워진다고 느끼고, 이어서 달고 쓴 맛과 향이 입안으로 홍수처럼 밀려든다. 이윽고 과일과 견과류의 풍미가 나고, 마지막으로 진흙 같은 맛이 목 뒤를 타고 넘어간다. 그 축복받은 한순간을 위해, 당신은 세상에서 공학적으로 가장 맛있게 만들어진 재료의 노예가 된다.

초콜릿은 입안에 닿으면 곧바로 액체로 변하도록 설계됐다. 이런 기술은 수백 년에 걸친 요리와 공학적 노력의 결정체다. 처음에는 차나 커피와 다른, 자신만의 지위를 지닌 유명 음료를 만들 목적이었다. 그러나 이러한 시도가 처절하게 실패한 뒤, 초콜릿 제조자들은 소스 팬이 아니라 입안에서 핫초콜릿을 만드는 게 훨씬 더 즐겁고 현대적이며 사람들에게 인기가 좋다는 사실을 깨달았다. 그 결과, 제조사들은 고체 음료를 만들어 냈고, 초콜릿 산업은 계속 성공가도를 달렸다. 이런 일들이 가능했던 것은 우리가 결정구조(특히 코코아 버터의 결정구조)를 잘 이해했기 때문이다.

코코아 버터는 채소 전체에서 가장 질이 좋은 지방 중 하나로, 버터와 올리브 오일과 최고 자리를 놓고 다툰다. 순수한 코코아 버터는 마치 질 좋은 무염버터처럼 보인다. 초콜릿의 재료일 뿐만 아니라, 고급 화장용 크림과 로션에도 쓰인다. 식품 외에도 쓰인다는 사실에 실망하지 말았으면 좋겠다. 지방은 언제나 인류에게 음식 이상의 것을 제공해 왔다. 양초나 크림, 기름 램프, 광택제, 비누 등으로 말이다.

하지만 코코아 버터는 여러 면에서 특별한 지방이다. 우선, 체온에 녹는다. 고체로 저장할 수 있지만 사람의 몸과 닿으면 액체가 된다는 뜻이다. 더구나 천연 항산화물질을 함유하고 있어 악취를 방지하고, 여러 해 저장해도 상하지 않는다(우유로 만드는 버터의 경우, 선반에 몇 주만 방치해도 먹을 수가 없다). 이것은 화장품 크림 제조사들에게 희소식이었지만, 초콜릿 제조사들에게도 좋은 소식이었다.

코코아 지방은 숨겨둔 또 다른 재주가 있다. 결정구조를 이루고, 그 덕분에 초콜릿 바는 강도가 꽤 세다. 코코아 버터의 주성분은 트리글리세라이드라고 부르는 큰 분자로, 트리글리세라이드가 어떻게 쌓이는지에 따라

:: 트리글리세라이드 분자가 결정 형태를 이루는 서로 다른 방법을 묘사한 스케치. 각각의 방법은 서로 다른 구조와 밀도를 지닌다.

여러 다른 방법으로 결정을 이룬다. 마치 자동차의 트렁크를 채우는 것과 비슷한데, 어떤 방법은 특별히 공간을 더 많이 차지하기도 한다. 트리글리세라이드를 더 차곡차곡 쌓을수록 코코아 지방의 결정은 더 조밀해진다. 코코아 지방의 밀도가 높아지면 녹는점도 높아지고 더 안정되며 단단해진다. 이렇게 밀도가 높은 형태의 코코아는 만들기도 어렵다.

사람들은 이런 결정에 1형과 2형이라는 이름을 붙였는데, 이들은 기계적으로 부드럽고 상당히 불안정하다. 이들은, 만약 기회만 주어진다면 더 밀도가 높은 형태인 3형과 4형으로 변한다. 1형과 2형은 아이스크림 위에 초콜릿 코팅을 만드는 데 유용한데, 녹는점이 16℃로 낮기 때문에 아이스크림으로 인해 차가워진 상태에서도 입안에서 녹을 수 있다.

3형과 4형 결정은 부드럽고 무르며, 부러질 때 똑 부러지지 않는다. 쇼콜라티에에게 똑 부러지는 기계적 특성은 매우 중요한데, 초콜릿을 먹는 우리의 경험에 놀라움과 극적인 요소를 더해주기 때문이다. 예를 들어, 똑 부러지는 초콜릿을 쓰면 겉에는 단단한 껍질이 있고 안에 부드러운 중심부가 있어서 조직감에 차이를 불러일으킬 수 있다. 한편 심리물리학적 관점에서 보면 초콜릿의 부러지는 성질과, 초콜릿을 부러뜨릴 때 나는 소리는 신선한 기분을 불러일으키며 먹는 즐거움을 배가시킨다. 단단하고 똑

부러질 거라고 기대하며 초콜릿 바를 집어 들었는데 끈적거리며 녹아 있던 경험을 해본 사람이라면, 똑 부러지는 특성이 없는 초콜릿이 얼마나 실망스러운지 잘 알 것이다. (끈적거리는 초콜릿 역시 나름의 가치가 있다고 말해야 옳을 테지만.)

이런 모든 이유 때문에 초콜릿 제조자들은 3형과 4형의 결정을 피하길 원하는 경향이 있다. 하지만 아쉽게도 3형과 4형이 가장 만들기 쉽다. 만약 당신이 초콜릿을 조금 녹이고 그걸 식힌다면, 거의 확실히 3형과 4형 결정을 얻을 수 있을 것이다. 이 초콜릿은 만지면 부드러운 느낌이 나는데, 모습은 윤이 나지 않고 손에서 잘 녹는다. 이런 결정은 오랜 시간에 걸쳐 더 안정한 5형으로 변하는데, 그 과정에서 초콜릿은 당과 지방을 내놓

:: 초콜릿에 지방 '블룸'이 보인다.

사소한 것들의 과학

는다. 그 결과 초콜릿 표면에는 '블룸초콜릿에 생기는 꽃모양의 얼룩:역자 주'이라는 흰 가루가 생겨난다.

5형은 극단적으로 밀도가 높은 결정이다. 초콜릿을 단단하게 해주고 표면을 마치 거울처럼 마감해서 광택이 나게 하며, 부러질 때 똑 소리가 나며 기분 좋은 느낌을 준다. 5형은 다른 결정 형태에 비해 녹는점이 높아서 34℃에서 녹는다. 따라서 입안에 들어가야만 녹는다. 이런 특성 때문에 대부분의 쇼콜라티에는 5형 코코아 버터 결정을 만들려고 한다. 말은 쉽지만, 만드는 건 쉽지 않다. '템퍼링tempering'이라고 하는, 미리 만들어진 5형 결정 '씨앗'을 고형화 마지막 단계에 첨가하는 과정을 거쳐야 만들 수 있다. 이런 과정을 통해, 자라는 데 시간이 많이 드는 5형 결정이 보다 빨리 자라는 3형이나 4형 결정보다 먼저 만들어지기 시작한다. 그 결과 액체 상태의 재료는 3형과 4형이 미처 자라기 전에 밀도가 더 높은 결정구조로 굳는다.

순수한 다크초콜릿을 입안에 넣고 그게 녹기 시작하는 것을 느낀다고 해보자. 당신은 초콜릿을 유지시키고 있는 5형 코코아 버터의 결정구조가 흔들리기 시작하는 것을 느끼고 있다. 만약 사람들이 적절히 취급했다면, 코코아 버터의 결정은 만들어진 후 대부분의 시간을 18℃보다 낮은 온도에서 보냈을 것이다. 초콜릿 결정은 이제 당신의 입안에서, 제조 이후 처음으로 높은 온도를 경험한다. 초콜릿은 바로 이 순간을 위해 만들어졌다. 초콜릿이 선사하는 최초이자 마지막 공연이랄까. 초콜릿은 점점 따뜻해지다가 임계 온도인 34℃에 이르면 녹기 시작한다.

고체에서 액체로 변하는 이 변화(소위 '상전이')를 위해서는, 결정 분자를 서로 묶어주고 있는 원자 결합을 깰 에너지가 필요하다. 이 과정을 통해 분자는 액체처럼 자유롭게 움직일 수 있게 된다. 그러므로 녹는점에 다다른 초콜릿은 필요한 이 여분의 에너지를 당신의 몸에서 가져간다. 초콜릿은 이 에너지를 당신의 혀에서 소위 잠열의 형태로 얻는다. 당신은 민트를 핥을 때와 비슷한, 기분 좋게 시원해지는 효과를 느끼게 된다. 땀을 흘릴 때와 비슷한 냉각 효과다. 이 경우는 고체가 액체가 되는 게 아니라, 액체(땀)가 기체 형태로 바뀌면서 필요한 잠열을 피부로부터 흡수한다는 게 다르지만 말이다.

코코아 결정의 경우, 초콜릿이 녹으면서 시원한 느낌을 줌과 동시에 입안에서는 갑자기 따뜻하고 끈적한 액체가 만들어진다. 이 두 느낌의 과감한 조합이 바로 초콜릿만이 갖는 독특한 느낌의 비결이다. 핫초콜릿의 경험은 여기에서부터 시작된다.

한때 잘 결합해 단단한 고체 코코아 버터 덩어리를 이뤘던 초콜릿 성분이 이제 녹아서 혀 속 미뢰로 흐를 수 있게 됐다. 다음에는 무슨 일이 일어날까? 고체 코코아 버터 안에 갇혀 있던 코코넛 알갱이가 풀려난다. 다크초콜릿은 대체로 50%의 코코아 지방과 20%의 코코넛 가루를 함유하고 있다(이 경우 포장지에는 '코코아 고형분 70%'라고 적혀 있다). 나머지 대부분의 성분은 설탕이다. 설탕이 30%나 포함돼 있다니 대단한 양이다. 입안에 설탕을 한 스푼 퍼 넣는 것과 같은 양이다. 그럼에도 불구하고 다크초콜릿은 지나치게 달지는 않다. 어떨 때는 전혀 달지 않기도 하다. 이것은 코코아 버터가 녹으면서 동시에 설탕이 방출되기 때문인데, 이때 코코아 가루에서는 알칼로이드와 페놀릭이라고 알려져 있는 화학물질도 나온다. 여기에는 카페인과 테오브로민 같은 분자가 포함돼 있다. 이들은 쓰고 떫은맛을 낸다. 이들은 쓴맛과 신맛의 수용체를 활성화하고 설탕의 단맛을 상쇄한다. 이런 기본 맛의 균형을 맞춰서 초콜릿이 모난 데 없는 맛을 내도록 하는 게 쇼콜라티에의 첫 번째 임무다. 풍미를 증진시키기 위해 소금을 첨가하면, 초콜릿의 맛이 한 차원 더 풍성해질 뿐만 아니라, 맛 좋은 요리의 재료를 만들 수도 있다. 멕시코 요리인 폴로 콘 몰(pollo con mole, 닭을 다크 초콜릿에 넣고 요리한 것)의 재료가 바로 이런 초콜릿이다.

요리에 사용된 초콜릿이 그냥 먹는 초콜릿과 맛이 다른 이유는 따로 있다. 기본 맛은 혀의 미뢰에서 만들어지며 쓴맛, 단맛, 짠맛, 신맛, 그리고 우마미(고기맛 혹은 감칠맛)가 있다. 하지만 대부분의 풍미는 냄새를 통해 경험할 수 있고, 우리가 초콜릿의 복잡한 맛을 느낄 수 있는 것도 입안에서 풍기는 초콜릿의 향 덕분이다. 초콜릿을 요리할 때는 이런 풍미 분자 중 상당수는 증발하거나 파괴된다. 이는 핫초콜릿뿐 아니라 커피나 차에서도 공통적으로 발생하는 문제다. 핫초콜릿이나 커피, 차를 내린 지 몇 분 내에 마셔야 하는 이유가 바로 이것으로, 그 이상의 시간이 지나면 풍미가 공기 중으로 사라져버린다. 이는 또 당신이 감기에 걸렸을 때 왜 맛을 느끼지 못하는지도 설명해준다. 코의 냄새 수용체가 점액에 덮여서 냄새를 맡지 못하는 것이다. 핫초콜릿을 입속에서 만든다는 발상에서 획기적인 점은, 코코아 버터가 풍미를 내는 분자를 품고 있다가 초콜릿을 먹을 때 600개 이상의 새로운 분자를 입과 코로 방출되게 한 것이다.

코가 처음으로 감지하는 풍미 중 하나는 '에스테르' 분자 그룹이 내는 과일 향이다. 이 분자들은 맥주나 와인, 그리고 가장 두드러진 예로는 과

:: 코코아 열매(cocoa pod)가 달린 코코아(카카오)나무.

일의 숙성된 향을 낸다. 하지만 가공 전의 코코아 빈cocoa bean, 코코아 열매에서 흰 과육 부분을 제거한 뒤에 남는 씨앗 부분:역자 주에는 존재하지 않는다. 내가 이 사실을 아는 것은 코코아 빈을 날 것으로 먹어봤기 때문이다. 맛이 형편없었다. 코코아 빈은 온통 섬유질로 된 데다 나무 맛과 쓴맛이 났고, 밍밍했다. 과일 맛은 없고 초콜릿 맛과 비슷한 것도 없다. 다시는 먹어볼 생각이 들지 않았다. 특이해 보이긴 하지만 맛은 도통 없는 이 열매가 초콜릿으로 변하려면 상당히 여러 단계의 공정이 필요하다. 단계가 너무 많아서 어떻게 이런 게

사소한 것들의 과학

발명될 수 있었나 의아하게 생각될 정도다.

코코아(카카오)나무는 열대기후에서 자라며, 크고 과육이 두꺼운 형태로 코코아 열매cocoa pod를 맺는다. 거칠고 가죽이 두꺼운 오렌지나 퍼플 멜론처럼 생긴 코코아 열매는 나무의 줄기에서 바로 자라며, 가지를 만들지 않는다. 그래서 별로 진화를 하지 않고 아주 오래 전부터 그 모습대로 살았던 나무처럼 보인다. 공룡이 코코아 열매를 먹으려고 하는 장면을 상상할 수도 있을 정도로 말이다(그리고 공룡이 열매를 뱉어내는 장면도).

각 열매 안에는 희고 부드러우며 지방이 많은, 크기가 자두만 하고 모양은 아몬드와 비슷한 씨앗이 서른 개에서 마흔 개 들어 있다. 이 코코아 넛을 처음 본 날, 나는 흥분해서 얼른 하나를 입에 넣고 씹었다. 그리고 그게 무슨 맛인지 알아채자마자 뱉어버렸다. 그게 정말 코코아 넛인지 물었더니, 맞다는 대답이 돌아왔다. 나는 땀을 뻘뻘 흘리며 투덜거렸다. "하지만 초콜릿 맛은 하나도 안 나는데요."

그때 나는 온두라스의 코코아 플랜테이션 농장에서 모기떼의 공격을 받아가며 코코아 열매 따는 일을 돕고 있었다. 실망감과 불편함에도 불구하고 마음이 조급했다. 목소리는 아마 로알드 달의 책 『찰리와 초콜릿 공장』에 나오는 황금티켓의 소지자 같았을 것이다작품에서 초콜릿 공장 주인인 윌리 웡카는 초콜릿에 숨긴 황금티켓을 찾는 사람 다섯 명에게 공장을 견학시켜 주기로 한다:역자 주. 무대 역시 소설처럼 이국적이었다. 열매가 가득 달려 있는 바나나와 코코넛 나무 아래 그늘에서 작고 비틀린 코코아나무가 자라고 있었다. 잎이 밝은 햇빛을 투과시켜서, 나무 아래에 수천 개의 녹색 그림자가 졌다. 다음에 일어난 일 역시 윌리 웡카의 초콜릿 제조학교에서 벌어진 일 그대로였다. 우리는 날이 넓은 칼로 코코아 빈을 수확해 땅에 더미로 쌓았다. 그러고는 썩도록 놔뒀다.

나중에 보니 이 과정은 온두라스 코코아 농장만의 특이한 관습이 아니었다. 모든 초콜릿이 다 이렇게 만들어진다. 2주가 넘어가는 동안 코코아 빈 더미는 분해돼 발효하기 시작하고, 그 과정에서 열이 발생한다. 코코아가 발아해 자라지 않도록 씨를 죽이는 게 목적이지만 보다 중요한 것은, 이 과정을 통해 코코아 빈의 구성 성분이 초콜릿 풍미를 만드는 전구체로 변한다는 사실이다. 만약 이 과정이 이뤄지지 않으면, 무슨 작업을 어떻게 해도 초콜릿 비슷한 것은 조금도 얻지 못할 것이다.

과일 향을 내는 에스테르 분자가 만들어지는 것도 바로 이 발효 과정이다. 코코아 빈 안에서 효소의 활동에 의해 만들어진 알콜과 산이 반응한 결과 에스테르 분자가 생긴다. 모든 화학반응이 그렇듯, 수많은 다양한 조건이 이 결과에 영향을 미친다. 원료의 비율, 주변 온도, 산소 이용 가능성 등등. 이 말은 초콜릿의 맛은 코코아 빈이 얼마나 익었는지나 종이 무엇인지에 따라서뿐만 아니라, 열매를 발효시킬 때 얼마나 높이 쌓았는지나 얼마나 오래 발효하도록 놔뒀는지, 그때의 날씨가 어땠는지 등에 따라서도 크게 좌우된다는 뜻이다.

초콜릿 제조사들이 이런 미묘한 조건들에 대해서 말하는 법이 없는 이유는, 그게 비밀이기 때문이다. 표면적으로 코코아는 다른 원재료와 다를 게 없어 보인다. 설탕과 비슷하게, 코코아는 기본 재료로서 세계시장에서 사고팔리며 수십억 달러 규모의 식료품 산업을 형성한다. 하지만 잘 이야기되지 않는 게 있다. 커피나 차처럼, 열매의 종류나 준비 과정을 달리하면 대단히 다른 맛으로 만들 수 있다는 사실이다. 제대로 된 열매를 사려면 이 두 가지 요소에 대해 구체적으로 이해하고 있어야만 한다. 그리고 최상의 초콜릿을 만들려고 한다면 이런 지식을 매우 엄격하게 지켜야 한다. 한편 품질을 유지하기 위해서는 열대의 날씨 변화와 산발적으로 일어나는 질병도 고려해야 한다. 결국 질 좋은 초콜릿을 생산하기 위해서는 대단한 주의와 보살핌이 필요하며, 이것은 좋은 다크초콜릿이 비싼 이유가 되기도 한다.

당신이 돈을 지불한 대가로 얻는 것은 발효한 에스테르에서 나는 섬세한 과일 향과 맛뿐만이 아니다. 흙내음, 견과류 향, 그리고 감칠맛까지 느낄 수 있다. 이런 풍미는 발효 과정 이후에 열매를 말리고 로스팅할 때 만들어진다. 커피를 만들 때처럼, 로스팅은 각각의 코코아 빈을 새로운 반응이 일어나는 초소형 화학공장으로 만든다. 먼저 대부분 당과 전분 분자인 열매 안 탄수화물이 열에 의해 서로 떨어지기 시작한다. 이 과정은 프라이팬에 설탕을 넣고 가열할 때 일어나는 것과 같은 캐러멜화 반응이다. 코코아 열매 안에서 캐러멜화 반응이 일어나면서 열매는 흰색에서 갈색이 되고, 견과류 맛이 나는 무척 다양한 캐러멜 풍미 분자가 만들어진다.

어떤 당 분자(그게 코코아 빈 안에 있든, 프라이팬 위에 있든, 또는 다른 어디에 있든)가 가열됐을 때 갈색으로 변하는 이유는 탄소의 존재와 관련이 깊다. 당은 탄수화물이다. 탄수화물carbohydrate이라는 이름은 탄소('carbo-')와 수소('hydr-'), 그리고 산소('-ate')로 만들어졌다는 뜻이다. 가열하면 이런 긴 분자가 좀 더 작은 단위로 끊어지고 이들 중 일부는 너무 작아 증발한다(좋은 냄새의 원인이다). 대체로 큰 분자는 탄소가 풍부한 분자들이기 때문에 이들은 증발 뒤에도 남아서 '탄소-탄소 이중결합'이라는 구조를 이룬다. 이 화학구조는 빛을 흡수한다. 이들은 약간만 있어도 캐러멜화한 당의 색을 노르스름한 갈색으로 바꾼다. 좀 더 로스팅하면 당의 일부가 순수한 탄소가 되며(모두 이중결합이 됨), 탄 맛과 향이 나고 어두운 갈색이 된다. 완전히 로스팅하면 숯이 된다. 모든 당이 탄소가 되고, 검은색이 된다.

더 높은 온도에서 일어나는, 코코아의 색과 풍미에 영향을 미치는 또 다른 반응은 마이야르 반응the Maillard reaction이다. 이 반응은 당이 단백질과 반응할 때 일어난다. 만약 탄수화물이 세포 세계의 연료라면 단백질은 일꾼이다. 세포를 건설하고 내부의 일을 도맡는 구조 분자이다. 씨앗(견과류나 열매 등)은, 식물이라는 공장을 세우고 돌릴 세포 기계를 마련하기 위해 필요한 모든 단백질을 그 안에 지니고 있다. 코코아 열매 안에도 많은 단백질이 있다. 온도가 160℃가 넘어가면, 이들 단백질이 탄수화물과 마이야르 반응을 하기 시작한다. 산과 에스테르(이전의 발효 과정에서 만들어진)가 반응해 매우 다양한 작은 풍미 분자를 만들어내는 것이다. 마이야르 반응이 없다면, 세상은 훨씬 맛이 없는 곳이 될 것이다. 과장이 아니다. 마이야르 반응은 구운 채소나 빵의 딱딱한 부분에서 느낄 수 있는 먹음직스런 맛을 만들어낸 주역이다. 코코아에서 마이야르 반응은 초콜릿의 견과류 맛과 감칠맛을 만들어내고, 동시에 떫은맛과 쓴맛을 줄여주는 역할을 한다.

발효된 뒤 로스팅을 거친 코코아 넛을 갈고 거기에 뜨거운 물을 부으면 메소아메리카멕시코와 중앙아메리카 북서부 지역으로, 문화에 따른 지역 구분이다. 마야와 아즈텍 등의 문화가 번성했다:역자 주 사람들이 마시던 원조 핫 '초콜라틀chocolatl'을 얻을 수 있다. 처음으로 초콜릿을 재배했던 올멕인(기원전에 지금의 멕시코 지역에 살았던 원주민)들과 마야인들은 이런 식으로 초콜릿을 마셨다. 수백 년 동안, 초콜릿은 의식을 위한 음료로 떠받들어졌고 최음제로도 사용됐다. 코코아 넛은 화폐로도 사용됐다. 유럽의 탐험가들이 17세기에 초콜릿 음료를 손에 넣은 이후, 초콜릿은 유럽인의 최고 음료 자리를 놓고 차나 커피와 경쟁했다. 하지만 결국 경쟁에서 탈락했다. '초콜라틀'이라는 말은 '쓴 물'이라는 뜻이었다. 그때는 아프리카와 남미에서 노예를 동원한 플랜테이션 농업이 이뤄지고 있었고 값싼 설탕이 밀려들어 왔다. 하지만 이런 설탕을 넣어도 초콜릿 음료는 껄끄러운 맛을 지닌, 기름지고 무거운 음료였다. 그도 그럴 것이 코코아 빈의 50%는 코코아 지방이다. 초콜릿은 이후 200년 동안 이런 음료로 머물렀다. 주목할 만한 이국적인 음료지만, 그렇게 대중적이지는 않은 음료.

그러나 몇 가지 산업 공정이 개발되면서, 초콜릿의 운명은 급격하게 변했다. 첫 번째는 1828년 독일의 초콜릿회사 반 호우튼Van Houten이 개발한 회전 압착기다. 발효와 로스팅을 거친 카카오 빈을 이 압착기로 부수면 코코아 버터가 흘러나왔고, 반 호우튼은 그걸 분리해 코코아 고체만 얻을 수 있었다. 지방질을 상당 부분 잃어버린 코코아는 더 미세한 가루로 분쇄될 수 있었고, 껄끄러운 느낌이 많이 사라지면서 부드럽고 매끈하며 순한 맛을 내게 됐다. 이런 형태가 되고 나서야 비로소 코코아는 마시는 음료로 널리 퍼질 수 있었고 오늘날까지 살아남았다.

그 뒤에 결정적인 발상의 전환이 있었다. 코코아 지방을 제거해 정제한 뒤 코코아 가루를 따로 빻아 만들고, 이들을 다시 섞어 합치는 것이다.

:: 1902년의 프라이 사 초콜릿 광고.

여기에 설탕을 조금 넣으면 이상적인 코코아 빈을 만들 수 있다. 당신이 나무에서 따고 싶어 하는, 설탕과 초콜릿 향 그리고 지방이 알맞게 조화를 이루고 있는 코코아 빈 말이다. 윌리 웡카 세계에 존재할 것 같은.

　　벨기에와 네덜란드, 스위스에는 이런 방식으로 실험을 한 쇼콜라티에가 많이 있다. 하지만 정작 '먹는 초콜릿'을 제조해서 유명해진 회사는 '프라이 앤 선스Fry and Sons'라는 영국 회사로, 첫 번째 초콜릿 바를 탄생시켰다. 정제된 코코아 버터가 입안에서 녹으면서 코코아 가루를 방출하고 입안에서 즉석 핫초콜릿이 만들어지는 것이다. 이는 완전히 새로운 감각이었다. 코코아 지방 함유물은 코코아 가루나 설탕과는 별도로 조절할 수 있기 때문에, 다른 맛에 어울리는 각기 다른 종류의 자극을 입안에서 설계할 수 있게 됐다. 냉장고가 개발되기 전에는 코코아 버터의 항산화 특성이 이렇게 만들어진 초콜릿을 상업적인 판매가 가능할 만큼 오래 보관할 수 있게 만들었다. 초콜릿 산업이 태어난 것이다.

설탕을 30% 첨가한 초콜릿도 너무 쓰다고 느끼는 사람이 있기 때문에, 맛에 중요한 영향을 끼치는 또 다른 성분이 첨가되기도 한다. 바로 우유다. 우유는 초콜릿의 떫은맛을 크게 줄여주고 코코아를 전반적으로 부드럽게 해줘서 초콜릿을 좀 더 달콤하게 만들어준다. 19세기, 스위스는 초콜릿에 우유를 넣은 첫 번째 나라였다. 신출내기 회사인 네슬레 사에서 만들었는데, 이 회사는 지역에서 만든 유통기한이 짧은 신선한 우유를 받아서 가공해 유통기한이 길고 운반이 가능한 제품으로 만들었다. 저장 기간이 긴 두 가지 제품이 결합하자, 그야말로 대박이 났다.

오늘날 초콜릿에 들어가는 우유의 종류는 세계적으로 매우 다양하다. 밀크초콜릿의 맛이 나라마다 다른 이유다. 미국에서 초콜릿에 사용되는 우유는 효소를 이용해 지방을 제거한 것으로, 초콜릿에서 거의 썩은 것 같은 치즈 맛이 나게 한다. 영국에서는 액체 상태의 우유에 설탕을 더하고 이 용액을 졸여서 초콜릿에 넣는다. 이렇게 만든 초콜릿은 좀 더 부드러운 캐러멜 맛이 난다. 유럽에서는 분말 형태의 우유를 쓰는데, 초콜릿에 신선한 유제품 맛과 가루 질감을 더해준다. 밀크초콜릿의 맛은 나라별로 각기 다르기도 하지만, 다른 나라로 잘 확산되지 않는 특성도 있다. 일단 밀크초콜릿의 맛 선호도가 생기고 나면, 세계화에도 불구하고 그것은 놀라울 정도로 해당 지역에만 머무른다.

하지만 모든 밀크초콜릿에는 공통된 특징이 있는데, 우유 안에 포함된 물의 양이 초콜릿에 우유를 더하기 전에 비해 줄어든다는 점이다. 초콜릿 가루가 친수성(물을 좋아하는 성질)이기 때문인데, 초콜릿 가루가 물을 흡수할 때 가루를 둘러싸고 있던 지방이 빠져나간다(물과 지방은 서로에게 녹지 않는다). 이런 현상은 초콜릿을 분해해서 점성이 있는 액체로 바꾸는 과정에서 일어나는데, 마야의 초콜라틀도 그 중 하나다. 소스를 만들기 위해 초콜릿을 녹인 뒤 물을 부어본 사람은 아마 모두 이 문제를 경험해봤을 것이다.

나를 포함해 많은 사람들이 초콜릿을 먹는 데 중독돼 있다. 맛 때문만은 아니다. 초콜릿에는 정신에 영향을 주는 성분이 포함돼 있다. 가장 친숙한 성분은 카페인이다. 코코아 빈에는 카페인이 소량 들어 있고, 따라서 코코아 가루를 거쳐 초콜릿에도 들어 있다. 또 다른 정신 활성 성분은 테오브로민으로 카페인과 마찬가지로 각성제이자 항산화제다. 테오브로민은 개에게 독성이 있어서, 매년 추수감사제와 크리스마스 기간에 많은 개들이 초콜릿을 먹고 죽는다. 테오브로민이 사람에게 미치는 영향은 훨씬 약하다. 각성 수준이 커피나 차에 비해 낮기 때문에, 하루에 초콜릿 바를 열 개씩 먹는다고 해도 진한 커피 한두 잔을 마신 정도밖에 영향을 받지 않는다. 초콜릿은 피우는 마약에서 황홀한 기분을 일으키는 원인 물질인 카나비노이드도 함유하고 있다. 하지만 다시 말하지만 이런 물질들은 그 함유량이 지극히 낮다. 또 초콜릿 중독을 분석하기 위해 블라인드 실험을 해본 연구자들은 이런 화학물질이 중독과 연결된다는 증거를 거의 찾지 못했다.

사소한 것들의 과학

화학적인 영향이 아니라, 초콜릿을 먹을 때의 감각 경험이 그 자체로 중독적이기 때문에 초콜릿 중독이 일어난다는 설명도 가능하다. 초콜릿은 다른 어떤 음식과도 다르다. 초콜릿이 입에서 녹을 때는 거칠고 복잡하며 달콤하고 쓴 혼합물이 따뜻하고 진한 액체 안에서 방출된다. 맛과 향뿐만이 아니라, 입 전체로 느끼는 경험이다. 위로와 편안을 주는 경험인 동시에 짜릿한 경험이며, 육체적인 배고픔 이상을 만족시켜 준다.

혹자는 초콜릿을 먹는 게 키스를 하는 것보다 좋다고 하며, 과학자들은 몇 가지 실험을 통해 열심히 이 가설을 시험했다. 2007년 데이비드 루이스 박사가 이끄는 연구팀은 열정적인 연인들을 모집한 뒤, 그들이 키스할 때와 초콜릿을 먹을 때의 뇌 활성도와 심장박동 수를 최초로 (각각) 측정했다. 연구팀은 비록 키스가 심장을 두근거리게 했지만, 그 효과는 초콜릿을 먹었을 때보다 오래 가지 않음을 알게 되었다. 또한 이 연구는 초콜릿이 녹기 시작할 때의 뇌가 키스를 할 때보다 더욱 강렬하고 오래 지속되는 활동을 보인다는 사실도 알려줬다.

비록 일개 연구지만, 많은 사람들에게 초콜릿을 먹을 때의 감각 경험이 키스보다 더 좋다는 가설에 대해 신뢰를 갖게 했다. 초콜릿 제조사들은 초콜릿과 극단적인 감각적 즐거움의 관계를 활발히 홍보했다. 특히 아주 오래 이어진 캐드버리Cadbury 사의 플레이크가늘고 긴 밀크초콜릿이 다발처럼 모여 있는 막대 모양 초콜릿 바의 이름:역자 주의 텔레비전 광고가 대표적이었다.

내가 본 최초의 플레이크 광고에는 한 여성이 욕실에서 행복한 시간을 보내고 있었다. 그때의 나는 어렸기 때문에, 그 여성처럼 목욕을 기쁘게 여기지 않았었다. 목욕은 그저 실용적인 목적밖에 없었다. 게다가 세

명의 형들이 먼저 씻었기 때문에 내가 씻을 땐 추울 수밖에 없었다. 이때는 에너지가 비쌌던 1970년대로, 집에는 늘 뜨거운 물이 부족했다. 목욕이 즐거울 때는 장난감 보트를 가지고 오도록 허락받았을 때뿐이었다. 텔레비전 광고에 나오는 여성은 장난감 대신 플레이크 초콜릿 바 하나를 갖고 있었다. 그 초콜릿을 입안에 넣을 때마다 커다란 만족감이 밀려와 그녀를 사로잡는 듯했고, 가장 순수한 기쁨을 주는 것 같았다. 나는 그런 느낌을 한 번도 경험해본 적이 없었다. 그저 혼자 욕실에 들어갔을 뿐이었다.

이 광고는 우리 형제들에게 강한 인상을 남겼다. 우리는 추운 욕실에서 초콜릿을 먹을 수 있게 해달라고 엄마를 졸랐는데, 그리 운이 좋지 않았다. 엄마는 그 얘기를 듣자마자 우리에게 '광고 금지령'을 내렸다. 하지만 엄마도 그것을 강제할 수는 없었는데, 왜냐하면 우리 집에 텔레비전이 없었기 때문이다. 우리가 본 '플레이크를 먹는 여성' 광고도 친구네 집에서 본 것이었다. 엄마가 막으려고 했던 게 욕실에서 초콜릿을 먹는 게 아니었음을 깨달은 것은 훨씬 나중이었다.

1950년대부터 시작돼 요즘까지 계속되고 있는 이런 광고에는 언제나 플레이크를 먹으며 비밀스러운 즐거움에 탐닉하고 있는, 아주 편안해 보이는 여성이 등장한다. 막대형 초콜릿의 모양과 크기 그리고 여성이 거기에 탐닉하고 있는 암시적 태도는 보고 있는 대중에게 모욕감과 경각심을 주기에 충분했다. 광고에 노출이 전혀 없는데도 말이다(그저 암시만 했다). 유튜브로 찾아보니 원본 광고가 올라와 있는데, 초창기 버전은 요즘 것보다 더 암시적이었다. 하지만 이러한 광고에 대한 검열 요구는 성공적이었을지 몰라도, 핵심 메시지는 아마 유지되고 있을 것이다. 그리고 그 메시

:: 1960년대의 플레이크 광고에 등장한 배우 돈나 에반스.

지는 대중과 공명하는데, 어쩌면 초콜릿에 대한 진심 어린 믿음, 섹스보다 더 좋다는 믿음과 연결될 것이다.

초콜릿 소비량이 많은 최상위 국가들을 보면 스위스가 1위이고 오스트리아와 아일랜드, 독일, 노르웨이가 뒤를 잇는다. 사실 초콜릿 소비량이 많은 상위 20개국 가운데 16개 나라가 북유럽에 위치하고 있다. (미국에서 초콜릿은 초콜릿 바 형태보다는 맛을 내는 가공품으로 더 인기가 많다. 인구의 절반 이상은 초콜릿 드링크나 케이크, 비스킷을 다른 맛보다 좋아한다고 한다.) 섹스의 대체재로서 초콜릿이 갖는 명성을 생각하면, 이런 상관관계에서 온갖 문화적 결론을 이끌어내고픈 마음이 든다. 하지만 이들 국가에서 초콜릿 소비가 많은 이유에 대한 다른 설명도 존재하는데, 이것 역시 온도와 관련이 있다.

고체인 초콜릿이 입안에서 액체로 쉽게 변환되기 위해서는 주위 환경이 시원해야 한다. 너무 따뜻한 기후에서는 초콜릿이 선반에서 녹아 있

맛있는: 초콜릿

거나 냉장고에 들어가 있어야 한다. 하지만 이런 경우 초콜릿의 목표를 달성하지 못하고, 차가운 초콜릿을 녹기 전에 삼켜버리는 결과를 낳는다. (이 문제는 열대기후에서 처음으로 초콜릿을 발명한 메소아메리카 원주민들이 고체 바를 만들지 않고 음료로만 마신 이유를 설명해줄 것이다.) 더구나, 만약 고체 초콜릿이 햇빛을 받거나 더운 차 안에 있어서 20℃보다 높은 온도에 노출되면, 구조에 근본적인 변화가 일어난다. 금세 눈에 띄는 변화는 '블룸'이 나타나는 것이다. 블룸은 지방과 당이 초콜릿 표면으로 이동해 희끄무레한 결정질의 가루를 이룬 것으로, 때로 강의 물줄기 무늬를 동반하기도 한다.

순수한 즐거움 외에도, 초콜릿의 높은 당 함량과 카페인과 테오브로민의 눈에 띄는 각성 효과는 초콜릿에 또 다른 역할을 부여한다. 이 역할은 '하루에 마즈Mars. 영국의 유명한 초콜릿 상표 한 개, 일과 휴식 그리고 여흥에 도움이 됩니다'라는 슬로건에 담겨 있다. 프랑스 버전인 '심장 박동이 느껴지나요? 마즈와 함께라면 당신은 다시 휴가!' 또는 독일 버전인 '마즈 드시고, 속도 증진!' 에서도 마찬가지다. 통상적인 초콜릿 바는 50% 이상의 당과 30%의 지방을 함유하고 있어 농축된 에너지원이 되며 빠르게 힘을 끌어올릴 수 있다. 하지만 같은 이유로, 초콜릿이 많은 식단이 건강에 좋은지의 여부는 의문에 휩싸인다.

우리가 첫 번째로 알아야 할 것은 코코아 버터가 포화지방이라는 점이다. 포화지방은 심장질환에 걸릴 위험을 높일 수 있다. 하지만 몸이 이런 지방을 어떻게 소화시키는지 알아본 연구에 따르면, 다행히도 몸은 이런 지방을 불포화지방으로 바꾸는 경향이 있다. 한편 코코아 입자는 많은 양의 항산화제를 함유하고 있는데, 이런 항산화제가 몸 안에서 어떤 좋은 역할을 하는지 아무도 모른다. 하지만 하버드대에서 한 제한된 실험 결과를 보면 다크초콜릿을 소량 먹는 경우 기대수명이 (초콜릿을 전혀 먹지 않은 경우에 비해) 늘어났다. 아무도 이유는 모르며 후속 연구가 진행되고 있다. 물론, 초콜릿 중독이 심해진다면 어떤 장점이라도 체중 증가 때문에 상쇄될 것이다. 지금으로서는 판단을 내릴 수 없지만, 너무 많이 먹지만 않는다면 초콜릿은 건강에 해를 끼치지 않고 아마도 오히려 좋은 영향을 미칠 것이다.

의사가 초콜릿을 처방해주거나 아이들이 학교 식단으로 초콜릿을 받는 일은 비록 요원하지만, 이런 이유 때문에 초콜릿은 많은 나라에서 정규 군대 배급의 필수 물품이다. 초콜릿은 에너지를 위한 당 공급원이 되고, 뇌 활성화를 위해 카페인과 테오브로민을 제공하며, 심한 운동으로 잃어버린 지방을 보충해주는 데다, 몇 년에 걸쳐 저장할 수 있는 장점이 있다. 마지막으로 가장 논란이 많은 대목이긴 하지만, 성적으로 문제가 있는 느낌을 극복하게 해줄지도 모른다.

개인적으로 나는 매일 오후와 밤에 초콜릿을 강박적으로 먹는다. 내가 플레이크 광고를 봐서 받은 세뇌의 결과인지 또는 심리적인 중독인지, 혹은 북유럽의 교육법이 가져온 성적 억압 때문인지, 이유는 모르겠다. 내가 가장 좋아하는 설명은, 초콜릿이 우리가 만든 가장 위대한 공학적 창조물 중 하나라는 사실에 감사하기 때문이라는 것이다.

초콜릿은 콘크리트나 강철에 비해 확실히 덜 놀랍고 또 기술적으로도 덜 복잡하다. 사람들은 놀라운 발상을 통해 열대 우림에서 나는 별 볼 일

없고 불쾌한 맛을 지닌 열매를 차갑고 검으며 부서지기 쉬운 고체로 바꿨다. 입안에서 녹아 당신의 감각에 따뜻하고 연약하며 달콤 쌉싸름한 느낌을 주는 것, 당신의 뇌 속 쾌락 중추를 활성화시키는 것이 목적인 고체로 말이다. 우리의 과학지식에도 불구하고, 말이나 공식은 그것을 설명하는 데 부족하다. 이것은 재료 분야의 시에 가깝다. 소네트만큼이나 복잡하고 또 아름답다. 카카오의 린네식 이름인 테오브로마는 정말 딱 어울린다. 테오브로마는 '신의 음식'이라는 뜻이다.

사소한 것들의 과학

0 ✸ 5

경탄할
만한
foam

Stuff
Matters

foam

foam : 거품

만약 에어로겔 한 조각을 손에 쥔다면,
하늘 한 조각을 들고 있는 것과 마찬가지리라.

1998년의 어느 날이었다. 연구실에 걸어 들어가자 기술자 중 한 명이 현미경에서 물질 한 조각을 치웠다. "이걸 당신이 봐도 되는지 모르겠는데…." 그가 말했다. "조심하는 게 낫겠네요. 안 그랬다간 제가 서류를 한 무더기 써야 할지도 모르거든요." 그리곤 재빨리 재료를 덮어버렸다.

그때 나는 미국 뉴멕시코의 사막에 위치한 핵무기 실험실에서 미국 정부의 일을 하고 있었다. 영국 시민이었던 내게 보안 허가는 아주 낮은 수준으로 나 있었고, 연구단지에는 내가 가지 못하는 곳이 있었다. 사실 거의 전 지역이 그랬다. 하지만 그곳은 내 연구실이었고, 그 기술자가 한 행동은 대단히 이상한 것이었다. 그러나 묻지 않아도 이미 알고 있었다. 1990년대 말이었고, 중국이 미국의 국립연구소에 대해 첩보활동을 한 게 대단히 민감한 이슈였다. 미국 과학자 웬호리 박사가 붙잡혀 기소됐고, 중국을 위해 핵과 관련한 비밀을 빼돌렸다는 혐의로 독방에 갇혔다.* 나는 연구와 관련한 보안문제로 정기적인 면담을 했고, 미국인 동료들은 조금이라도 통상적이지 않은 대화는 보고하라는 압력을 받고 있었다. 나처럼 궁금한 게 많고 농담하길 좋아하는 영국 사람에게도, 불필요한 질문을 하는 건 위험했다. 하지만 그 재료는 특별했다. 비록 몇 초 동안 작은 조각을 봤을 뿐이지만, 절대 잊을 수 없었다.

우리 연구팀은 정기적으로 연구단지 주변의 다양한 식당으로 다 같이 점심을 먹으러 갔다. 이 말은 에어컨으로 잘 보호받고 있는 건물 안을 벗어나 환한 사막으로 들어간다는 뜻이다. 태양을 가득 머금은 아스팔트 주차장에서 차를 꺼내기 위해서다. 높은 철책을 통과하자 선인장이 드문드문 보이는 오렌지색 사막이 보였다. 사막은 공군기지로 이어졌다. 가면서 우리는 차 주위를 둘러싸고 있는 아지랑이를 감상했다. 그늘은 없었다. 그 장소는 여러 면에서 비현실적이었지만, 우리의 일상적인 경로와 비교되면서 더욱 비현실적이 됐다. 한결같은 태양에 의해 끓는점까지 온도가 오른 호송 자동차에 실린 채 사막을 통과해 텍스-맥스^{텍사스와 멕시코가 절충된 스타일:역자 주} 요리를 파는 식당에 가는 것도 그런 일상 중 하나였다. 매일 우리는 대수롭지 않은 이야기를 떠들었고 우리의 대화는 열기에 바랬다. 그런 중에도 내 머릿속에는 그 이상한 물질에 대한 생각이 떠나지 않았고, 그게 도대체 뭘까 내내 궁금했다. 아무에게도 묻지 못한다는 사실이 더욱 그 물질을 잊지

★ 재판부는 결국 웬호리 박사가 유죄로 인정한 보안자료의 부적절한 취급에 대해서만 책임을 물었고, 독방에 감금한 일에 대해 사과했다.

못하게 했다.

내가 기억하기로 그 물질은 투명했고, 보석의 홀로그램처럼 이상하게 광이 났다. 한마디로 유령 물질이었다. 이전에 그런 물질을 본 적이 없었다. 여러 가지로 추측해봤는데, 혹시 외계인의 우주선에서 구해낸 물질이 아닐까 싶었고, 한참 시간이 지난 뒤에는 내가 그걸 본 적이 있는지조차 의심스러워졌다. 그러자 그들이 나로 하여금 그 기억이 상상의 편린이라고 생각하게끔 세뇌를 시키는 게 아닌가 싶어져 편집증적이 됐다.

'나는 정말 그 물질을 봤다.' 매일 식당에 드나들 때마다 스스로에게 계속 되뇌었다. 그 물질에 대해 이상한 소유 의식을 느꼈다. 마침내 나는 그 물질이 적절하게 다뤄지지 않고 있다고 생각하기에 이르렀다. 내가 그곳을 떠나야겠다고 결심한 날이었다.

이후 몇 년 동안 그것을 다시 보지 못했고, 나는 킹스 칼리지 런던의 재료연구소 소장으로 취직해 영국으로 돌아왔다. 어느 날 오후 형인 댄에게 생일 축하카드를 쓰고 있는데, 텔레비전에서 미국항공우주국^{NASA}이 2004년 1월 2일, 혜성 '빌트 2^{Wild 2}'의 우주먼지를 포획하는 임무를 성공적으로 마쳤다는 소식이 나왔다. 그러고 나서 뉴스는 '나의 그 물질' 사진을 보여줬다. 아, 엄밀히 말하면 '내' 물질이 아니고 내 것이 되길 바랐던 물질이지만 말이다. "그래, 역시 외계에서 온 거였어!" 나는 텅 빈 아파트에서 의기양양하게 외치며 컴퓨터를 뒤져 정보를 찾았다. 그러나 우주에서 찾았을 거라는 생각은 틀렸다.

그 물질은 에어로겔이라는 물질로 밝혀졌다. 뉴스 리포트를 보고 헛다리를 짚은 셈이었다. 그것은 우주먼지를 포집하는 데 쓰인 에어로겔이었다. 나는 이 물질에 대한 생각을 멈출 수가 없었고, 에어로겔과 그 역사에 대한 정보를 수집했다. 그래서 에어로겔이 외계에서 온 물질은 아니지만 꽤 이상한 뒷이야기가 있다는 것을 알아냈다. 이 물질은 1930년대에 사무엘 키스틀러라는 미국 농부가 발명했다. 키스틀러는 나중에 화학자가 됐는데, 젤리에 대한 호기심을 충족시키려고 하다가 이 물질을 발견했다고 한다. 젤리라고?

그는 젤리란 무엇인가, 라고 물었다. 액체가 아닌 건 알았지만 고체도 아니었다. 그는 젤리가 고체 감옥 속에 갇혀 있는 액체일 거라고 결론 내렸다. 빗장이 불투명하고 아주 가는 그물망 모양인 감옥 말이다. 먹는 젤리의 경우, 이 그물은 힘줄이나 피부, 연골 같은 대부분의 연결조직을 구성하는 단백질과 콜라겐 등의 긴 젤라틴 분자로 만들어졌다. 여기에 물이 더해지면 젤라틴 분자가 풀린 채 서로 연결돼 그물을 이루고, 그 결과 안에 액체를 담아 흐르지 않게 만든다. 그러니까 젤리는 기본적으로는 물풍선과 비슷한 거다. 다만 외부의 껍질을 이용해 물을 안에 붙잡아 두는 게 아니라, 물이 안쪽에서 스스로 머무르게 한다는 점이 다를 뿐이다.

물은 표면장력이라는 힘에 의해 그물망 안에 갇혀 있다. 젖어 있다고 느끼게 만들고 물방울을 이루게 하며 물체에 붙어 있게 만드는 것과 같은 힘이다. 그물 안의 표면장력은 젤리를 벗어나지 못하도록 할 만큼 충분히 강하지만, 동시에 찰랑거릴 수 있을 정도로 약하다. 이게 젤리가 흔들거리는 비결이다. 젤리를 입에 넣었을 때 놀라운 느낌을 받는 것도 이 때문이다. 거의 100% 물로 돼 있는 데다 내부 젤라틴 망의 녹는점은 35℃이기 때문에 입에 넣으면 즉시 녹아 입안에 물을 방출한다.

그러나 사무엘 키스틀러는 고체 내부의 그물망 안에 물이 갇혀 있다는 단순한 설명에 만족하지 못했다. 그는 젤리 안에 있는 보이지 않는 젤라틴 그물망이 모두 연결돼 있는지 알고 싶었다. 다시 말하면, 그물망은 한 덩어리로 이뤄진 독립적인 내부 구조물일까? 그럼 만약 그 안의 물을 다 빼버리면 그물망이 혼자 서 있을 수 있을까?

질문에 답하기 위해 그는 일련의 실험을 했고, 그 결과를 1931년 과학 학술지 「네이처」에 발표했다(No.3211, Vol.127, p.741). 이 논문의 제목은 '하나의 확장된 에어로젤과 젤리'였고, 시작 부분은 이렇다.

"물이 샌 젤리의 연속성을 확산과 이액현상syneresis, 젤에서 액체가 분리되는 현상: 역자 주을 이용해 확인하고, 액체가 대단히 다양한 특성을 갖는 다른 액체로 대체될 수 있음이 보였다. 이는 젤 구조가 그것이 감싸고 있는 액체와 독립적임을 보여준다."

이 첫 문단에서 그가 말하고자 하는 것은 젤리가 전체적으로 연결돼 있지 부분으로 분리돼 있지 않다는 것이고, 액체를 다른 액체로 대체할 수 있다는 사실이다. 그의 생각에 고체의 내부구조는 젤리의 액체와 독립적이었다. 그리고 보다 일반적인 단어인 젤리 대신 '젤'이라는 말을 써서 그는 이것이 젤리와 비슷한, 진짜 고체와 진짜 액체 사이의 간극을 연결하는 모든 재료, 그러니까 헤어젤에서 치킨 육수 스톡고체로 굳힌 덩어리 모양의 육수: 역자 주, 시멘트(여기에서 그물망은 칼슘 실리케이트 섬유로 이뤄진다)에서까지 볼 수 있다고 밝혔다.

그는 계속해서, 당시 아무도 젤리의 내부 골격으로부터 액체를 분리하려 하지 않았다는 사실을 지적했다. "지금까지 증발을 통해 액체를 분리하려고 한 시도는 심한 수축으로 이어졌고, 따라서 구조에 미치는 영향이 크다." 다시 말해, 증발을 통해 액체를 제거하려고 시도한 사람들은 내부구조가 무너진다는 것을 발견했다. 이어서 그는 동료들과 함께 방법을 찾아냈다고 의기양양하게 말하고 있다.

"찰스 런트 씨와 나는 맥 베인 교수의 친절한 도움에 힘입어, 젤리 안의 액체를 기체로 교체하면 수축 현상이 거의 혹은 전혀 일어나지 않는다는 가설을 실험했다. 우리의 노력은 완벽하게 성공했다."

그들의 영리한 생각은 이렇다. 액체가 아직 젤리 안에 있을 때 그것을 기체로 교체해 압력을 가하고, 그걸로 내부구조가 무너지는 것을 막자는 것이다. 먼저, 그들은 젤리 안의 물을 보다 다루기 쉬운 액체 용매(그들은 알콜을 썼다)로 대체했다. 액체 용매를 쓸 때의 위험한 점은 증발하기 쉽다는 점이지만, 그들은 증발을 막을 방법을 찾았다.

"일반적인 증발은 필연적으로 수축 현상을 일으킬 수밖에 없다. 하지만 액체가 충분한 상태에서, 온도를 그 액체의 임계점 이상으로 높인 폐쇄된 압력 용기에 젤리를 놓은 채 증기압과 같은 수준 또는 그 이상으로 압력을 유지시키면, 액체의 증발이 일어나지 않는다. 따라서 표면의 모세관력에 의한 겔의 수축이 일어나지 않는다."

압력 용기는 가열할 수 있는 압력 탱크다. 압력 용기의 압력이 높아지면, 젤리 안의 액체는 심지어 온도가 끓는점을 넘어도 증발되지 않는다. 한편 그가 말한 모세관력은 액체의 표면장력 때문에 생긴다. 키스틀러가 추측하기로는, 액체가 증발을 통해 점차 제거될 때 젤리를 망가뜨리는 것은 평소에는 젤리를 유지시키는 이 힘이다. 하지만 그가 젤리 전체의 온도를 소위 '임계 온도(기체와 액체가 같은 밀도와 구조를 이뤄 서로 차이가 없어지는 온도:역자 주)'로 올릴 때, 전체 액체는 증발의 파괴적인 과정 없이 기체가 된다. 그는 이렇게 말했다.

"임계 온도를 통과했을 때, 액체는 불연속점 없이 바로 영구가스(압축만 해서는 액화할 수 없는 기체:역자 주)로 바뀌었다. 젤리는 그물망 속의 액체가 기체가 됐다는 사실을 '알' 방법이 없다."

이것은 천재적인 발상이다. 압력 용기의 압력 하에 새롭게 만들어진 기체는 젤리를 탈출할 수 없고, 내부 골격이 손상되지 않고 고스란히 유지된다.

"남아 있는 구조는 기체가 빠져나가도록 허용하며, 그 결과 부피가 그대로인 완전한 에어로젤이 남겨진다."

이제 그는 기체가 천천히 빠져나가게 해 젤리의 내부 골격을 온전하

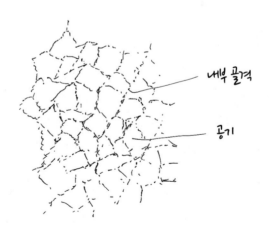

:: 젤리의 내부 골격.

게 그리고 구조적으로 견고하게 만들 수 있고, 이를 통해 그의 가설을 확인할 수 있었다. 아마 대단히 만족스러운 순간이었을 것이다. 하지만 키스틀러는 거기에서 멈추지 않았다. 젤리의 이런 내부 골격은 믿을 수 없을 정도로 가벼웠고 깨지기 쉬웠으며, 대부분 공기로 돼 있었다. 이 골격은, 사실상 거품이었다. 아마 그는 젤리를 젤라틴이 아니라 보다 단단한 다른 재료를 이용해 만듦으로써 골격을 더 강하게 만들 수도 있을 거라고 생각했을 것이다. 이것이 그가 유리의 주재료인 광물, 이산화규소(일명 실리카)로 젤리의 내부구조를 만든 계기였다. 그는 위에 설명한 것과 정확히 똑같은 과정을 적용해 이 젤리에서 '실리카 에어로겔'이라는, 세계에서 가장 가벼운 고체를 만들었다. 이것이 내가 몇 년 전 사막의 연구실에서 잠깐 봤던 그 물질이었다.

이런 성취에도 통 만족하지 못한 키스틀러는 다른 에어로겔을 계속

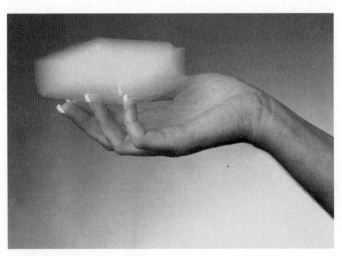

:: 세계에서 가장 가벼운 고체인 실리카 에어로겔. 99.8%가 공기다.

사소한 것들의 과학

만들었고, 그 목록을 논문에 썼다.

"지금까지 우리는 이산화규소, 산화알루미늄, 주석산 도금 니켈, 산화제이주석, 산화텅스텐, 젤라틴, 아가, 니트로셀룰로오스(질산섬유소), 셀룰로오스, 그리고 달걀의 알부민^{혈장 등에 있는 단백질:역자 주}으로 에어로겔을 만들었다. 그리고 이 리스트가 더 이어지지 않을 이유가 별로 없다는 사실을 확인했다."

실리카로 에어로겔을 만드는 데 성공했음에도 불구하고, 그가 달걀의 흰자인 알부민으로 에어로겔 만들기를 멈추지 않았다는 점에 주목하자. 세상의 다른 모든 사람들은 달걀의 흰자로 가볍고 부드러운 오믈릿을 만들거나 케이크를 구울 때, 키스틀러는 압력 용기로 다른 종류의 요리를 했고, 결국 달걀 에어로겔을 만들었다. 세상에서 가장 가벼운 머랭^{달걀의 흰자와 설탕을 섞어 구운 과자:역자 주}을 말이다.

실리카로 만든 에어로겔은 아주 이상해 보인다. 왼쪽의 사진처럼 어두운 곳을 배경으로 해서 놓으면 푸른빛으로 보인다. 하지만 밝은 곳을 배경으로 놓으면 거의 완전히 사라진다. 그래서 보기가 힘들다. 보통 유리보다 투명하지 않은데도 잘 안 보인다. 빛이 유리 안을 통과할 때는 경로가 살짝 휜다(굴절한다). 그리고 휘는 각도는 유리의 굴절률이라고 불린다.

에어로겔의 경우, 단지 안에 들어 있는 물질 자체가 더 적기 때문에, 빛의 경로는 거의 전혀 휘지 않는다. 같은 이유로, 에어로겔은 표면에서 반사도 없다. 밀도가 매우 낮기 때문에 뚜렷한 모서리가 없고, 완전한 고체처럼 보이지가 않는다. 물론 에어로겔이 단단한 고체는 아니다. 젤리의 내부 골격은 우리가 거품 목욕을 할 때 보는 거품과 다르지 않다. 하나 다른 게 있다면, 모든 구멍이 연결돼 있다는 점이다. 실리카 에어로젤은 구멍으로 가득 차 있고 대개 99.8%가 공기로 돼 있다. 그리고 밀도는 공기보다 세 배 높은데, 이는 사실상 무게가 전혀 없다는 뜻이다.

동시에, 어두운 배경에 두었을 때 실리카 에어로젤은 분명히 푸른색으로 보인다. 맑은 유리로부터 만들어졌기 때문에 색이 전혀 없는데도 말이다. 여러 해 동안 과학자들은 왜 이런 현상이 일어나는지 궁금해 했다. 결국 만족스러운 답을 찾았는데, 상당히 이상하다.

태양으로부터 온 빛이 지구의 대기권에 들어오면, 빛은 지구로 오는 길에 모든 종류의 분자(대부분 질소와 산소 분자)와 부딪혀 핀볼 게임에서처럼 튀긴다. 이것을 산란이라고 부른다. 맑은 날 만약 하늘의 일부를 본다면 빛은 눈에 들어오기 전에 대기에서 되튄다. 만약 빛이 모두 똑같이 산란한다면 하늘은 하얗게 보일 것이다. 하지만 그렇지 않다. 파장이 짧은 빛은 긴 파장의 빛에 비해 좀 더 산란하기 때문에, 푸른색은 하늘에서 붉거나 노란 빛보다 더 많이 산란한다. 그래서 우리가 하늘을 볼 때 흰 하늘이 아니라 푸른 하늘을 보는 것이다.

이러한 레일리 산란영국의 물리학자 로드 레일리의 이름을 땄다:역자 주은 아주 미약해서, 만약 보려 한다면 대단히 많은 양의 기체 분자가 필요하다. 그래서 하늘에서는 볼 수 있지만, 공기로 가득 찬 방에서는 볼 수 없다. 다시 말해, 하늘의 어느 한 부분만 보면 푸르게 보이지 않지만 전체 대기는 그렇게 보이는 것이다. 하지만 만약 적은 양의 공기가 투명한 물질에 갇히고 그 덕분에 천문학적인 수billions and billions의 작은 내부 표면을 지니게 되면, 이런 표면에서 레일리 산란이 일어나 통과하는 빛의 색이 변할 수 있다. 실리카 에어로젤

:: 분젠 버너의 높은 온도로부터 꽃을 보호하는 실리카 에어로겔.

이 딱 이런 구조를 지니고 있고, 그 이유로 푸른빛이 도는 것이다. 만약 에어로겔 한 조각을 손에 쥔다면, 하늘 한 조각을 들고 있는 것과 마찬가지리라.

에어로겔 거품은 다른 흥미로운 특성도 갖고 있다. 가장 놀라운 것은 열을 차단하는 열 차폐 능력이다. 성능이 어찌나 뛰어난지, 한쪽 면을 분젠 버너(화학 실험용 버너)로 가열하고 반대편에 꽃을 올려놔도 꽃이 몇 분

뒤까지 향기를 뿜으며 멀쩡히 있다.

이중창은 창문에 유리를 두 장 끼워 사이에 공간을 둠으로써 열이 전달되기 어렵게 하는 원리다. 유리의 원자가 록 콘서트의 청중처럼 정렬해 있다고 상상해보자. 한데 모여서 춤추고 있다. 음악 소리가 더 커질수록 청중의 춤도 더 격렬해지고 서로 더 많이 부딪힌다. 같은 현상이 유리에서도 일어난다. 유리를 이루는 재료가 가열될수록, 원자는 더 격하게 흔들린다. 이중창의 경우, 유리 사이에 간극이 있기 때문에 한 유리창에 있는 움직이는 유리 원자가 에너지를 다른 판의 원자에게 전해주기 어렵다. 물론이 현상은 반대로도 일어난다. 똑같은 이중창인데 어떤 곳에서는 건물 안의 열을 보존하는 데 쓰이고 두바이 같은 곳에서는 바깥의 열을 막는 데 쓰인다.

이중창은 충분히 잘 작동한다. 하지만 이중창에서도 여전히 많은 열이 새어나간다. 덥거나 추운 나라에 사는 사람이라면 에너지 요금을 보면 쉽게 알 수 있다. 더 개선할 방법이 있을까. 물론 있다. 창을 삼중, 사중으로 만드는 것이다. 창을 한 층 더 도입할 때마다 열 전달을 막을 새로운 층이 생긴다. 하지만 유리는 밀도가 높다. 층이 더 생길수록 창문은 점점 무겁고 거대해질 것이며, 점점 불투명해질 것이다.

에어로겔로 돌아가보자. 에어로겔은 거품이기 때문에, 한쪽 면에서 다른 쪽 면까지 사이에 천문학적인 수의 유리층과 공기를 지니고 있다. 이것이 이 물질을 최고의 단열재로 만든다. 키스틀러는 이런 사실을 비롯해 다른 여러 특성을 발견하고, 그의 논문 마지막 문장에 이렇게 썼다.

"이런 관측의 과학적 중요성은 별개로 하더라도, 이 물질이 갖는 새로운 물리적 특성은 대단히 흥미롭다."

정말 흥미롭다. 그는 세계에서 가장 뛰어난 단열재를 발견한 것이다.

과학계는 짧은 환호를 보였다. 하지만 그러고 나서, 에어로겔에 대해서 즉시 잊어버렸다. 1930년대였고, 과학자들은 다른 중요한 일에 바빴다. 무엇이 미래를 바꿀지 몰랐고 무엇이 잊혀질지 아무도 몰랐다. 1931년, 키스틀러가 에어로겔을 발명했다고 보고한 해에 물리학자 어니스트 루스카가 첫 번째 전자현미경을 만들었다. 키스틀러가 자신이 발견한 것을 보고한 것과 같은 호 「네이처」 지에는 노벨상 수상자인 재료과학자 윌리엄 브래그_{영국의 물리학자로, X선을 이용해 고체의 결정 구조를 파악하는 법을 연구해 1915년 노벨 물리학상을 받았다:역자 주}가 결정구조 안에서 일어나는 전자의 회절에 대한 연구 결과를 발표했다. 이들은 물체를 직접 보고 시각화할 수 있는 도구를 개발해, 재료의 내부구조를 새롭게 이해할 수 있는 길을 열어 줬다.

16세기에 광학현미경이 만들어진 이래 새로운 현미경이 발명된 건 처음이었고, 완전히 새로운 미시 세계가 열렸다. 곧 재료과학자들은 금속과 플라스틱, 세라믹 그리고 생물의 세포를 들여다보고 원자와 분자 관점에서 어떻게 작동하는지 이해하기 시작했다. 매우 흥분되는 시대였다. 재료의 세계는 폭발적으로 늘어났고 재료과학자들은 나일론, 알루미늄 합금, 실리콘 칩, 유리섬유, 그리고 다른 많은 혁명적인 재료를 만들어냈다. 이렇게 흥분 상태다 보니 에어로겔이 길을 잃고 모두가 그것에 대해 잊어버리는 일도 생겨난 것이다.

모든 사람이 잊었지만 단 한 명, 키스틀러 자신은 그렇지 않았다. 그는 이 젤리 골격이 갖는 아름다움과 열 단열 특성은 너무나 독특하기에 미래에 반드시 중요해지리라 믿었다. 비록 실리카 에어로젤은 유리처럼 부서지거나 깨지기 쉬웠지만, 무게(매우 가벼웠다)에 비해서는 강도가 좋은 편이었고 산업적으로 이용하기에 충분했다. 그래서 그는 이 물질에 특허를 받고 몬산토라는 화학회사에 제조 권리를 팔았다. 몬산토는 1948년부터 실리카 에어로젤을 가루 형태로 만든 산토젤Santogel이라는 제품을 팔았다.

산토젤은 세상에서 가장 뛰어난 단열재로서 미래가 밝아 보였다. 하지만 안타깝게도, 시간은 그들의 편이 아니었다. 에너지는 점점 싸져서 더 이상 비싼 상품이 아니게 됐고, 지구 온난화 문제도 거의 모를 때였다. 에어로젤 같은 비싼 단열재는 경제적으로 수지가 맞지 않았다.

단열재 시장에서 실패하자, 몬산토는 이상하게도 다양한 잉크와 페인트에서 활용처를 찾았다. 광택이 안 나도록 마감을 함으로써, 빛을 산란시켜서 광학적으로 균일하게 만드는 역할이었다. 에어로젤은 나중에는 불명예스럽게도 양에 바르는 나선구더기 연고를 끈적끈적하게 만들어주는 성분이나, 네이팜탄을 만드는 데 필요한 젤리의 성분으로 쓰였다. 1960년대와 1970년대에는 더 싼 대용품이 심지어 이런 제한된 응용 분야까지 침범했고, 결국 몬산토는 제조를 모두 그만두기에 이르렀다. 키스틀러는 자신이 만든 가장 빼어난 재료가 자기 자리를 찾는 모습을 보지 못한 채 1975년 숨을 거뒀다.

에어로젤이 부활한 건 상업적으로 활용 가능해서가 아니었다. 그 특이한 성질이 유럽입자물리연구소CERN에서 체렌코프 복사(또는 방사)를 연구하는 입자물리학자들의 주목을 끌었기 때문이다. 체렌코프 복사는 원자보다 작은 입자(아원자)들이 물질 안을 빛보다 빠른 속도로 통과할 때 나오는 방사 현상이다전자기파가 발생한다:역자 주. 이 방사 현상을 감지하고 분석하면 입자의 성질을 이해할 단서를 잡을 수 있고, 과학자들이 다루는 눈에 보이지 않는 많은 입자들을 구분할 수 있는 독특한 수단을 얻을 수 있다. 에어로겔은 입자에게 통과할 물질을 제공한다는 목적에 대단히 유용했다. 기체의 고체 버전으로서 효율이 높았고, 오늘날까지 입자물리학자들이 아원자 세계의 수수께끼를 푸는 데 계속 이용하고 있다. 일단 물리학자들이 실험실에서 복잡한 도구를 가지고 연구 목적을 위해 어마어마한 예산을 갖고 에어로겔을 이용하기 시작하자, 이 물질의 명성도 다시 올라가기 시작했다.

1980년대 초반 에어로겔의 제조는 상당한 비용이 들었고 따라서 돈을 목적으로 하지 않는 연구실에서만 살아남을 수 있었다. 유럽입자물리연구소가 그런 연구실 중 하나였고, 미국항공우주국이 뒤따랐다. 우주 탐사에서 실리카 에어로겔이 활용된 첫 번째 분야는 극단적으로 높은 온도에 사용할 단열 장비였다. 에어로겔은 이런 분야에 특히 잘 어울렸는데, 세계 최고의 단열재여서일 뿐만 아니라 엄청나게 가볍기 때문이었다. 지구가 끌어당기는 중력을 이기고 우주선을 발사할 때, 무게를 줄이는 것은 대단히 중요한 문제다. 에어로겔은 1997년 마스 패스파인더 임무 때 처음 활용됐고 이후 우주선의 단열재로 줄곧 사용되고 있다. 그뿐만이 아니다. 일단 나사NASA의 과학자들이 에어로겔이 우주여행에 적합하다는 사실을 발견하자, 그들은 이를 다른 용도로도 활용할 수 있을 거라고 깨달았다.

만약 맑은 날 밤에 하늘을 들여다본다면, 밝은 빛의 흔적이 하늘을 가르는 별똥별을 볼 수 있을 것이다. 오래전부터 이들은 지구의 대기권을 빠른 속도로 들어오는 유성이며, 가열되면서 밝게 불타고 있는 것으로 알려져 있다. 이들 중 상당수는 혜성과 다른 소행성과 함께, 태양계가 45억 년 전 만들어질 때 남은 우주먼지다. 이 천체가 정확히 어떤 재료로 이루어져 있는지를 알아내는 것은 오랫동안 흥미를 끄는 문제였다. 이 정보를 알면 태양계가 어떻게 만들어졌는지 알 수 있고, 지구의 화학적 조성도 설명해줄 수 있기 때문이다.

유성체(운석)의 물질 구성을 분석하면 애타게 찾던 단서를 제공받을 수 있다. 하지만 문제가 있으니, 이런 재료가 지구 대기를 통과하는 과정에서 대단히 높은 온도로 가열된다는 점이다. 나사NASA의 사람들은 이를 바람직하지 않게 생각했다. 만약 이 천체를 우주에서 포획해 원래의 상태 그대로 지구로 가지고 올 수 있다면 얼마나 좋을까?

이 아이디어의 첫 번째 문제는 천체가 엄청나게 빠른 속도로 움직인다는 사실이다. 우주먼지는 종종 초속 50km의 속도로 움직인다. 이는 시속 1만 8,000km로, 총알보다 빠른 속도다. 이런 물체를 잡아챈다는 것은 결코 쉬운 일이 아니다. 몸으로 총알을 멈추게 한다고 생각해보자. 총알의 힘이 피부의 저항력을 넘어서서 총알이 몸을 뚫고 가게 될 것이다. 이를 피하려면 케블라Kevlar처럼 파열되는 데 힘이 많이 필요한 재료로 만든 방탄조끼를 입어야 한다. 이 경우 총알은 압축되고 변형될 것이다. 어느 쪽이든, 몸과 총알 양쪽에 다 아주 위험한 일이다.

하지만 이론적으로는 가능하다. 마치 크리켓 공이나 야구공을 '부드러운' 손으로 잡는 것처럼 말이다. 요령은 공의 에너지를 한 번에 강한 충격으로 떠안는 대신 나눠서 흩어지게 하는 것이다. 나사NASA에 필요한 것은 먼지와 우주선 양쪽이 다 망가지지 않도록 먼지의 속도를 시속 1만 8,000㎞에서 0㎞까지 낮추는 방법이다. 가장 이상적인 방법은, 매우 밀도가 낮은 물질이 있어 먼지 입자가 상처를 입지 않은 채 천천히 속도가 줄어드는 것이다. 1~2㎜ 정도의 공간에서 그런 일을 할 수 있어야 하고, 투명해야 한다. 그래야 과학자들이 그 안에 파묻힌 작은 얼룩을 찾을 수 있을 테니까 말이다.

그런 물질이 존재한다는 것은 작은 기적이었다. 나사NASA가 이미 우주비행에서 그것을 사용했다는 것도 특이했다. 그 물질은 물론 실리카 에어로겔이다. 에어로겔이 이런 묘기를 부리는 메커니즘은 영화 촬영에서 스턴트 배우가 높은 건물에서 떨어질 때 몸을 보호하기 위해 사용하는 것과 같다. 보통 종이상자를 산더미처럼 쌓아놓는데, 이들이 배우의 무게에 눌려서 무너지면서 충격 에너지를 흡수한다. 상자가 많으면 많을수록 충격 흡수가 더 잘 된다. 같은 방식으로 에어로겔의 거품 벽도 우주먼지와 부딪힐 때 적은 양의 에너지를 흡수한다. 하지만 1㎤의 공간마다 수십억 개의 거품이 있기 때문에, 상대적으로 거의 망가지는 일 없이 우주먼지를 멈추게 할 수 있다.

나사NASA는 우주먼지를 부드럽게 수집할 수 있는 에어로겔의 능력을 중심으로 전체 우주 임무를 세웠다. 1999년 2월 7일, 태양계를 가로질러 여행할 때 필요한 모든 장비를 갖춘 '스타더스트Stardust, 우주먼지' 임무 탐사선이 발사됐다. 이 탐사선은 '빌트 2Wild 2'라는 이름이 붙은 혜성을 지나도록 프로그래밍 돼 있었다. 나사NASA는 탐사선이 혜성에서 방출된 먼지뿐만 아니라 먼 우주에서 온 성간먼지를 수집할 수 있을 것이며, 따라서 양쪽 모두의 물질 조성을 연구할 수 있을 것이라고 생각했다. 이를 위해 연구원들은 거대한 테니스 라켓을 닮은 도구를 개발했다. 단, 여기에는 선 사이에 구멍이 있는 게 아니라 에어로겔이 있다는 점이 달랐다.

2002년 여름과 가을, 가장 가까운 행성으로부터도 수백만 ㎞ 떨어진 심우주에서 스타더스트는 에어로겔이 장착된 이 거대한 테니스 라켓을 꺼냈다. 이 성간 테니스 경기에 상대는 없었고, 스타더스트가 찾는 공은 현미경으로나 볼 수 있을 정도로 작았다. 그것은 오래전에 사라진 다른 별의 흔적이거나, 아직은 존재하고 있는 우리 태양계가 남긴 구성 성분이었다. 스타더스트 탐사선은 심우주에서 오래 시간을 보낼 수는 없었다. 막 태양계의 외곽 경계를 돌진해 중심부를 향해 다가오고 있던 빌트 2 혜성과 지켜야 할 약속이 남아 있기 때문이었다.

이 혜성은 이런 운동을 매 6.5년마다 반복했다_{공전주기가 6.5년이라는 뜻:역자 주}. 테니스 라켓을 거둬들인 상태로, 탐사선은 그 만남을 위해 속도를 냈다. 만남의 장소로 가는 데에는 1년 남짓밖에 걸리지 않았다. 2004년 1월 2일 탐사선은 지름이 5㎞이며 태양 주위를 내달리고 있던 혜성과 충돌 경로에 놓였다. 혜성의 237㎞ 뒤에 위치한 꼬리 속으로 들어가도록 스스로의 자세를 제어한 뒤, 탐사선은 해치를 열고 다시 한 번 에어로겔 테니스 라켓을 꺼냈다. 이번에는 다른 쪽 면을 이용해서 인류 역사상 처음으로 날것 그대로의 혜성 먼지를 수집하기 시작했다.

혜성 먼지를 수집한 채, 스타더스트 탐사선은 지구로 돌아오기 시작했다. 귀환은 2년 후였다. 지구에 접근하면서 탐사선은 속도를 늦췄고, 작은 캡슐을 투하했다. 캡슐은 지구 중력에 이끌려 떨어졌고 대기권에 초속 12.9㎞의 속력으로 진입했다. 이는 지금까지 기록된 가장 빠른 재진입 속도였고, 캡슐은 별똥별이 됐다. 15초의 자유낙하 뒤 시뻘겋게 달아오른 온도가 됐을 때, 캡슐은 감속용 보조 낙하산을 펼쳐 하강 속도를 늦췄다. 1~2분 뒤, 유타사막 1만 피트^{약 3㎞:역자 주} 높이에서 캡슐은 보조 낙하산을 버리고 주 낙하산을 펼쳤다.

이때쯤 되면 지상의 대원들은 캡슐이 어디에 내려올지 알 수 있기 때문에, 7년에 걸친 왕복 40억 킬로미터의 여행으로부터 돌아온 캡슐을 환영하러 사막 안으로 달려갔다. 캡슐은 2006년 1월 15일 일요일, 국제표준시각 10시 12분에 유타사막의 모래와 충돌했다.

"우리는 어리고 무지한 상태에서 떠났던 아이가 돌아오기를 기다리는 부모 같은 심정이었다. 아이는 이제 우리의 태양계에 대한 심오한 답을 갖고 돌아오고 있었다." 캘리포니아 파사데나에 위치한 나사^{NASA} 제트추진 연구소의 프로젝트 책임자 톰 덕스버리는 이렇게 말했다.

하지만 캡슐을 열고 에어로겔 시료를 검사하기 전까지, 과학자들은 그것들이 어떤 답을 갖고 있을지 몰랐다. 어쩌면 우주먼지는 에어로겔을 그대로 지나가버렸을지도 몰랐다. 아니면 재진입 과정의 격렬함과 감속 과정에서 에어로겔이 의미없는 가루로 분해됐을 수도 있다. 우주먼지가 전혀 없을 수도 있었다.

그러나 과학자들은 곧 그런 걱정은 할 필요가 없었다는 사실을 알게 되었다. 나사^{NASA}의 연구실에 캡슐을 가지고 와서 열자, 상한 데가 거의 없는 완벽에 가까운 에어로겔이 모습을 드러냈다. 아주 작은 구멍 자국이 그 표면에 나 있었고, 그것은 우주먼지가 들어간 입구에서 보이는 것이었다.

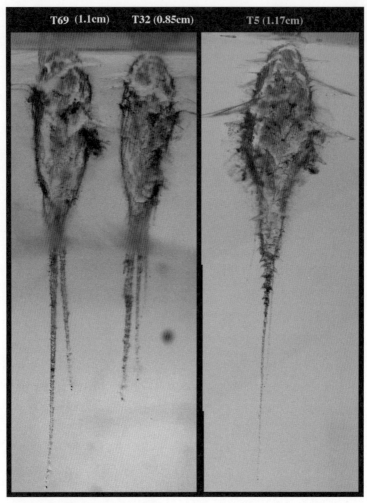

:: 에어로겔에 남은 혜성 입자의 미세 흔적(NASA).

에어로겔은 다른 어떤 재료도 할 수 없었던 임무를 해냈다. 지구가 존재하기 이전에 만들어진 혜성 먼지라는 태초의 시료를 가지고 돌아온 것이다.

사소한 것들의 과학

에어로겔 캡슐이 돌아온 이후, 나사NASA의 과학자들이 에어로겔에 들어간 작은 먼지조각들을 찾아내는 데에는 몇 년의 시간이 걸렸고, 지금도 계속되고 있다. 그들이 찾고 있는 먼지는 맨눈에는 보이지 않고, 따라서 몇 년이 걸리도록 시료를 현미경으로 관찰해야만 발견될 수 있다. 작업량이 워낙 많은 프로젝트라 나사NASA에서는 이 탐색을 도와줄 사람들을 모집하기도 했다. 이른바 스타더스트앳홈Stardust@Home 프로젝트인데, 자원봉사자들을 훈련시켜 가정의 컴퓨터로 수천 장의 에어로겔 샘플 현미경 사진을 조사해 우주먼지 조각이 있을 만한 부분을 찾는 것이다.

이 작업은 지금까지 여러 개의 흥미로운 결과를 냈다. 그 중 가장 놀라운 것은 빌트 2 혜성에서 온 대부분의 먼지가 알루미늄이 풍부한 용융물(광석과 부원료, 연료가 녹아 있는 물질)을 함유하고 있다는 것이다. 얼어붙은 우주 환경만을 겪은 혜성에서 어떻게 이런 성분이 만들어졌는지는 이해하기 어렵다. 알루미늄이 녹기 위해서는 1,200℃ 이상의 온도가 필요하기 때문이다. 혜성은 얼어붙은 바위 덩어리이며 연대가 태양계의 탄생 때까지 올라가기 때문에, 이 결과는 좀 놀라운 면이 있다설명하기에는 지나치게 함량이 많다는 뜻:역자 주. 이 결과는 혜성이 만들어진 표준모형이 틀렸음을 의미하거나, 우리가 태양계의 형성 과정에 대해 모르는 게 많음을 가리키는 것 같았다.

한편 임무를 마친 스타더스트 탐사선은 연료가 바닥이 났다. 2011년 3월 24일, 지구로부터 3억 1,200만 킬로미터 떨어져 있는 상태에서 나사NASA의 마지막 명령에 응답해 통신장치를 껐다. 스타더스트는 명령을 인지하고 마지막 인사를 전했다. 지금은 마치 인간이 만든 혜성처럼, 심우주를 여행 중이다.

이제 스타더스트의 임무는 끝났다. 그렇다면 에어로겔의 운명 역시 무명인 상태로 끝인 걸까. 충분히 그럴 수 있다. 에어로겔은 우리가 지닌 최고의 단열재지만 가격이 매우 비싸고, 우리는 여전히 에어로겔을 경제적으로 충분히 높이 평가해줄 만큼 에너지 보존에 관심이 높지 않다. 단열재로 쓸 수 있도록 에어로겔을 만들어 파는 회사가 몇 군데 있지만, 지금으로서는 가장 주요한 활용처가 구멍 뚫기 공정 등 극단적인 환경이다.

환경적인 조건 때문에 에너지 비용은 점점 높아진다고 볼 수 있다. 미래에 에너지 비용이 충분히 높아졌을 때, 지금 우리가 사용하는 일체형 이중창은 에어로겔 기술에 기반한 더 복잡한 유리 재료로 대체될 거라고 상상할 수 있다. 새로운 에어로겔을 개발하는 연구는 점점 빠른 속도로 이뤄지고 있다. 실리카 에어로겔처럼 단단하지 않고 깨지기 쉬운, 하지만 유연하고 잘 구부러지는 재료를 만드는 에어로겔 기술도 이제 여럿 있다. 이른바 엑스^x-에어로겔이라 부르는 이 교묘한 화학기술 덕분에 유연함을 얻었다. 에어로겔의 단단한 거품 벽을 서로 떨어뜨린 뒤, 그 사이에 경첩 역할을 하도록 폴리머 분자를 넣은 것이다.

엑스^x-에어로겔은 직물처럼 유연한 재료를 만드는 데 쓰일 수 있고, 세계에서 가장 따뜻하면서도 가벼운 담요를 만들 수 있어 깃털을 이용한 이불이나 침낭 등을 대체할 수 있다. 매우 가볍기 때문에 극한의 환경을 견디는 아웃도어 의류와 부츠에도 쓰일 수 있다. 스포츠 신발의 거품 바닥을 대체해 탄력감 있게 만들 수 있다. 최근에는 유해 폐기물이나 기체를 빨아들일 수 있는 흡수성이 매우 좋은 에어로겔과, 전기가 통하는 탄소 에어로겔 종류들이 만들어졌다.

에어로겔의 미래는 아직 우리 일상에 들어오거나 삶의 일부가 되지 못했다. 답은 아마도 더 극단적이고 예측하기 힘든 기후에 있을 것이다. 재료과학자로서 자식에게 물려주고 싶지 않은 미래, 그러니까 기후변화를 피할 수 없는 세계에 제공할 바람직한 물질을 가지고 있다고 말할 수 있어서 기쁘다. 금이나 다이아몬드처럼 성스러운 가치를 위해 사용하는 것들을 포함해 너무나 많은 재료가 상업화된 세계에서, 다시 오직 아름다움과 중요성만으로 가치를 인정받는 재료가 있다는 사실이 아주 마음에 든다.

대부분의 사람들은 평생 에어로겔 한 조각을 손에 쥐어보지 못할 테지만, 경험해본 사람은 절대 잊지 못할 것이다. 그것은 아주아주 독특한 경험이다. 감지할 만한 무게가 없고 모서리는 느낄 수 없게 서서히 사라져서, 이 물질의 경계가 어디까지고 어디서부터가 공기인지 볼 수 없을 것이다. 게다가 유령 같은 푸른색도 있어서, 정말 손으로 하늘 한 조각을 든 것 같은 느낌일 것이다. 에어로겔은 당신의 두뇌로 하여금, 어떻게든 당신과 에어로겔 사이의 접점을 찾게 만들 것이다. 수수께끼의 파티 손님처럼, 당신은 할 말을 전혀 떠올리지 못함에도 그 곁에 머물고 싶어질 것이다. 이 물질은 다른 미래를 맞을 자격이 있다. 망각되거나 입자 가속기에 들어가는 것 말고, 그 자체로 인정받을 수 있도록 말이다.

에어로겔은 순수한 호기심과 창의성, 그리고 경이로움에서 탄생했다. 세상은 그런 창조성을 높이 평가하고 성공을 치하하기 위해 메달을 수여한다. 그런네 그 메달을 위해 아직도 금과 은, 청동을 이용한다는 것은 이상하다. 하늘을 우러러보고 우리가 누구인지 궁금해 하는 인류의 능력을 보여주는 재료가 있다면, 바윗덩어리 행성을 풍성하고 경탄할 만한 곳으로 바꾸는 우리의 능력을 보여주는 재료가 있다면, 인간이 존재한다는 게 얼마나 부서질듯 취약한 일인지 말해주면서 동시에 태양계의 광대함을 탐험할 능력도 갖고 있음을 나타내주는 재료가 있다면, 푸른 하늘의 재료가 있다면, 그것은 바로 에어로겔일 것이다.

사소한 것들의 과학

0 ✳ 6

상상력이 풍부한 plastic

Stuff
Matters

plastic

plastic : 플라스틱

플라스틱 없이는 영화가 존재하지 못했을 것이다.
셀룰로이드가 영상문화의 모든 것을 바꾸었다.

옥스퍼드대 재료공학과에서 박사학위 과정을 하고 있을 때, 나는 주기적으로 흥행영화를 보러 갔다. 텅 빈 어두운 영화관에서 영화를 보는 것은 다른 어떤 형태의 기분 전환도 하지 못하는 방식으로 뇌를 달래줬다. 특히 회색빛의 비 오는 오후에 그랬다. 그런데 어느 날 이상한 일이 일어났다. 영화관 휴게실에서 어떤 낯선 사람과 말다툼을 했다.

그날 오후에 상영되던 영화는 「내일을 향해 쏴라Butch Cassidy and the Sundance Kid」로, 폴 뉴먼과 로버트 레드포드가 등장하는 고전 서부영화였다. 영화가 시작되기 전, 나는 간식거리를 사려고 줄을 서 있었다. 그때 내 뒤에 있던 한 남자가 탄식하며 영화가 마법 같은 광채를 잃고, 바가지를 씌운 비싼 과자를 파는 곳과 별반 다르지 않은 상점이 됐다고 슬퍼했다.

그는 그가 싫다고 고백한 바로 그 과자를 사기 위한 줄에 서 있었고, 그 불일치 때문에 나는 영국인 특유의 속내를 감추는 태도를 넘어서는 행동을 하고 말았다.

내가 선을 넘게 만들었던 그의 다음 말은 이러했다. "왜 과자들은 다 비닐(플라스틱)봉지에 넣어 팔지? 내가 젊었을 땐 종이였다고. 과자는 항아리에 보관했고 무게로 달아 종이봉투에 담아 팔았다고." 밝은 오렌지색의 빛나는 레벨_{영국에서 1960년대에 처음 선보인 초코볼 상표 이름:역자 주} 봉지를 쥐고 있던 나는 반쯤 돌아서 그의 눈을 보고 웃으며 말했다. "하지만 플라스틱은 분명 모든 재료 가운데 영화관에서 사용되기에 가장 좋은 재료인걸요. 특히 이 영화와 관련해서는요."

아마 내 목소리는 꽤 거들먹거렸을 것이다. 나는 박사과정 학생이었고 아는 게 많다고 생각했다. 그리고 세간에 잘못 알려져 있는 플라스틱을 변호하고 싶을 때가 많았다.

하지만 상대를 잘못 골랐다. 그는 권위 있는 영화광으로서 있는 힘을 다해 나를 공격했다. 내가 도대체 무슨 당치도 않은 소리를 하고 있는 거지? 내가 내 시대의 영화에 대해 뭘 알았던가. 그는 영화의 황금시대에 살며 그 안에서 숨을 쉬고 있는데. 영화는 은막의 스타, 명멸하는 빛, 벨벳 좌석 그리고 프로젝터의 윙윙 도는 소리에 대한 것이다. 그는 내 말은 하나도 듣지 않았고 사실 듣지 않을 권리가 있었다. 설령 내 주장에 어떤 사실적 기반이 있다 해도, 내겐 그걸 의미 있는 방법으로 전달할 언어가 없었다. 우리는 둘 다 화가 난 채로 영화관에 들어가 넓고 텅 빈 객실의 반대쪽 좌석에 앉았다. 불이 꺼졌을 때 나는 안도의 큰 한숨을 쉬었다.

사소한 것들의 과학

그 뒤로 이 창피한 일이 자주 떠올랐고, 어떻게 하면 플라스틱을 좀 더 잘 변호할 수 있을지 궁리하게 되었다. 결국 그가 내 말에 귀를 기울이게 할 유일한 방법은 그가 가장 중요하게 생각하는 매체를 통해 설명하는 방법이라고 결론 내렸다. 바로 영화의 시각 언어다. 그래서 여기에, 플라스틱 과자 봉지의 적절성에 대한, 내가 패했던 논쟁을 바로 일으켜줄 「내일을 향해 쏴라」의 각본을 준비했다. 내 각본이 미숙해서 영화관 휴게실에서 벌어진 논쟁과의 관련성이 덜 분명할 수도 있다. 따라서 각각의 장면에는 약간의 설명을 덧붙였다.

SCENE 1

실내 : 샌프란시스코의 술집, 1869년

이른 오전이다. 방에 의자와 테이블이 가득하다. 절반은 카드놀이를 하거나 술을 마시는 남자들이 차지하고 있다. 구석에는 아무도 연주하지 않는 피아노가 놓여 있다. 바람이 불 때마다 덜컹거리는 소리가 나는 깨진 블라인드 사이로 밝은 캘리포니아의 태양이 새어 들어오고 있다. 공기 중에는 담배 연기가 떠돌고 있다.

술집에는 험상궂게 생긴 사람은 다 모아놓은 것 같았다. 대부분은 일자리가 없었다. 몇 명은 10여 년 전 캘리포니아 골드러시 시대에 서부로 온 광부였지만, 부자가 되지 못한 채 그대로 도시에 눌러앉았다. 다른 사람들은 남북전쟁 때 참전했던 퇴역 군인으로, 돈을 받고 참전했다가 이곳에서 부상을 당했다. 한두 명의 여인이 그들과 함께 다녔다.

구석에는 새로 유행하던, 열다섯 개의 색칠한 공을 이용하는 포켓볼을 즐길 수 있도록 당구대가 놓여 있다. 빌과 그의 남동생 에단이 당구를 치고 있다. 빌은 카우보이로, 오하이오주에서 사람을 죽여서 도망치다가 이 도시에 왔다. 그는 매우 조용한 사내로 웃으면 이가 안 보였는데, 말에 차여서 이가 다 날아갔다고 했다. 그는 동생을 꼬드겨 이 동네에 새로

사소한 것들의 과학

깔린 철도를 이용해 도망치기로 했다.

에단: (포켓볼 당구대에서 막 큐대로 당구공을 치려 하며) 파란 공, 코너포켓.

빌: (큐를 손에 든 채로 벽에 기대어) 응?

에단: (공을 코너포켓으로 쳐 넣으며) 그렇지! 난 이 새로운 당구가 좋아. 정말 맘에 들어.

빌: 그래?

에단: 응. (고상한 어투를 흉내 내며) 알다시피, 여가 시간이 많은 사람을 위해 만들어진, 그러니까 우리 같은, 안 그래 빌? 여가 시간이 많은 사람? 쳇!

에단은 계속해서 포켓 공받이에 공 두 개를 넣었다. 샷을 성공시킬 때마다 사이사이에 고상한 어투로 말을 하며 빌을 보고 히죽히죽 웃어댔다. 빌은 카드 게임을 하는 테이블 중 한 곳에서 난 싸움 때문에 주의가 산만해져서 에단의 행동을 알아채지 못했다.

새로 온 얼굴이 붉은 사내는 자신이 카드 게임에서 조직적으로 사기를 당했다며 벌떡 일어섰다. 하지만 의자가 그의 뒤에서 뒤집어지면서 자세가 불안정해졌고, 바닥에 요란하게 나뒹굴었다. 테이블의 나머지 사람들이 웃어댔다. 얼굴이 붉은 사내는 너무나 취해서 머릿속으로 생각하는 게 얼굴에 다 드러나 보일 지경이었다. 그는 카드 테이블을 뒤집어엎고 밖으로 걸어 나가려고 했다. 하지만 그의 손은 총을 찾았고 다른 게임 상대를 향해 휘두르기 시작했다. 웃음이 멈췄고, 잠시 뒤 술집의 모든 것들이 멈췄다. 에단만 제외하고. 그는 방을 등지고 있었고 불가능해 보이는 또 다른 샷을 치기 위해 준비하고 있었다.

에단: (고상한 척하는 목소리로) 푸른 공, 엔드 포켓.

침묵 속에서 에단이 공을 쳤다. 하지만 흰 공이 8번 공을 치자 이상한
일이 일어났다. 커다란 격발 소리와 함께 섬광이 일어났다. 8번 공은 포켓
에 들어가지 못했고, 작은 폭발과 함께 굴러가기를 멈췄다.

만취해 흐릿한 정신으로 에단을 향해 돌아섰던 얼굴이 붉은 사내가
소음에 놀라서 본능적으로 당구 테이블 쪽을 향해 한 발 쏴버렸다. 그러고
는 술집을 도망쳐 나갔다.

에단이 바닥에 피를 흘리며 쓰러져 있었다. 8번 공과 폭발을 일으킨
충돌 때 나온 연기에 휩싸인 채, 흰 공도 움직임을 멈췄다.

[Scene 1 Note]

포켓볼 게임은 19세기 북유럽의 경기였던 당구에서 진화했다. 당구는
원래 왕가에서 시작됐는데, 크로켓의 실내 버전이었다. 당구대 위를 녹색
으로 칠한 것도 잔디밭을 흉내 냈기 때문이다. 산업혁명의 결과 중 하나는
당구 테이블을 훨씬 싸게 생산할 수 있게 된 것이다. 오늘날에도 그렇듯,
당구가 바^{bar}나 선술집의 수익을 올려줄 수 있다는 사실이 알려지면서, 도
시의 새로운 빈곤층에게도 퍼지기 시작했다.

19세기에 당구 경기는 기술적으로 좀 더 정교해졌다. 먼저 큐대의 끝이 가죽과 초크로 만들어졌다. 이 덕분에 당구공에 회전을 줘서 공을 더 잘 제어할 수 있게 됐다. 이런 기술은 영국 선원에 의해 미국에 전해졌기 때문에 지금도 '영국식'이라는 이름이 붙어 있다. 1840년대에는 찰스 굿이어가 경화 고무를 발명했다. 경화 고무는 게임을 하는 테이블 표면 가장자리에 '쿠션'을 만들었다. 나무보다 부드러우면서도 탄력이 있는 덕분에, 공을 예측한 방법으로 튕길 수 있게 됐다. 이때부터 당구 테이블은 오늘날 우리가 알고 있는 것과 비슷해졌다. 공을 세 개나 네 개 사용하는 당구 게임_{한국에서 많이 하는 사구가 여기에 속한다:역자 주}에서 열다섯 개의 공을 사용하는 포켓볼이라는 더 세련된 게임으로 대세가 기운 것은 1870년대 미국에서였다_{한국과 일본을 제외하면 세계적으로 포켓볼을 더 많이 친다:역자 주}. 하지만 이때까지도, 당구공 자체는 상아로 만들어졌고 대단히 비쌌다.

상아는 재료의 특성 면에서 여러 가지 독특한 장점이 있다. 공끼리 수천 번씩 빠른 속도로 충돌해도 긁히거나 깨지지 않고 견딜 만큼 단단하고, 부서지지 않을 만큼 내구성이 튼튼하다. 기계로 공 모양으로 만들어낼 수 있고, 보통의 많은 유기물질처럼 서로 다른 색으로 염색할 수도 있었다. 당시의 어떤 재료도 이런 성질들을 다 갖추지 못했기에, 미국의 술집에서 포켓볼의 인기가 하늘을 찔렀을 때 게임 수요에 맞춰 상아 가격이 치솟는 것은 너무도 당연했다. 당구를 도저히 유지할 수 없을 지경이었다. 그래서 미국 전역의 술집들은 플라스틱 같은 대체 재료를 이용해 만든 당구공을 쓰고자 했다. 영화 대본이 산문과 다르듯, 플라스틱은 다른 재료들과 뚜렷이 구별되는 아주 새로운 재료였다.

SCENE 2

실내 : 뉴욕 시내의 판잣집

판잣집은 존 웨슬리 하이엇^{John Wesley Hyatt}의 실험실이다. 그는 신문 인쇄업자로 일하고 있는 젊은이인데, 여가 시간에는 화학실험을 하곤 했다. 28세에 벌써 자신의 이름으로 등록한 특허가 있었고, 곧 역사책에 최초로 사용 가능한 플라스틱을 제조한 사람으로서 이름을 올리려는 찰나였다. 그에게 퇴역 군인이자 투자자인 레퍼츠 장군이 방문한다. 레퍼츠는 이미 젊은 발명가인 토머스 에디슨에게 재정 지원을 한 참이었고 이제 하이엇에게 관심을 갖고 있다. 레퍼츠는 덩치가 크고 격식을 차리는 사람이었는데, 유리도구와 나무로 만든 통, 그리고 놀라울 만큼 많은 양의 상아로 가득 찬 판잣집의 지붕에 머리를 부딪치지 않으려면 몸을 구부려야 했다. 창문을 열어놨지만, 용매 냄새가 코를 찌른다.

하이엇: 합성 당구공을 만들려고 애쓰다가, 보여드리고 싶은 아이디어가 떠올랐어요. (종류별로 나눈 당구공 상자가 있는 방구석을 가리킨다.)
레퍼츠: 당구공? 웬 당구공인가요?

사소한 것들의 과학

하이엇: 현재는 오직 상아로만 만들 수 있거든요. 하지만 상아는 너무 비싸잖아요. 요즘 당구 인기가 엄청나니까, 당구대 제조사들은 상아가 다 떨어져 버릴까봐 겁을 먹고 있어요. 그러니 상아를 대체할 재료를 발명하면 만 달러를 상금으로 주겠다고 뉴욕타임즈에 광고를 걸었지요.

레퍼츠: 만 달러라! 집어치워요. 그렇게 많은 돈을 거는 게 가능하겠어요?

하이엇은 화학기구를 뒤지다 핀으로 벽에 붙여 놓은 것을 찾는다. 누렇게 바랜 뉴욕타임즈의 신문 광고였다. 그는 그걸 레퍼츠에게 건넸다.

하이엇: 직접 보시죠.

레퍼츠: (시가를 한 모금 들이마시며 기사를 읽는다.) '미국에서 가장 큰 당구용품 공급회사, 펠란앤콜렌더'라. 나는 들어본 적이 없는데…. (입으로 몇몇 단어를 읊조리며 조용히 계속해서 읽는다. 그리고 문단을 인용한다.) "우리는 상아를 대체할 재료를 만들어낼 발명가에게 1만 달러라는 막대한 돈을 제공한다." 음, 그래요. 이거 정말일까요?

하이엇: 아, 정말이고말고요. 걱정하지 마세요. 전 몇 년 동안 이 문제를 연구했고, 그 회사에 여러 개의 시안도 제출했어요. 몇 달 전에 그들이 제게 연락해 와서 제가 가장 최근에 보낸 몇 가지를 교외 술집 몇 곳에 시험 삼아 보냈다고 알려 왔어요.

레퍼츠: 그래서, 성공했다는 건가요?

하이엇: 글쎄요, 그렇죠…. (어떻게 말을 해야 할지 잘 모르겠다는 듯 고개를 숙

이며) 하지만 문제가 있어요…. 제가 그걸 어떻게 만들었는지 보여드릴게요. 그럼 문제가 뭔지 아시게 될 거예요. 사실, 그래서 이곳으로 모신 거예요. 직접 보셔야 믿으실 수 있으니까.

하이엇은 실험기구 만지작거리기를 멈추더니, 문이 잠긴 찬장에서 일종의 진공 플라스크인 커다란 듀어 보온병^{19세기 말~20세기 초에 발명가 제임스 듀어가 만든 보온병의 이름:역자 주}을 꺼냈다. 그리고 거기에서 투명한 액체를 비커에 부었다.

하이엇: 이게 핵심이에요. 제 코에서는 늘 이 냄새가 나죠!
레퍼츠: 이게 뭔데요?
하이엇: 알콜에 니트로셀룰로오스를 녹인 시약이에요.
레퍼츠: 니트로셀룰로오스라…. 들어본 적이 있는데…. 맞아, 그거 폭발하는 거 아니요?

레퍼츠는 이런 미치광이 과학자를 만나러 와서 목숨을 잃을 위험에 빠진 자신의 순진함에 화가 나서 급격히 얼굴이 붉어졌다. 그는 신경질적으로 시가를 만지작거렸다. 멍청한 폭발 사고는 남북전쟁 때 이미 충분히 겪었다.

하이엇: (레퍼츠의 걱정은 전혀 알지 못한 채) 아, 니트로글리세린 말씀이시군요. 네, 제 생각에도 화학적으로 약간 비슷하긴 해요. 하지만 이건 니트로셀룰로오스예요. 폭발하지 않아요. 폭발하는 성질이 약간 있고 불이 잘 붙기도 하

사소한 것들의 과학

지만, 아주 조심하고 있어요.

　　하이엇은 레퍼츠에게 돌아서며 미소를 지었다. 그러나 레퍼츠가 화가 나 있다는 사실을 깨닫고는 상황을 무마하기 위해 설명을 이어갔다.

하이엇: 니트로글리세린은 비누를 제조할 때 생기는 무색의 유성 액체인 글리세롤을 질산으로 처리해서 만들어요. 글리세롤에 질산을 섞기만 하면 되죠. 하지만 말씀하셨듯 굉장히 불안정하고, 다이너마이트의 주성분이기도 하죠. 하지만 제가 여기 들고 있는 것은 니트로셀룰로오스예요. 목재 펄프에 질산을 섞은 거죠. 이걸 건조시키면 불에 잘 타는 면화약이 되지만, 말하자면 그렇다는 거고(다시 레퍼츠에게 돌아섰다) 정말 폭발하지는 않아요. 제가 사용하는 콜로디온이라는 액체 형태에서는 훨씬 흥미로운 현상을 보이죠. 보세요.

　　레퍼츠는 하이엇이 니트로셀룰로오스 용액이 들어 있는 비커 안에 빨간 잉크를 몇 방울 떨어뜨리는 모습을 지켜본다. 용액은 밝은 빨강으로 변한다. 그 뒤 나무 공을 담갔다. 공을 다시 꺼내자, 재빨리 굳어서 아름답고 윤이 나는 빨간 플라스틱으로 코팅이 된다. 이런 변화는 하이엇이 레퍼츠에게 기대한 효과를 냈다.

레퍼츠: 믿을 수가 없군요. 만져봐도 되나요?
하이엇: (기쁜 표정으로) 네. 음. 어, 아뇨. 아직 좀 더 말라야 해요. 하지만 먼저

만들어둔 게 있어요.

레퍼츠: (인공 당구공들을 든 채, 손 안에서 서로 부딪혀 본다.) 당신이 문제를 풀었군요. 문제가 뭔가요? 여전히 불이 잘 붙어서?

레퍼츠는 입에서 시가를 빼내 조심스럽게 당구공을 찔러본다. 순간 연기가 나는가 싶더니 불꽃과 함께 터졌다. 하이엇은 당황하지 않고 재빨리 불이 붙은 당구공을 레퍼츠의 손에서 빼앗아 창밖으로 던졌다.

하이엇: 네, 맞아요. 불이 붙네요. 아직 완전하지가 않아요, 당연한 거지만. 사실 공이 빠른 속도로 서로 부딪히면 저절로 불이 붙는다는 보고도 있어요. 하지만 진짜 문제는 소리예요. 공이 서로 부딪혀도 제대로 소리가 나지 않아요.

레퍼츠: 어허, 도대체 누가 소리 같은 것에 신경을 써요?

하이엇: 아, 소리에 신경 쓰는 사람이 의외로 많아요. 저만 해도 그런걸요. 하지만 그런 말씀을 드리려던 건 아니고요. 여기, 한번 보세요. (서랍에서 물건을 꺼내 레퍼츠에게 건넨다.)

레퍼츠: (잠시 살펴본다.) 상아로 만든 빗이네요. 근데 뭐가요?

하이엇: 상아가 아니에요! (환하게 웃으며) 하하! 제가 속였어요. 그건 나무 공을 코팅한 이 니트로셀룰로오스로 만든 새로운 재료예요. 하지만 제가 만든 새로운 공정을 쓰면, 공 같은 건 필요 없지요. 물체를 니트로셀룰로오스로부터 통째로 만들 수 있다고요. 원유로부터 얻은 용매인 나프타만 첨가하면 돼요. 그런 다음 얍! 이 과정 이름은 가소화 plasticization라고 해요. (그는 흥이 나서 서랍 안을 휘젓기 시작했다.) 여기 헤어브러시가 있고요, 이건 칫솔이에요. 그

리고 여기, 목걸이…. (물건들을 레퍼츠에게 건넨다.)

　　레퍼츠는 가짜 상아 물건들을 살피느라 잠시 말이 없다.

레퍼츠: (조용히) 상아 시장이 얼마나 크죠?

하이엇: 크죠. 굉장히 커요.

레퍼츠: 이거…. 뭐라고 불러야 하나? 이걸 생산하려면 뭐가 필요하죠?

하이엇: 셀룰로오스로 만들어서 셀룰로이드라고 이름 붙였어요. 어떠세요?

레퍼츠: 당신이 부르고 싶은 거라면 전 뭐든 괜찮답니다. 셀룰로이드를 상업화할 수 있을 만큼 만들려면 뭐가 필요한가요?

하이엇: 시간과 돈이죠.

[Scene 2 Note]

　　이 모든 내용은 정확한 사실에 기반했다(비록 대화는 추정이지만). 오늘날에는 누군가 헛간에서 중요한 화학적 발견을 할 수 있다고 믿을 수 없다. 하지만 19세기 말, 화학공학의 황금기가 시작되던 그때는 가능했다. 화학지식이 늘어났고, 이것이 새로운 재료를 발명해 돈을 벌고자 하는 기업정신과 만났다. 화학물질을 얻는 것이 쉽고 싸기도 했고 판매에도 거의 제약이 없었다. 많은 발명가들이 집에서 실험실을 운영했고, 굿이어⁕ Goodyear. 고무의 가황법을 발명한 19세기 미국의 발명가:역자 주의 경우 채무자의 감옥 안에서도 실험을 했다. 그가 만든 고무가 등장하자, 이 재료가 지닌 뭔가를 보호하는 성질과 편안하고 유연한 특성에 대한 수요가 증가했다.

'플라스틱'이라는 용어는 대단히 다양한 종류의 물질을 말한다. 대부분은 유기물(탄소에 기반한 화합물들로 이뤄진 물질을 의미한다)이고 고체이며 주물이 가능하다. 굿이어의 고무도 플라스틱의 일종이지만, 이 용어를 혁신한 것은 전적으로 합성으로 만들어진 플라스틱의 발명이다. 존 웨슬리 하이엇과 그의 동생은 당구공을 대체할 새 재료를 발명하는 사람에게 1만 달러를 준다는 뉴욕타임즈 기사에 고무돼 헛간에다 이런 합성을 위한 실험실을 차렸다. 하이엇은 남북전쟁의 퇴역 군인 출신 마샬 레퍼츠가 이끄는 채권단으로부터 재정적 지원을 받았다. 술집 주인 사이에서는 하

셀룰로오스

니트로 셀룰로오스

사소한 것들의 과학

이엇이 만든 콜로딘을 씌운 공이 폭발했다는 불평이 있었다. 어떤 주인은 "공이 부딪힐 때마다 방 안에 있는 모든 사람이 총을 뽑았다"고 보고했다. 요즈음 포켓볼과 스누커흰 공을 쳐서 21개의 공을 포켓에 집어넣는 형식의 당구 게임:역자 주 공은 페놀 수지라는 플라스틱으로 만들어진다. 셀룰로이드는 단 하나의 공을 만드는 데에만 쓰인다. 탁구공 말이다.

종이를 만드는 셀룰로오스와 셀룰로이드에는 화학적 유사성이 있다. 두 화합물 모두 탄소와 수소, 산소로 된 육각형 고리로 돼 있으며, 하나의 산소 원자로 서로 이어져 있다.

SCENE 3

실내 : 샌프란시스코의 장례식장

에단의 시신이 벌거벗겨진 채로 수술대 위에 있다. 막 잘려 나간 그의 옷이 바닥에 떨어져 있다. 방 주위 벤치에도 다른 시신 몇 구가 있고, 피가 흘러서 작은 웅덩이를 이루고 있다. 방부제와 결합한 강한 화학약품 냄새, 그리고 시체 부패하는 냄새가 코를 찌른다. 빌이 쳐다보는 가운데 방부처리자가 에단의 몸에서 피를 닦고 있다.

빌: 얼마나 오래 걸리지?

방부처리자: 왜? 부모님 모셔오게?

빌이 고개를 끄덕인다.

방부처리자: 3일. 보통의 경우.

빌: (이를 앙다물고) 그럼 보통의 경우가 아니라면?

방부처리자: 음, 새로운 포름알데히드가 있지. 충분히 쓰면 꽤 잘 보존할 수 있어. 하지만 비싸. 비소를 쓰면 더 싸게 할 수 있어. 하지만 똑같아 보이지는

사소한 것들의 과학

않을 거야.

빌은 아무 말 없이 죽은 동생을 빤히 쳐다보고 있다.

방부처리자: 이 친구를 여기 들어오게 한 게 새로 나온 당구공 때문이라며? 뉴욕에 있는 어떤 친구가 만들었다는. 신문에서 읽었지. 거기서 그러더군. 이 전깃불을 만든 에디슨 같은 과학자이자 발명가라고. 하지만 사람들 말이 그만큼 성공하지는 못했대.

빌: 뉴욕? 부자야?

방부처리자: 그렇겠지….

빌이 걸어나간다.

방부처리자: 이봐, 어디 가? 자네 동생 시신 어떻게 할지 알려 줘야지!

[Scene 3 Note]

1869년, 냉장고의 원리가 알려져 있었음에도 냉장고를 쓸 수 있게 되는 데에는 50년의 시간이 걸렸다. 더운 나라에서 누군가 사망하면 두 가지 선택밖에 없었다. 묻거나 화장하는 방법, 또는 방부처리하는 방법. 1867년까지, 방부처리에는 알콜이나 비소와 같은 독성 화학물질을 포함하는 특별한 용액을 썼다. 하지만 1867년 독일 화학자 아우구스트 빌헬름 폰 호프만August Wilhelm von Hoffman이 포름알데히드를 발견했다. 이전 방법과 달리, 포름알데히드는 조직을 그대로 보존해 시신이 거의 살아 있는 것처럼 보이게 했고, 방부처리는 이 방식으로 주로 이뤄지게 됐다. 레닌, 케말 아타튀르크터키 공화국의 근간을 세운 초대 대통령:역자 주, 그리고 영국 황태자비인 다이애나가 포름알데히드로 방부처리 되었다.

오늘날, 군더 폰 하겐스는 합성수지화(플라스티나이제이션plastinization 혹은 플라스티네이션plastination)라고 하는 새 기술을 개발했다. 이 기술은 몸에서 수분과 지방(지질 등)을 제거하는 것으로, 진공 기술을 이용해 실리콘 고무와 에폭시 수지 등 모든 페인트와 접착제 그리고 유연한 제품에 들어가는 만능 재료를 대신 넣는다. 포름알데히드처럼 이들도 살아 있는 것 같은 모습을 연출해 준다. 하지만 사용된 플라스틱이 딱딱하기 때문에, 살아 있는 듯한 자세를 취할 수 있다. 이렇게 보존된 채 자세를 취한 몸을 전시한 '인체의 신비Body World'전이 1995년부터 전 세계를 돌며 열리고 있으며 수백만 명이 관람했다.

사소한 것들의 과학

SCENE 4

실내 : 몇 년 뒤, 뉴욕 시의 법정

하이엇은 그의 회사로 하여금 큰돈을 벌게 해준 새로운 셀룰로이드 플라스틱의 특허권에 대해 질문을 받고 있다. 회사는 빗과 헤어브러시에서부터 식기 손잡이, 심지어 틀니에 이르기까지 다양한 제품을 생산했다. 그에게 질문을 던지는 변호사는 셀룰로이드와 비슷한 플라스틱인 자일로나이트Xylonite를 한 해 먼저 발명했다고 주장하는 영국 발명가 대니얼 스필을 변호하고 있었다. 하이엇의 재정적 후견인인 레퍼츠 장군은 텅 빈 법정의 맨 앞쪽에 앉아 논쟁을 귀담아 듣고 있다.

변호사: 당신 말에 따르면 셀룰로이드를 발명한 건 그 뭐냐…. 당구공을 대체할 재료를 만들려고 시도하던 중에였다고요.

하이엇: 네, 정확합니다. 상아를 쓴 것 같은 효과를 낼 목적으로 나무 공을 코팅하는 데에 콜로디온을 이용하고 있었어요. 하지만 만약 코팅제를 고체 재료로 만들 방법을 찾기만 한다면, 나무를 안 써도 되고 소리도 좀 더 상아와 비슷한 재료를 만들 수 있을 거란 사실을 깨달았지요.

변호사: 상아와 비슷한 소리가 난다고요? 억지 이야기를 하고 있는 것 같은데요?

하이엇: 몇 번을 말씀 드려야 하나요! 당구를 치는 사람이라면 누구나 변호사님께 공이 부딪히는 소리가 게임의 묘미라고 말해줄 겁니다.

변호사: 그러니까 1869년 런던에서, 자일로나이트라고 하는 재료에 대해 정보를 얻은 적이 없다고 부정하는 거죠? 그러니까… (메모를 슬쩍 본다.) 니트로셀룰로오스라는 똑같은 재료를 거의 동일한 고체 플라스틱 재료로 바꾸는…. (다시 메모를 본다.) 그러니까 장뇌를 용매로 이용하는 공정으로 만든 재료 말이에요. 이게 핵심 공정인데, 당신은 콜로디온을 당신이 셀룰로이드라고 부르는 물질로 바꾸기 위해 쓰지 않았단 말이죠? 우리더러 순전히 우연이라고 믿으라, 이 말입니까?

하이엇: 네! 그러니까 제 말은, 아니라는 겁니다! 정말 아닙니다. 절대 아니에요. (분개해서 얼굴이 새빨개진다.) 전 그 방법을 완전히 제 스스로 찾았어요.

변호사: 그 공정을 당신이 직접 찾았는지 아닌지는 중요한 게 아닙니다, 하이엇 씨. 잘 아시듯이 말입니다. 중요한 건 당신이 제조에 적용한 핵심 공정을 보호하는, 선행하는 특허가 있다는 사실이죠. 그리고 그 특허는 제 고객이신 영국 런던의 대니얼 스필 씨에게 있다는 사실도요. 당신은 그에게 돈을 한 푼도 지불하지 않았고요.

하이엇: 대니얼 스필! 하! 그 사람은 발명가가 아니에요. 기회주의자이고 사업가일 뿐이죠. 그것도 질이 나쁜! 그는 모든 아이디어를 파케신Parkesine을 만든, 진짜 과학자라고 할 만한 알렉산더 파케스Alexander Parkes, 19세기 영국의 야금학자이자 발명가. 인류 최초의 인공 플라스틱이라 할 파케신을 만들었다:역자 주에게서 빼앗았죠. 스필은 그냥 그를 베끼기만 했다고요. 그리고 지금은 제가 정직하게 노동한 대가를 이용해 돈을 벌려고 하죠. (판관에게 돌아서지만, 그들은 관심이 하나도 없다) 창피한

일입니다, 재판장님.

변호사: 그러니까 당신은 알렉산더 파케스의 연구를 어느 정도 알고 있었네요? 반면 대니얼 스필 씨의 연구에 대해서는 부주의했고, 그렇게 봐도 되겠죠?

하이엇: 스필이 무슨 연구를 했는데요? 그가 만든 재료는 형편없어요! 학술적인 부분을 따지고 들어가면, 제겐 셀룰로이드에 대한 특허권이 없어요. 스필도 분명히 없죠. 첫 번째 플라스틱을 만든 사람은 알렉산더 파케스예요. 1862년이었죠. 그건 모두가 아는 사실이라고요. 파케스는 그걸 산업현장에 제대로 적용하는 데 실패했고, 전 성공했어요. 하지만 전 스스로 해냈지, 베끼지 않았어요. 대니얼 스필처럼 베끼지 않고, 체계적인 실험을 통해 성공했다고요. (재판관에게 돌아선다. 하지만 판관은 매우 지루해 하며 회중시계를 만지작거리고 있다.) 전 그저 돈만 밝히는 기생충에게 먹히지 않고, 내 사업을 하고 싶을 뿐이에요!

레퍼츠는 전 과정을 열심히 듣고 있었다. 하지만 하이엇이 파케신을 알고 있었다고 자백하자, 잠시 무언가를 생각하며 고개를 떨궜다. 그러고는 일어나서 법정을 떠났다.

[Scene 4 Note]

플라스틱과 비슷한 재료가 전에 있었음에도, 셀룰로이드는 주물이 가능한 첫 번째 상업 플라스틱으로 널리 알려져 있다. 1862년 국제박람회에서 영국의 야금학자이자 화학자, 발명가인 알렉산더 파케스가 대단히 흥미로운 물질을 내놓았다. 이 물질은 채소 성분으로 만들어졌지만 단단하고 투명하며 마음대로 모양을 만들 수 있었다. 그는 그 물질에 파케신이라는 이름을 붙였다. 그는 또 콜로디온을 플라스틱 후보로 놓고 오래 붙들고 있었다. 하지만 니트로셀룰로오스를 주물할 수 있는 재료로 바꿔줄 적절한 용매를 찾지 못했다. 하이엇은 이 문제를 나무에서 찾은 냄새가 나쁜 점성물질인 장뇌를 이용해서 풀었다. 이를 통해 그는 셀룰로이드를 쓸 만한 플라스틱 재료로 만들었다.

같은 시간에, 영국의 대니얼 스필은 파케스의 공정을 되살려 특허 출원을 내고, 하이엇이 만든 것과 비슷하게 자일로나이트라는 플라스틱을 세상에 내놨다. 자일로나이트는 상업적으로 실패했다. 하지만 대니얼 스필은 자신이 이 공정에서 장뇌를 용매로 이용하는 부분을 특허로 먼저 인정받았다며 하이엇을 고소했다. 특허를 둘러싼 싸움 때문에 하이엇의 사업은 거의 문을 닫기 직전에 이르렀다. 법원은 스필과 하이엇 중 누구도 니트로셀룰로오스 플라스틱에 대한 특허권을 주장할 수 없다고 판결했다. 이 판결은 모든 플라스틱 산업을 거대한 경쟁과 혁신의 장으로 이끌었다.

SCENE 5

실내 : 콜로라도 볼더의 마을에 있는 매리 루이스의 침실

매리 루이스는 성공한 사업가로 마을에서 유일한 가게를 소유하고 있다. 그녀는 빌과 이야기하며, 거울 앞에서 머리를 빗거나 보석을 착용하는 등 저녁 채비를 하고 있다.

매리 루이스: 아, 빌. 당신은 그저 내 돈을 손에 넣고 그걸로 다시 여행을 떠날 생각에 나와 결혼하려는 거지. 나는 당신이 무슨 꿍꿍이인지 다 알아.

빌: 뉴욕에 나와 용무가 있는 사람이 있다니까. 해결되면 바로 올 거야.

매리 루이스: (웃으며) 그러시겠지! 음, 만약 내가 결혼이란 걸 한다면, 사랑 때문에 결혼하고 싶어, 빌. 팔짱을 끼고 길을 걷고, 말과 마차를 내와 오차드 크릭_{뉴욕 외곽에 있는 온타리오 호수를 다르게 부르는 이름:역자 주}으로 소풍을 가고, 당신이 포도를 먹여주고…. (상상하는 듯 킬킬거리며 웃는다.)

빌: 소풍?

매리 루이스: 그래, 소풍. 난 남부끄럽지 않게 자유롭게 살고 싶어. 그리고 당신이 치과에 갔으면 하고. 이 없는 사람과는 결혼하고 싶지 않아. 정말이야.

매리 루이스는 여러 목걸이를 찼다 풀었다 한다. 빌은 화가 나서 일어
나더니 그녀의 손에서 목걸이를 거칠게 잡아채 방 한구석으로 던져버린다.

빌: 왜 그런 뚱딴지 같은 데 관심을 갖지?

매리 루이스: 빌! 그만해. 진지하게 이야기 좀 하면 꼭 이런 식이더라?

빌: 그냥 플라스틱이야, 매리 루이스. 플라스틱이라고. 진짜 보석이 아냐. 당
신이 진짜 숙녀가 아닌 것처럼. 짝퉁 인간을 위한 짝퉁 보석이라고!

매리 루이스: 최소한 난 야망이라도 가졌지, 빌. 그리고 나름 기준이 있다고!
청혼을 진지하게 받아들이기 원한다면, 내가 당신에게 뭘 기대하는지 알아야
할 거야…

[Scene 5 Note]

셀룰로이드 사업은 1870년대에 붐을 이뤘다. 셀룰로이드는 매우 다양
한 모양과 색, 질감으로 주조됐다. 특히 상아나 흑단, 거북의 등껍질, 자개
처럼 값비싼 재료를 거의 비슷하게 만들 수 있었고, 초기 플라스틱은 거의
그러한 용도로 쓰였다. 만드는 데 상대적으로 쌌는데, 이 말은 점점 늘어
나는 중산층 사람들에게 플라스틱 빗이나 목걸이, 진주를 팔아서 많은 이
익을 남길 수 있다는 뜻이었다. 당시 중산층은 물질적 부에 관심이 많았지
만, 비싼 제품을 살 능력은 없었다.

SCENE 6

실내 : 치과의사의 방

나무로 꾸며진 평범한 방 한가운데에 커다란 의자와, 금속기구가 늘어서 있는 테이블이 여럿 보인다. 벽에 치과의사 면허증이 걸려 있는데, 해롤드 클레이 볼턴이 1865년 신시내티 치대를 졸업했다고 알리고 있다. 방에는 창문이 하나 있어서 밖으로 관목이 가득한 풍경이 보인다. 무더운 한여름이다.

치과의사: 선생님, 셔츠를 벗어주시죠. 여기 편히 앉으시고요. (의자를 가리킨다.)

빌: (셔츠는 벗지 않고 앉기만 한다.) 비용이 얼마나 될까.

치과의사: 아직 모르죠. 어떤 치료를 하실 건데요?

빌: 이가 필요해. 간단하지.

치과의사: 네, 선생님. 하지만 먼저 입안을 봐야 어떤 틀니를 할지 알 수 있죠. 근데 셔츠를 계속 입고 계시면 더러워질까 걱정되네요.

빌: 아무것도 안 할 거지? 보기만 하는 거지?

치과의사: 네, 하지만….

빌: 그럼 보라고.

치과의사: 이 재료로 잇몸 주형을 떠야 해요. (빌에게 가루로 된 소석고를 보여준다.) 그런 뒤에 선생님께 필요한 이가 몇 개인지에 따라 고무로 하거나, 혹은 입 안에서 훨씬 더 편한 이 흥미로운 재료로 만들 거예요.

빌: 상관없어. 제대로 되기만 하면 돼.

치과의사: 아, 새로 나온 이 셀룰로이드는 정말 좋아요. 모양 만들기도 쉽고….

빌: 뭐라고 했지?

치과의사: 셀룰로이드라고요. 최신의, 현대적인 재료지요. 문자 그대로 부드럽고…. 그러면서 단단해요. 이 말이 이해가 되실까 모르겠네요. 우리의 목적에 잘 맞죠. 모두가 이걸 쓰고 있어요. (빌이 화가 난 걸 보고 멈춘다.) 선생님…. 제가 뭐 잘못 이야기했나요?

빌: 젠장! 그 망할 놈의 재료. 그 꼴을 안 볼 수 있는 곳은 없단 말인가?

치과의사: 하지만 선생님. 플라스틱은 정말 최고의 물질인걸요. 그리고 입안에서 편안하다고요…. (일어나서 문 쪽으로 걸어가는 빌을 따라가며) 선생님, 이해가 안 되네요. 뭐가 문제죠? (빌의 팔에 손을 얹는다.)

빌은 난폭하게 뿌리치더니, 총을 꺼내 치과의사를 겨눈다.

빌: 뭐가 문젠지 말해주지. 네가 문제야! (진찰도구와 치과 치료용 재료들 사이에 총구를 왔다 갔다 하며) 네 모든 게 문제라고!

　하이엇이 플라스틱 틀니를 만들어서 셀룰로이드 사업을 일으켜보려고 노력했지만, 묘하게도 셀룰로이드는 틀니에 적합하지 않았다. 가짜 치아는 열에 변형됐고, 제조 과정에서 쓰인 장뇌 맛이 심하게 나기도 했다. 하지만 경쟁자도 그다지 나은 상황은 아니었다. 고무로 만든 틀니는 황 맛이 났다. 틀니 이용자들은 아크릴 플라스틱이 나온 20세기에 와서야 더 편안하고 불쾌한 맛이 나지 않으며 '자연스러운' 느낌의 틀니를 낄 수 있게 됐다.

SCENE 7

실내 : 뉴욕 하이엇의 사무실

사진기를 생산하는 조지 이스트먼이 하이엇을 만나러 사무실에 왔다. 사무실은 하이엇의 셀룰로이드 공장 2층 구석에 있으며 유리로 구획되어 있다.

하이엇: …그러니까 우리 공장에서 사진기 몸체를 만들면, 당신이 사용하던 나무보다 더 빛이 안 들어가게 할 수 있다니까요. 한 몸으로 만드니까요. 게다가 금속으로 만든 것보다 훨씬 가벼워요.

이스트먼: 전 사진기 이야기를 하려고 온 게 아닙니다.

하이엇: 네?

이스트먼: 사진기 얘기가 아니라고요. (이스트먼은 잠시 침묵한다. 하이엇을 등지고 선 채로, 그는 공장에서 이루어지고 있는 제작 과정을 내려다보고 있다.) 셀룰로이드를 얼마나 얇게 만들 수 있죠?

하이엇: 얇게요? 글쎄요. 제가 처음 사업을 시작한 게 코팅이었죠. 그걸 말씀하시는 거라면.

이스트먼: (하이엇을 보려고 몸을 돌린다. 뭔가를 마음먹은 게 분명하다.) 사진

사소한 것들의 과학

건판필름 이전에 사용하던 감광 재료. 유리판에 빛에 민감한 할로겐화 은 등 화학약품을 발라 썼다:역자 주에 대해 좀 아시나요?

하이엇: 잘 모릅니다만…. 유리로 만들어진 거 아닌가요?

이스트먼: 그렇죠. 빛에 민감한 겔로 코팅된 유리죠.

하이엇: 그럼…, 겔 대신에 셀룰로이드를 쓰시려고요?

이스트먼: (짓궂게 바라보며) 유리 대신에 셀룰로이드를 쓰고 싶군요.

하이엇: (이유를 이해하려 애쓰며) 흠…. 그러니까 잘 안 깨지는 사진 건판을 만드시겠다는 거네요?

이스트먼: 사진가가 유리 건판을 몇 개나 들고 다닐 수 있는지 알아요? 필요한 장비를 잔뜩 지니고?

하이엇이 머리를 흔든다.

이스트먼: 10개, 최대로 해도 아마 15개 정도예요. 그걸 다 들고 가려면, 사실상 짐꾼 동물이 필요할 거예요. 그만큼 무겁고 거추장스럽죠. 아니면 최소한 한두 명의 하인을 부리거나. 어느 쪽이나 비용이 많이 들어요. 부자나 할 수 있는 일이랍니다.

하이엇: 플라스틱 사진 건판이 값을 내려줄 거라고 생각하시는군요?

이스트먼: 나는 사진 촬영을 누구나 할 수 있는 일로 만들고 싶어요. 값싸고 이용이 쉬워서 생일파티나 소풍, 휴가 때 사진기를 가져갈 수 있도록요. 또 뭐가 있을까나….

하이엇: 해변이요!

이스트먼: 그렇죠! 그러려면, 이 사진기를 더 작고 가볍게 만들어야 하죠. 무엇보다 무거운 유리 건판을 없애야 합니다. (하이엇을 진지하게 바라본다.) 제가 그런 사진기를 만들었죠. 사진 감광용 유액(emulsion. 기름 성분을 물에 푼 액체)을 길고 잘 구부러지는 띠에 바르는 게 기술이죠. 이 방법을 쓰면 작은 용기 안에 스무 장에서 서른 장의 사진을 감아 넣을 수 있어요. 나는 이걸 코닥 카메라라고 이름 붙였어요. 누구나 살 수 있을 거예요. 난 사진을 전 세계에 보급할 거예요!

하이엇: 그래서 그 구부러지는 띠를 만드는 기술은 이미 확보하셨고요?

이스트먼: 음, 아니죠. 종이를 써 왔는데, 잘 안 되더라고요.

하이엇: 그러니까, 한마디로 종이 대신에 셀룰로이드를 쓰고 싶으시다, 그건가요?

이스트먼: 가능한가요?

[Scene 7 Note]

유리는 사진 건판을 위한 빼어난 재료였다. 투명하고 화학반응을 일으키지 않는다. 하지만 무겁고 거추장스러우며 비쌌기 때문에, 사진을 찍는 일은 전문가와 부유층에게 한정돼 있었다. 셀룰로이드 필름은 조지 이스트먼이 유리 건판을 대체하기 위해 개발했다. 필름은 이스트먼이 발명한 소형 코닥 카메라와 함께 사진을 혁명시키는 데 핵심 역할을 했다. 이스트먼은 유연해서 감을 수 있는 셀룰로이드 필름을 이용해 사진기를 훨

사소한 것들의 과학

썬 작고 가벼우며 싸게 만들었다. 그는 사진을 대중화시켰다. 사람들이 좀 더 값싸고 휴대하기 쉬워진 사진기를 공식적이지 않은 때에도 쓸 수 있게 만들었다. 사람들은 새롭게 사진을 통해 가족의 기억을 공유하게 됐다. 우리는 이제 필름을 사는 일이 매우 희귀한 일이 된 시대에 살고 있다. 디지털 기술이 필름을 대체했기 때문이다. 그럼에도 불구하고, 셀룰로이드 사진 필름의 발명은 시각문화를 바꾼 중요한 사건이었다.

SCENE 8

실내 : 몇 년 뒤, 뉴욕 하이엇의 사무실

자정이 지난 시각. 위층 하이엇의 사무실을 제외하고는 공장의 불이 모두 꺼져 있다. 하이엇은 이상한 기계를 만지작거리고 있다. 하이엇은 무슨 소리를 듣고 고개를 든다.

하이엇: 거기 누구요? (하이엇은 다시 작업으로 돌아온다. 하지만 다른 소리를 또 듣는다.) 이봐요, 거기 누가 있나요…? 베티, 당신이에요…?

방의 손잡이가 천천히 돌아가며 문이 열린다. 잠시 아무도 보이지 않았지만, 이내 빌의 형상이 어스름 사이에서 드러난다. 그는 취해 있다.

빌: 우…, 이게 누구야.

하이엇: 당신 누구요? 경비원이요? 나가요, 다신 방해하지 마요.

빌: 아니, 경비 보는 사람 아닌데. 하지만 보곤 있지. 당신을.

하이엇: 그게 뭔 소리요? 나가요. (일어난다.) 나가요! 안 들려요?

빌: 나한테 명령하지 않는 게 좋을걸? 명령할 사람은 사실, 나지. (총을 꺼내

하이엇을 겨눈다.) 앉아.

하이엇: 돈을 원하는 거요? 여긴 돈이 없어요. 은행에 다 있어요. 매일 거기로 입금하거든요.

빌: 앉으라고 말했는데.

하이엇: 당신 누구요?

빌: 네가 내 동생을 죽였어. 그래서 그 은혜를 갚아 널 죽이려고. 공평하지 않아? 내가, 네 사형 집행인이 되는 거지.

하이엇: 무슨 소릴 하는 거요? 난 평생 누굴 죽인 적이 없어요. 뭔가 잘못 안 거겠지.

빌: 잘못 안 거 아닌데. 내 동생을 죽인 당구공을 네가 만들었잖아. 널 찾아내는 데 시간이 꽤 걸렸어. 동생이 죽은 지 거의 10년이나 됐군…. 하지만 여기 이렇게 왔지.

하이엇: 그래요, 어떤 술집에서 내가 만든 새 공으로 포켓볼을 하다가 총에 맞은 사람이 있다는 이야기를 들었죠. 하지만 사고였어요. 내 잘못이 아니었다고요. 난 거기 없었어요!

빌: 네 잘못 맞아! 전적으로 네 잘못! 닥쳐! 이 말도 안 되는 짓거리를 다 끝내버릴 거야. (공장을 가리킨다) 자연스럽지가 않잖아. 내 동생도 그래서 죽었지. 넌 자연을 엉망으로 만들었어…. 네 바보 같은 플라스틱 재료를 아무 데나 넣어서 말이야. 사람들로 하여금 그게 상아처럼 귀하다고 믿게 만들었지. 싸구려 장신구를 갖고 싶어 하는 여자들의 소망을 이용해 돈을 벌었지. 모두를 바보 취급했어. 하지만 난 아냐. 너의 그 바보 같은 플라스틱으로는 나를 우롱할 수 없어. 누군가는 이것들을 멈추게 해야 해. 내가 하지.

하이엇: 제발! 제발 죽이지 말아요. 들어봐요. 이 재료, 당신이 싫어하는 플라스틱은 그 누구보다 당신네들에게 많은 혜택을 줬다고요. 당신 삶을 불멸로 만들기 직전이에요. 당신을 일종의 신으로 만든다니까요. 정말이에요!

빌: 뭔 소리야? 헛소리!

하이엇: 빛에 민감하게 만드는 문제를 풀었다고요! 활동사진, 못 봤죠? 은막에서 이야기가 나오는 거예요. 당신 같은 영웅, 카우보이 싸움, 서부의 승리! 모두가 그들을 보러 시내에 줄을 서죠. 다 이 놀라운, 휘어지는 투명 재료 덕분이죠. 다른 걸로는 할 수가 없어요. 이야기는 완전히 바뀔 거라고요. 봐요. 여기 프로젝터가 있지요? 여기에 필름을 넣으려던 중이었어요. 보여줄게요.

빌: 아냐. 말도 안 돼. 그건 다….

빌 뒤에서 빛이 보이며 사람의 발자국 소리가 들린다. 경비원이 등을 들고 나타난다.

경비원: 문제없죠, 하이엇 씨? 고함치는 소리를 들었는데요.

빌이 달려 도망간다. 도망가면서 경비원과 부딪혀 경비원이 넘어진다. 등이 박살나면서 버려진 셀룰로이드 필름에 불꽃이 옮겨 붙는다. 불이 확 타오른다. 하이엇과 경비원이 불을 끄려고 애쓰지만, 작업대와 주변 상자에는 불에 잘 타는 셀룰로이드가 워낙 많아 금세 통제할 수 없는 지경에 이른다. 하이엇과 경비원은 탈출해, 길 건너편에서 공장 전체가 불에 타 파괴되는 모습을 지켜볼 뿐이다.

셀룰로이드 플라스틱을 쓸 수 있게 되면서 필름 롤이 발명됐고, 활동사진 기술로 연결됐다. 그림에서 작은 변화를 잇달아 보여줌으로써 그림이 '움직이도록' 한다는 아이디어는 수백 년 전부터 있었다. 그러나 유연하고 투명한 재료가 없을 때의 유일한 방법은 회전하는 조에트로프

zoetrope, 원통 모양의 도구에 조금씩 변화하는 연속그림을 그린 뒤 회전시키고, 구멍을 통해 움직이는 모습을 보는 장치:역

자주 실린더를 사용하는 것뿐이었다.

하지만 셀룰로이드가 모든 것을 바꿨다. 사진을 필름 롤에 연속적으로 찍고 빠르게 돌려서 사진이 움직이는 것처럼 보이게 했다. 조에트로프보다 영상이 더 오래 움직이게 했을 뿐만 아니라 빛으로 투사할 수 있었고, 따라서 극장의 모든 관객이 경험을 나눌 수 있었다. 이것이 뤼미에르 형제가 보여준 가장 중요한 혜안이었고, 여기에서 영화가 만들어졌다.

아래의 사진은 부치 캐시디가 이끄는 악명 높은 열차 강도단인 와일드 번치를 찍은 것으로, 1900년에 텍사스의 포트워스Fort Worth에서 촬영했

다. 이 강도단이 행한 일들은 미국 서부시대가 무법과 폭력의 시대였다는 우리의 생각을 굳혀버렸다. 무법과 폭력은 열차나 자동차, 비행기 그리고 플라스틱 등의 현대적 기술의 발전과 동시에 일어났다. 만약 폴 뉴먼이 부치 캐시디로, 로버트 레드포드가 선댄스 키드로 분한 1969년의 영화가 없었다면, 그 강도단이 행한 일들은 틀림없이 점점 희미해졌을 것이다. 이 영화는 셀룰로이드 필름에 새겨졌고, 다른 많은 서부영화와 마찬가지로 오래전 삶의 방식을 불멸로(그리고 로맨틱하게) 만들었다.

또한 셀룰로이드의 뒤를 이어 등장한 베이클라이트, 나일론, 비닐, 실리콘silicone, 기름이나 고무, 수지 등을 함유한 유기화합물·역자 주 등의 플라스틱 역시 창조적인 힘을 갖추고 우리의 문화적 영혼에 영향을 미쳤다. 베이클라이트는 전화와 라디오, 텔레비전이 발명돼 이런 현대성을 체화할 재료가 필요한 시기에, 목재를 대체할 수 있는 주물 재료가 됐다. 나일론의 매끄러움은 패션 산업을 떠안았다. 여성의 스타킹 재료였던 실크를 대체하고, 라이크라나 PVC 같은 새로운 직물군을 탄생시켰다. '엘라스토머'라는 재료군도 탄생했는데, 이게 없다면 모든 옷은 축 처지고 바지는 흘러내릴 것이다. 비닐은 음악과 녹음법, 듣는 법을 바꿨고 동시에 록 스타를 만들어냈다. 또한 실리콘은 성형 수술 분야를 만들어 상상을 현실로 만들었다.

플라스틱 없이는 「내일을 향해 쏴라」를 비롯해 모든 영화는 존재하지 못했을 것이다. 영상문화는 대단히 달랐을 것이다. 그러니 과도한 플라스틱(비닐) 포장을 그리 좋아하지 않는다 해도, 비닐 과자봉지에 안전과 감사의 마음을 느낄 곳이 한 곳 있다면 그곳은 분명 영화관 안일 것이다.

Fin.

사소한 것들의 과학

0 ✳ 7

보이지
않는
glass

Stuff
Matters

glass

glass : 유리

유리는 왜 투명함이라는 기적적인 성질을 지니는 걸까?
어떻게 빛이 고체 물질을 통과해 지나갈 수 있는 걸까?

2001년에 스페인 안달루시아의 시골 도로를 여행하고 있을 때, 매혹적인 시각 효과를 경험했다. 차를 운전하며 그 지역에 많은 올리브 플랜테이션 농장 중 하나를 지나고 있었다. 길에 늘어선 나무가 빠르게 뒤로 지나가는 걸 보다가, 가로수가 완벽한 리듬으로 반복해서 보인다는 사실을 알았다. 마치 오래된 무성영화에서 볼 수 있는 빛의 명멸 같았다. 고대의 올리브나무가 여행의 지루함과 끈적한 무더위를 덜어주기 위해 마술을 부리는 것 같았다. 나무가 줄지어 서 있는 이런 단순한 풍경은 끝이 없이 이어지는 깃 같았고, 중독성이 있었다. 나는 길을 보고 마술을 보고, 다시 길을 보고 마술을 봤다. 그러다 트랙터와 박았다.

지금까지도 나는 트랙터가 어떻게 내 앞에 있었는지 모르겠다. 나는 급히 브레이크를 밟았고, 좌석에서 튀어 올라 차의 앞유리에 부딪혔다. 유리와 부딪히는 그 순간이 지금도 생생히 기억나는데, 내 앞에서 유리가 깨지는 모습이 갑작스러우면서도 친숙한 정지 화면 같았고, 투명한 생강쿠키^{생강과 당밀로 만든 쿠키:역자 주}로 만든 벽에 부딪히는 느낌이었다.

모래는 바람이나 파도 등으로 바위가 겪는 풍화 때문에 생겨난 것이다. 다시 말해, 큰 바위에서 떨어져 나온 작은 돌들의 혼합물이다. 한 줌의 모래를 잘 살펴보면, 이 돌들 중 상당수가 이산화규소의 결정형인 석영이라는 사실을 알 수 있을 것이다. 세계에는 석영이 많은데, 지구 지각에서 가장 풍부한 원소 두 가지가 바로 산소와 규소기 때문이다. 이 둘은 서로 반응해 이산화규소 분자를 이룬다(SiO_2). 석영 결정은 SiO_2의 통상적인 배열이며, 이는 얼음 결정이 물 분자의 통상적인 배열 형태인 것이나 철이 철 원자의 통상적인 배열인 것과 크게 다르지 않다.

석영을 가열하면 SiO_2 분자에 에너지를 공급할 수 있고, 이에 따라 분자는 진동한다. 하지만 어느 온도에 이르기 전까지는 분자를 서로 이어주는 이웃 분자와의 연결이 끊어지지 않는다. 이것이 고체가 갖는 핵심 속성이다. 만약 당신이 고체를 가열한다면, 진동은 언젠가 한계(이것이 녹는점이다)에 다다를 것이고 이때 분자는 결합을 끊고 무질서하게 돌아다닐 만큼 에너지를 얻는다. SiO_2는 액체가 된다. H_2O(물) 분자 역시, 얼음 분자가 녹을 때 같은 현상을 보이며 액체 물이 된다. 하지만 이 둘 사이에는 아주 중요한 차이점이 있다.

액체 상태의 물은 차가워지면 다시 쉽게 결정을 이뤄서 얼음이 된다.

이런 현상이 일어나지 못하게 막는 건 거의 불가능하다. 냉장고를 가득 채운 얼음에서부터 산을 뒤덮은 눈에 이르기까지, 모든 게 얼음 결정으로 다시 얼어버린 액체 상태의 눈으로부터 만들어졌다. 눈송이가 정교한 패턴을 갖는 것은 물 분자의 대칭 패턴 때문이다. 물을 반복해서 녹였다 얼리면 결정도 다시 생긴다.

그러나 SiO_2는 다르다. 액체 상태였다가 식을 때, SiO_2 분자는 다시 결정을 이루는 데 애를 먹는다. 마치 어떻게 결정을 이뤘는지 기억하지 못하는 것처럼 말이다. 어디에 어떤 분자가 가고, 이 분자 다음에 어떤 분자가 와야 하는지 같은 문제가 SiO_2 분자에게는 난제다. 액체 상태에서 점점 차가워짐에 따라, SiO_2 분자는 점점 에너지가 낮아지고, 움직이는 능력도 줄어들어 간다. 그 결과 분자는 결정구조를 이루기 위해 딱 맞는 위치로 이동하지 못하고, 결국 혼란스러운 액체의 분자구조를 간직한 고체 재료가 된다. 바로 유리다.

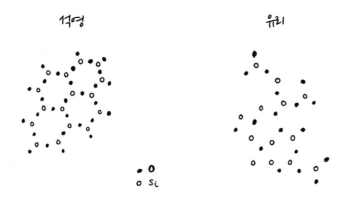

:: 석영 결정인 실리카(이산화규소)의 결정구조와 유리의 비정형 구조.

그러니까, 유리를 만들기 위해 필요한 일이라고는 결정구조를 이루는데 실패하는 것뿐이다. 아마 매우 쉬운 일이라고 생각하기 쉬운데, 사실은 그렇지 않다. 사막의 모래에 불을 붙이고, 불꽃을 키우기 위해 바람을 많이 불어넣어보자. 온도가 충분히 높아지고, 모래가 녹아 반투명하고 끈적끈적한 액체가 될 것이다. 이 액체가 식으면 단단해지면서 유리가 될 것이다. 하지만 이런 방식으로 만들어진 유리는 그 안에 녹지 않은 모래를 잔뜩 포함하고 있을 것이다. 색은 갈색이고 얇은 조각으로 잘 벗겨지며, 금세 산산조각이 나서 다시 사막으로 되돌아갈 것이다.

이런 방식에는 두 가지 문제가 있다. 첫 번째는 대부분의 모래가 질 좋은 유리를 만들기에 적합한 광물 조합을 갖추지 못하고 있다는 것이다. 화학에서는 보통 갈색이 끔찍한 신호가 된다. 뭔가 불순물이 섞여 있다는 암시이기 때문이다. 페인트와 같다. 아무 색이나 섞으면 절대 순수한 색이 나오지 않는다. 갈색 빛이 도는 회색이 나올 뿐.

융제^{flux. 다른 물질을 쉽게 녹이기 위해 더하는 물질:역자 주}라고 부르는, 탄산나트륨 등의 첨가물을 넣으면 유리가 좀 더 잘 만들어지지만, 대개는 잘 안 된다. 모래는 대부분 석영으로 돼 있지만, 안타깝게도 바람에 딸려오는 무언가를 포함하고 있기도 하다. 두 번째 문제는, 모래가 적절한 화학 조성을 이루고 있다 하더라도 이들을 녹이기 위해서는 1,200℃라는 높은 온도가 필요하다는 사실이다. 이는 일반적인 불의 온도인 700~800℃보다 훨씬 높다.

번개라면 이런 조건을 만족시킬 수 있다. 번개가 사막에 내리치면 모래를 녹이기에 충분한 온도 10,000℃를 넘어서며, 섬전암(풀규라이트)이라고 하는 기다란 유리를 만들어낸다. 까맣게 탄 물질로 된 이런 유리막대는

사소한 것들의 과학

불가사의하게도 번개의 형상을 하고 있어서, 북유럽신화에 나오는 토르 같은 천둥의 신이 분노에 차서 던진 거라고 믿어졌다. 섬전암은 단어 자체가 번개를 의미하는 라틴어 풀구르^{fulgur}에서 왔다. 놀라울 정도로 가벼운 것은 속이 비어 있기 때문으로, 겉은 거칠고 속은 부드러운 튜브 형태를 이루고 있다. 이 구조는 번개가 모래를 처음 만났을 때 모래를 기화시키면서 만든 것이다. 구멍의 입구에서부터 열이 밖으로 나가면서 모래를 녹여

:: 리비아 사막에서 발견한 섬전암(풀규라이트).

부드럽게 코팅을 한다. 외부의 경우, 온도가 모래를 서로 융합시킬 정도에 불과해 모서리는 거칠다.

섬전암의 색은 만들어진 모래의 성분에 따라 달라지는데, 석영 사막에서 만들어진 것이라면 검은 회색부터 반투명한 색까지 다양하다. 길이는 최대 15m에 이르고, 대부분 모래가 살짝 융합한 것이기 때문에 잘 부서진다. 이들은 최근까지 단지 낯선 호기심거리로만 여겨졌다. 하지만 이들이 만들어지는 과정에서 안에 기포를 품었다는 사실이 알려지면서, 고대의 섬전암은 기후변화를 연구하는 과학자에게 지구온난화 이전 시대의 사막기후를 연구할 수 있는 유용한 기록을 제공하게 됐다.

리비아 사막에는 대부분의 성분이 석영인, 유독 순도가 높은 흰색 모래로 된 지역이 일부 존재한다. 사막에서 이러한 곳을 찾으면 지저분한 섬전암이 아니라, 오늘날의 유리처럼 보석 같은 투명함을 지닌 매우 드문 형태의 유리를 발견할 수 있다. 이러한 사막 유리 조각은 투탕카멘의 미라에서 발견된 화려한 스카라베 돌_{부적 등으로 쓰인 돌. 고대 이집트 사람들이 신성시한 투구풍뎅이의 이름이기도 하다:역자 주}의 핵심을 이룬다.

오늘날 우리는 이 사막 유리가 고대 이집트에서 만들어진 게 아니라는 사실을 알고 있다. 연도를 측정해 보니 2,600만 년 전에 만들어졌다는 사실이 드러났기 때문이다. 우리가 알고 있는 유리 가운데 이런 것은 트리니티 유리밖에 없다. 트리니티 유리는 1945년 미국 네바다의 화이트샌즈에서 이뤄진 트리니티 핵실험에서 만들어졌다_{실제 트리니티 핵실험이 이뤄진 화이트샌즈는 네바다가 아니라 뉴멕시코주에 있다. 작가의 착오로 보임:역자 주}. 2,600만 년 전 리비아 사막에 핵폭탄이 있었을 리는 없고, 유성체(운석)가 충돌하면서 생긴 큰 에너지가 이렇게 광학적으로 순수한 유리가 만들어지는 데 필요한 극단적으로 높은 온도를 제공했으리라는 것이 오늘날의 분석이다.

그럼 유성체의 충돌이나 핵폭발의 도움 없이 우리는 어떻게 창문이나 안경, 음료수 잔 같은 곳에 쓰이는 유리를 만들 수 있었을까?

비록 이집트인과 그리스인이 유리 제작 기술에 진전을 가져왔지만, 유리를 일상의 영역으로 끌어들인 것은 로마인들이었다. 이들은 '융제'의 이점을 발견해냈다. 이들이 사용한 건 천연 탄산나트륨인 나트론이라는 광물성 비료다. 나트론을 사용함으로써, 로마인들은 순수한 석영을 녹이는 데 필요한 온도보다 훨씬 낮은 온도에서 투명한 유리를 만들 수 있었

:: 투탕카멘의 미라에서 발견된 화려한 스카라베. 가운데에 사막 유리가 있다.

다. 그들은 적절한 원재료와, 높은 온도를 낼 수 있는 화덕연료를 구할 수 있는 몇 안 되는 장소에서 대규모로 유리를 제작했다.

그 뒤 로마인들은 제국의 전체에 걸친 그들의 광대한 무역 인프라를 활용해 유리를 기능적인 제품으로 만들 수 있는 지역의 장인들에게 공급했다. 이 가운데 어떤 것도 혁명적인 것은 없었다. 이전에 다 이루어졌던 것들이다. 하지만 플리니우스기원후 23~79년에 살았던 로마의 정치가 겸 사전 편집자: 역자 주에 따르면, 로마인들은 이 과정을 싸게 만듦으로써 평범한 시민도 유리를 사용할 수 있게 만들었다.

로마인들이 재료로서 유리를 얼마나 사랑했는지는, 얼마나 그것을 상상력 넘치게 사용했는지 보면 알 수 있다. 예를 들어, 로마인들은 유리창을 발명했다. 로마시대 이전에는 창문이 바람에 뚫려 있었다(창문에 해당하는 영어 단어 '윈도window'는 '윈드 아이wind eye' 즉 '바람의 눈'이라는 뜻이었다). 나무로 된 덧창이나 천으로 된 커튼이 있어서 너무 많은 바람이나 비를 막아주기는 했지만, 투명한 재료를 이용해 비나 바람을 완벽하게 막을 수 있으리라는 발상은 매우 혁명적이다. 분명 그들의 창은 작고, 납이 섞여 있었다. 넓은 창유리를 만들 기술이 없었기 때문이다. 하지만 로마인들은 건축에 유리를 쓰고자 하는 집념을 갖기 시작했고, 이 집념은 오늘날에도 점점 커지고 있다.

투명한 유리가 발전하는 동안 거울은 그냥 빛이 잘 나도록 광을 낸 금속 표면을 이용했다. 로마인들은 투명한 유리층을 더하면 이런 금속 표면에 상처나 부식이 생기는 것을 막을 수 있을 뿐 아니라, 금속 표면의 두께를 1mm 수준으로 줄일 수 있다는 사실도 알아냈다. 이 방법은 거울의 단가를 낮췄을 뿐만 아니라 효율성을 높이고 수명을 늘렸으며, 오늘날 대부분 사용하는 거울의 기반이 됐다.

유리 기술에 관한 로마인들의 혁신은 여기에서 멈추지 않았다. 기원 후 1세기까지, 거의 모든 유리 제품은 유리를 녹여서 거푸집에 붓는 방식을 통해 만들었다. 조잡한 유리 제품을 만들 때는 이 방법이 괜찮았지만, 좀 더 정교한 제품을 만들고자 할 때는 기술이 더 많이 필요했다. 예를 들어 두께가 얇은 와인 잔을 만든다고 하면, 빈 공간이 얇은 거푸집이 필요하다. 하지만 끈적끈적하게 녹은 유리를 그 안에 흘려 넣는 것은 매우 어려운 일이었다. 로마인들은 충분히 뜨거운 환경이 갖춰지면 고체 상태의 유리도 플라스틱처럼 자유자재로 모양을 바꾸는 특성이 있다는 사실을 알아차렸다.

로마인들은 유리가 식기 전, 금속 집게를 이용해서 모든 종류의 모양을 만들어냈다. 심지어 유리가 빨갛게 달아올라 있을 때 안에 공기를 불어 넣어서, 식혔을 때 완벽해지는 고체 거품을 만들기도 했다. 그들은 이렇게 유리를 불어서 만드는 기법을 발전시켜서, 이전에 본 적이 없는 섬세함과 공교로움을 갖춘 아주 얇은 와인 잔을 만들어낼 수 있었다.

이 시대까지, 음료를 마실 때 쓰는 잔은 금속이나 뿔, 또는 도자기로 만든 불투명한 것이었다. 와인은 오로지 맛으로만 음미해야 했다. 유리잔을 발명했다는 것은 와인의 색과 투명도 등이 중요해졌다는 뜻이다. 우리는 우리가 마시는 것을 보는 데 익숙하다. 하지만 로마인들에게는 새로운 일이었고, 그래서 매우 좋아했다.

비록 로마의 와인 잔이 당대의 기술이 닿을 수 있는 가장 높은 수준에 이르렀다 해도, 오늘날의 유리에 비한다면 매우 투박하다. 이 유리 제품들의 가장 큰 문제점은 안에 기포가 많다는 점이었다. 이는 그저 미학적인 문제가 아니었다. 기포가 있으면 유리의 강도가 약해진다. 다른 잔과 부딪히거나 잘못해서 바닥에 떨어뜨리는 등 물리적인 충격을 겪을 때 유리잔은 그 충격을 원자에서 원자로 분산함으로써 흡수한다. 그러한 과정을 통해 한 개의 원자가 흡수해야 하는 전체 힘을 줄일 수 있다.

그렇게 가해진 힘을 견딜 수 없는 원자는 제자리에서 이탈하고, 그 결과 유리에는 균열이 발생한다. 기포나 금이 있는 곳에는 원자로 하여금 제자리를 지키게 해주고, 또 힘을 함께 나눠 짊어져줄 이웃 원자가 훨씬 적다. 그래서 이런 원자는 제자리에서 벗어나기가 더 쉽다. 유리잔이 산산이 부서질 때 생기는 힘은 너무나 강해서, 재료 안에서 한 원자가 이탈하고 이어 다음 원자가 이탈하는 연쇄 반응이 일어난다. 힘이 더 클수록, 연쇄 반응을 일으키는 데에는 더 작은 기포나 균열이 필요하다. 다른 식으로 말해 와인 잔에 큰 기포가 있다면, 이 잔은 충격을 별로 견디지 못할 것이다.

이처럼 잘 부서지는 유리의 성질은, 로마시대에 그토록 많은 발전이 있었음에도 그 이후 유리가 유행하기까지 그렇게 오랜 시간이 걸린 까닭을 설명해주기도 한다. 중국인들 역시 유리 만드는 법을 알았고, 심지어 로마의 유리를 거래하기도 했다. 하지만 스스로 발전시키지는 않았다. 재료기술에서 발휘하는 숙련도로 볼 때, 로마제국의 붕괴 이후 천 년 동안 중국이 서양보다 훨씬 우수했던 것을 생각하면 이것은 대단히 놀라운 일이다. 중국인들은 종이와 나무, 도자기 그리고 금속의 전문가였지만, 유리는 완전히 무시했다.

대조적으로, 서양에서는 와인 잔에 대한 인기가 유리에 대한 경의와 호의를 촉진했고, 심오한 문화적 영향을 끼쳤다. 유럽, 특히 추운 북유럽에서는, 빛은 안으로 들이고 다른 요소들은 막아주는 투명한 방수 유리창이 결코 무시할 수 없는 매혹적인 기술이었다.

처음에는 충분한 순도를 갖추고 산산이 부서지지 않는 견고한 유리창은 작은 크기로만 만들 수 있었다. 하지만 창틀을 이용해 작은 유리창을 이어서 커다란 창을 만들 수는 있었다. 유약을 칠해서 색을 낼 수도 있었다. 색을 칠한 유리인 스테인드글라스는 부와 세련됨을 표현하는 수단이 됐고 유럽의 대성당 건축을 완전히 바꿨다. 오랜 시간, 대성당에 쓰인 스테인드글라스를 만든 장인은 돌을 깎는 석수만큼이나 높은 지위를 가졌고, 유럽에서는 새로운 유리 예술이 꽃을 피웠다.

유리를 무시하는 동양의 전통은 거의 19세기까지 이어졌다. 그 이전까지, 일본과 중국에서는 건물의 창문에 종이를 썼다. 종이는 완벽한 성능을 자랑했지만, 그 결과 완전히 다른 종류의 건축이 탄생했다. 동양에 유리 기술이 없었다는 것은 그들의 기술적 세련됨에도 불구하고, 망원경이나 현미경을 발명하지 못했다는 뜻이기도 하다. 이들은 서양인 선교사가 소개할 때까지 망원경과 현미경을 경험하지 못했다. 기술적 우월함을 축적하고도, 중국에서 서양이 17세기에 겪었던 과학혁명이 유발되지 못한 게 이 두 가지 중요한 광학기구가 없었기 때문이라고는 단정 지을 수 없다. 하지만 확실한 것은, 망원경 없이는 목성에 달이 있다는 것을 보지 못했을 것이고 명왕성이 존재한다는 사실도 알지 못했을 거라는 사실이다.

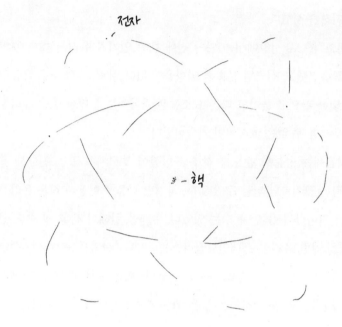

:: 원자를 나타낸 스케치. 대부분이 텅 빈 공간임을 알 수 있다.

또 오늘날 우리의 우주 이해를 떠받치는 천문학적 관측 결과 역시 완성하지 못했을 것이다. 비슷하게, 현미경 없이는 박테리아 같은 세포를 보지 못했을 것이고, 의학과 공학 등의 발전에 핵심이 되는 미시 세계에 대해 체계적으로 연구하지 못했을 것이다.

　그렇다면 유리는 왜 투명함이라는 기적적인 성질을 지니는 걸까? 어떻게 빛이 고체 물질을 통과해 지나갈 수 있는 걸까? 다른 고체 물질에는 그런 성질이 전혀 없는데 말이다. 유리는 한 줌 모래를 이루는 것과 똑같은 원자로 이루어져 있는데 말이다. 왜 모래일 때는 불투명하고, 유리일 때는 투명하며 빛을 휘게 할 수 있는 걸까?

유리는 규소와 산소 원자, 그리고 약간의 다른 원자로 이뤄져 있다. 원자에는 중심이 되는 핵이 있고 핵은 양성자와 중성자로 돼 있다. 그리고 그 주위를 다양한 수의 전자가 둘러싸고 있다. 핵과 개별 전자의 크기는 전체 원자의 크기에 비하면 매우 작다. 만약 원자가 운동 경기장만 하다면 핵은 중심부에 놓인 콩알만 하고, 전자는 경기장을 둘러싼 스탠드에 놓인 모래알만 하다. 그러므로 모든 원자 안, 그리고 실은 모든 물질 안은 대부분 텅 빈 공간이다. 이 말은 원자 안에 빛이 전자나 핵과 부딪히지 않은 채 통과해 지나갈 수 있는 공간이 충분히 있다는 뜻이다. 분명 그렇다. 그러므로 진짜 문제는 "왜 유리가 투명한가?"가 아니라, "왜 물질은 투명하지 않은가?"가 돼야 할 것이다.

비유를 계속해보자. 원자라는 운동장에서, 전자는 스탠드의 특정한 지점에서만 지내도록 허락받았다. 마치 좌석 대부분이 사라지고, 단지 몇 줄의 좌석만 남아서 각각의 전자는 할당받은 줄에만 앉을 수 있는 것처럼. 만약 전자가 더 좋은 줄로 자리를 업그레이드하고 싶다면, 비용을 내야 한다. 그리고 이때 지불해야 하는 비용은 에너지의 형태로 내야 한다. 빛이 원자를 통과해 지나갈 때, 빛은 에너지를 내놓는다. 만약 에너지가 충분하다면, 전자는 이 에너지를 더 나은 좌석으로 이동하는 데 이용한다. 이때 원자는 빛이 물질을 통과하지 않도록 흡수한다.

하지만 여기에 문제가 있다. 빛의 에너지는 전자가 현재의 자리에서 자신이 갈 수 있는 줄로 옮겨가는 데 필요한 에너지와 정확히 같아야 한다. 에너지가 너무 작거나 위에 있는 줄에 자리가 없다면(그러니까 전자를 거기 데려가는 데 필요한 에너지가 너무 크다면), 전자는 업그레이드되지 않고 빛은 흡수되지 않을 것이다. 전자가 정확히 일치하는 에너지를 얻지 못하면 운동장 스탠드의 줄(혹은 '에너지 상태') 사이를 이동할 수 없다.

이런 아이디어가 바로 원자 세계를 지배하는 양자역학이라는 이론이다. 줄 사이의 간격은 에너지의 특정한 양, 혹은 '양자'에 해당한다. 유리 안에서 이런 양자가 배열되는 방식을 보면, 전자가 좋은 줄로 이동하기 위해서는 가시광선이 제공할 수 있는 것보다 훨씬 큰 에너지가 있어야 한다. 결국 가시광선은 전자의 좌석을 업그레이드시키는 데 충분하지 않은 에너지를 지니며, 별수 없이 빛을 원자 사이로 통과시켜 보내야 한다. 이것이 바로 유리가 투명한 이유다. 하지만 에너지가 높은 빛, 예를 들어 자외선의 경우에는 유리 안의 전자를 더 나은 좌석으로 업그레이드시킬 수 있고, 따라서 유리는 자외선에 대해서는 불투명하다. 이 때문에 유리문을 통과해 들어온 햇볕에 우리 피부가 타지 않는 것이다. 자외선이 닿지 않으니까. 나무나 돌처럼 불투명한 재료는 가격이 싼 좌석이 많고 그래서 가시광선과 자외선이 쉽게 흡수된다.

빛이 유리에 흡수되지 않는다 하더라도, 원자의 내부를 통과하게 되면 그 영향으로 속도가 느려진다. 빛의 속도는 유리 반대쪽으로 나갈 때까지 느려지며 그 이후에 다시 빨라진다. 만약 빛이 유리를 어떤 각도로 통과한다면, 빛의 각기 다른 부분이 각기 다른 순간에 유리로 들어갔다 나온다. 이는 빛으로 하여금 잠시, 조금 다른 속도로 움직이게 한다.

이렇게 순간적인 속도 차이가 빛을 구부러지게 한다. 이런 빛의 구부러짐을 '굴절'이라고도 하는데, 이 덕분에 광학렌즈가 가능해진다. 렌즈에서 유리의 굴곡은 표면의 각 지점에서 각기 다른 각도의 굴절을 일으킨다.

이런 굴곡을 조절하면 이미지를 확대할 수 있고, 이를 바탕으로 망원경과 현미경을 만든다. 또 안경을 쓰는 사람에게는 시야를 선물한다.

유리는 또한 보다 근본적으로 빛 그 자체를 실험 대상이 되게 했다. 수세기에 걸쳐 유리 제조자들은 모두, 유리가 특정 각도로 태양빛을 받으면 벽에 소형 무지개를 만들 수 있다는 사실을 알았다. 하지만 아무도 이유를 설명할 수 없었다. 그저 분명히 말할 수 있는 것은, 그 색들이 어떤 과정을 거쳐 유리 안에서 만들어졌다는 것이었다. 이 현상은 1666년, 과학자 아이작 뉴턴이 분명하게 말했던 것이 완전히 틀렸다는 사실을 알아내고, 그 진짜 이유를 밝혀낸 뒤에야 설명될 수 있었다.

뉴턴은 유리로 된 프리즘이 단지 흰 빛을 여러 색의 혼합으로 바꾸는 게 아니라, 그 반대로도 할 수 있다는 사실을 깨달았다. 이 사실로부터 뉴턴은 유리 조각이 만든 모든 색은 원래의 빛에 이미 다 들어 있었다고 연역演繹했다. 그 빛은 여러 빛이 혼합된 형태로 태양으로부터 날아왔고, 유리에 부딪힌 순간 내부의 빛들로 쪼개졌을 뿐이다. 빛이 물방울에 부딪혔을 때도 같은 일이 일어난다. 물방울도 투명하기 때문이다. 이 생각을 떠올렸을 때, 뉴턴은 역사상 처음으로 무지개의 주요한 특성을 설명할 수 있게 되었다.

연구실 실험을 통해 자연 현상에 대해 만족할 만한 설명을 해낸 것은 과학적 합리성의 힘을 보여준다. 또 한편으로는 세계의 미스터리를 푸는 실험실의 동반자라는 유리의 역할을 잘 보여줬다. 이 역할은 광학에만 한정된 게 아니다. 화학은 유리의 영향으로 다른 분야에 비해 특히 더 많이 변신할 수 있었다.

아무 화학 실험실에든 가보라. 유리의 투명함과 불활성不活性 덕분에 우리는 화학약품을 혼합하고 나서 어떤 일이 벌어지는지 관찰할 수 있다. 유리 시험관이 만들어지기 전에는 불투명한 비커에서 화학반응이 이루어졌고, 이 때문에 어떤 일이 일어나는지 즉각적으로 확인하기 힘들었다. 특히 파이렉스PYREX라 불리는, 갑작스러운 열에도 잘 견디는 새로운 유리 덕분에 화학은 체계적인 학문으로 자리매김할 수 있었다.

파이렉스는 안에 산화붕소를 넣고 만든 유리다. 산화붕소는 이산화규소처럼 좀처럼 결정을 이루지 못하는 또 다른 분자다. 더욱 중요한 것은 이 분자를 첨가함으로써 유리가 가열됐을 때 늘어나고 차가워졌을 때 수축하는 성질을 방지할 수 있다는 점이다. 유리의 서로 다른 부분이 다른 온도에 놓이면 팽창과 수축이 다른 비율로 일어나고, 유리가 서로를 조이면서 응력이 쌓여간다. 이 응력 때문에 금이 커지고 유리는 결국 산산조각이 난다. 만약 끓어오르고 있는 황산을 넣은 유리병에서 이런 일이 일어난다면 사람을 다치게 하거나 죽일 수도 있다.

붕규산염borosilicate 유리(파이렉스는 상표명이다)는 열팽창과 그로 인한 응력을 멈추게 한다. 붕규산염 덕분에 화학자들은 실험할 때 원하는 만큼 가열하거나 식힐 수 있게 됐다. 열에 의한 충격이 불러올 잠재적 위험에 신경 쓰지 않고 화학에 집중할 수 있도록 말이다.

유리는 또 화학자들이 실험실에서 가스 토치만 가지고 유리 튜브를 구부릴 수 있게 해준다. 그 덕분에 화학자들은 증류 용기와 밀폐형 구조의 기체용 용기 등 복잡한 화학설비를 만들 수 있었다. 기체를 수집하고 액체를 조절할 수 있게 되자, 화학반응을 자유자재로 할 수 있게 된 것이다. 유

사소한 것들의 과학

리기구는 화학자들의 세계에서 짐을 나르는 말과 같았다. 그래서 전문적인 화학 실험실이라면 거기에는 늘 유리 제품을 만드는 사람이 상주했다. 얼마나 많은 노벨상이 이 재료 덕분에 가능했을까? 얼마나 많은 현대적인 혁신이 시험관에서 삶을 시작했을까?

유리 기술과 17세기의 과학혁명 사이에 정말 인과관계가 있는지 여부는 아직 결론이 나지 않았다. 아마 유리 기술은 이유라기보다는 필요조건일 것이다. 하지만 동양에서 유리가 천 년 동안이나 무시돼 온 것은 의심할 여지가 없다. 이 시간 동안, 유리는 유럽의 가장 소중한 관습 중 하나를 혁신했다.

수백 년 동안 부유한 사람들이 와인을 마시기 위해 유리를 사용한 반면, 맥주는 19세기에 이르기까지 도자기나 백랍, 나무 머그 등 불투명한 잔에 담아 마셨다. 대부분의 사람들이 자기가 마시고 있는 음료의 색을 볼 수 없었기에, 맥주가 어떻게 보이는지는 별로 중요하지 않았고 맛이 어떤지만 중요했다. 맥주는 대부분 진한 갈색이거나 아주 어두운 색이었다.

그러다 지금의 체코 공화국이 있는 지역인 보헤미아에서 1840년대에 유리를 대량생산할 수 있는 기술이 개발됐고, 누구나 맥주를 유리잔에 담아 제공할 수 있을 만큼 값이 싸졌다. 그 결과 사람들은 처음으로 맥주가 어떻게 생겼는지 눈여겨보게 되었고, 그 중 일부는 자신들이 마시는 음료의 모습이 마음에 들지 않았다. 소위 상면발효효모가 위에 떠서 맥아를 발효시키는 맥주. 상온에서 발효하며, 제조가 쉬워 역사가 길다:역자 주라는 것은 맛뿐만 아니라 색이나 투명도 변화가 많았다. 하지만 10년이 채 안 돼 필센에서 하면발효 효모를 활용한 새로운 맥주가 개발됐다. 새로운 맥주의 색은 가볍고 맑았으며 금빛을 띠

었다. 그리고 샴페인 같은 거품을 지니고 있었다. 이것이 바로 라거 맥주^하

면발효 맥주로, 효모가 바닥에 가라앉은 채 실온보다 낮은 온도에서 맥아를 맥주로 만든다. 19세기에 나와 역사는 짧지만, 세

계적으로 널리 소비되고 있다: 역자 주다.

　라거는 입으로뿐만 아니라 눈으로도 마시는 맥주로, 밝은 금색 라거
는 그 이후 쭉 유리잔에 담아 마시는 전통을 이어왔다. 역설적인 것은 이
렇게 많은 라거 맥주가 불투명한 금속 캔의 형태로 소비된다는 사실이다.
겉으로 보이는 모습만으로 구분해낼 수 있는 유일한 맥주가 불투명의 화
신이자 유리잔 전통이 생기기 전 오래된 과거의 맥주인 기네스라는 사실
도 아이러니하기는 마찬가지다.

　맥주를 유리잔에 제공하게 되자 예상치 못했던 부작용이 나타났다.
영국 정부에 따르면, 매년 5,000명 이상의 사람이 유리잔이나 병으로 습
격을 당한다. 이로 인한 상처를 치료하기 위해 드는 의료 비용만 20억 파
운드^{한화 약 3조 4,800억 원: 역자 주} 이상이다. 맥주를 또 하나의 투명하고 튼튼한 재
료인 플라스틱에 담아 제공하려는 바나 펍의 시도는 받아들여진 적이 없
었다. 플라스틱 잔에 맥주를 담아 마시는 것은 유리잔에 담아 마시는 것과
완전히 다른 경험이다. 플라스틱은 맛이 다를 뿐만 아니라 열전도도도 낮
다. 열전도도가 낮으면 유리보다 따뜻하게 느껴지고, 얼음처럼 차가운 맥
주를 마시는 만족감을 감소시킨다.

　또 플라스틱은 유리보다 부드럽기 때문에 플라스틱 맥주잔은 금세 손
상되고 긁히며 불투명해진다. 이는 맥주의 투명함을 가릴 뿐만 아니라 깨
끗한 잔에 예민한 우리의 감각에도 영향을 미친다. 유리의 가장 큰 매력
중 하나는 밝게 빛나는 외양으로, 심지어 별로 깨끗하지 않은 상태의 유리

라 해도 깨끗하게 보이게 한다. 이는 한 시간 전에 낯선 사람의 입에 들어간 것과 동일한 잔을 사용하는 데 대해 너무 많은 생각을 하지 않도록 우리 모두가 받아들인 집단적인 기만이다.

견고해서 긁힘이 없는 플라스틱을 만드는 것은 재료과학의 중요한 목표 중 하나다. 그러한 노력은 이후 비행기나 열차, 자동차와 휴대전화의 스크린 등을 위한, 보다 가벼운 창을 만드는 데에 매우 요긴할 수 있다. 하지만 아직까지는 도달할 수 없는 목표 같다. 대신 그 한 켠에서 우리는 다른 해결책을 찾았다. 유리를 대체하는 대신, 유리를 더 안전하게 만드는 것이다.

이런 유리를 보통 강화유리라고 부른다. 강화유리는 자동차 충돌 사고 시 유리 파편에 찔리는 부상을 줄일 목적으로 자동차회사에서 만들었다. 강화유리의 과학적 기원은 1640년대에 만들어진 '루퍼트 왕자의 구슬 Prince Rupert's drop'이라는 유명한 유물에서 발견된다. 유리로 만든 눈물방울 모양의 조각인데, 둥근 끝부분이 엄청난 압력을 견딜 수 있는 데 반해 꼬리 부분에 아주 작은 상처라도 생기면 터져버린다.

이 같은 유리 방울은 매우 쉽게 만들 수 있다. 녹은 상태의 유리를 물에 아주 조금 떨어뜨리기만 하면 된다. 유리 방울 외부가 빠르게 냉각되면서 유리의 표면층은 물리적으로 압축 상태가 된다. 유리는 모두 서로 밀고 있으며 그 결과, 틈이 생기더라도 압력이 틈을 다시 메우도록 양쪽에서 압축하고 있다. 그러니 균열이 생기기가 대단히 어렵다. 이 덕분에 루퍼트 왕자의 구슬은, 믿기 어렵지만 망치로 두드려도 견딜 만큼 겉이 단단해질 수 있었다.

하지만 표면에 이런 압축력을 유지시키려면 물리 법칙상 크기는 같고 방향은 반대인 '장력'이 내부에 있어야 한다. 결과적으로, 이 유리 방울의 가운데에 있는 원자들은 높은 장력을 받고 있다. 즉 서로가 서로를 잡아당기고 있다. 결국 이들은 언제 터져도 이상하지 않은 작은 폭발물처럼 된다. 만약 표면의 압축력이 조금이라도 균형을 벗어나면(이런 일은 유리 방울의 꼬리 부분이 작게 패이기만 해도 일어날 수 있다), 전체 재료에 연쇄 반응이 일어나 장력을 받던 모든 원자들이 튀어 오른다. 그러면 유리는 셀 수 없이 많은 작은 파편으로 터져버린다.

이 파편들은 여전히 베일 정도로 날카롭지만, 워낙 작아서 큰 해를 끼치지는 않는다. 자동차의 앞 유리를 이와 비슷하게 만들기 위해 필요한 일은, 유리의 표면이 루퍼트 왕자의 구슬과 비슷한 상태가 되도록 식힐 방법을 찾는 것이다. 그 결과로 탄생한 강화유리는 특유의 성질처럼 수백만 개의 작은 파편으로 부서졌고, 자동차 충돌 사고에서 셀 수 없이 많은 생명을 구했다.

여러 해에 걸쳐, 유리는 더욱 안전해졌다. 내가 스페인에서 부딪혔던 자동차 유리는 합판유리로 불리는, 안전유리 가운데에서도 가장 최근의 것이다. 이런 사실을 아는 데엔 이유가 있다. 내가 차의 보닛을 통과해 길바닥까지 날아가는 동안, 유리는 루퍼트 왕자의 구슬처럼 산산이 흩어졌다. 하지만 그럼에도 불구하고 파편들은 한 덩어리로 붙어 있었다.

이 새로운 강화유리는 중간에 플라스틱층이 있어서 모든 파편을 한데 묶어주는 풀 역할을 한다. 라미네이트라고 하는 이 층은 방탄유리의 비결이기도 하다. 방탄유리는 강화유리와 본질은 같은데, 플라스틱층 여럿이 일정한 간격으로 심어져 있다는 점이 다르다. 총알이 이 유리에 맞으면 가장 바깥쪽 유리가 산산조각 나면서 총알의 에너지 일부를 흡수하고, 총알의 끝은 무뎌진다. 그 다음으로 총알은 유리 파편을 그 아래 플라스틱층에 밀어 넣는다. 플라스틱층은 끈적끈적한 당밀처럼 흘러서 총알의 힘을 충돌 지점 한 곳이 아니라 보다 넓은 영역에 퍼지게 한다. 총알이 이 층을 통과하자마자 무뎌진 총알은 다음 유리층을 만나고, 이상의 과정이 다시 시작된다.

유리와 플라스틱층이 많을수록 방탄유리는 더 많은 힘을 흡수할 수 있다. 라미네이트 한 겹은 9㎜구경의 권총 총알을 멈출 수 있고, 세 겹은 44구경 매그넘 권총의 총알을 멈출 수 있다. 여덟 겹은 AK-47 소총^{러시아에서} ^{만든 유명한 자동 소총:역자 주}으로 당신을 죽이려는 사람을 막을 수 있다. 물론 유리를 통해 안팎을 볼 수 없다면, 유리로 된 방탄 창문을 설치할 이유가 없다. 그러므로 진짜 중요한 기술은 방탄유리의 층을 만드는 데에 있는 게 아니라, 플라스틱이 갖는 굴절률과 유리의 굴절률을 일치시켜 빛이 각 층을 통과할 때 너무 많이 휘지 않게 만드는 것이다.

기술적으로 복잡한 이런 라미네이트 안전유리는 제조하기에 더 비싸다. 하지만 점차 값이 내려서, 우리가 그 이점을 누리기 위해 기꺼이 비용을 지불할 수 있을 정도는 됐다. 이 재료는 차뿐만 아니라, 점점 유리로 만든 성城처럼 되어 가는 도시 전역에서 볼 수 있다. 2011년에는 영국의 도심 많은 곳에서 소요 사태가 일어났다. 텔레비전을 보면서 나는 지금껏 보아 온 소요 사태와 요즈음의 소요 사태 사이의 차이점을 발견했다. 그것은 시위자들이 벽돌을 던져도 가게 유리창을 부수지 못하는 데 있었다. 많은 가게가 강화 안전유리를 설치했기 때문이다. 이런 경향은 점점 늘어나서, 유리를 이용하는 가게는 그들의 상품을 보여주기만 하는 게 아니라 보호하기도 한다. 이와 같은 라미네이트 유리는 새로운 안전 맥주잔의 재료가 되기도 했다. 바나 펍에서 유리를 무기로 사용하는 일이 사라지기를 바라는 마음에서.

이제 유리가 없는 현대 도시는 상상할 수 없다. 사람들은 건물이 우리를 날씨로부터 보호해주기를 바란다. 물론 당연한 건물의 역할이다. 하지만 좋은 건물을 마주쳤을 때 사람들이 묻는 첫 번째 질문은 이거다. 자연광이 얼마나 들어오는가? 현대 도시에서 매일 세워지고 있는 유리 건축물은 이런 상반된 욕구에 대한 해답이다. 바람과 비, 추위를 피할 수 있어야 하고 침입과 도둑질로부터 안전해야 한다. 하지만 어둠에 묻혀 살 수는 없다. 우리는 삶에서 대단히 많은 시간을 건물 안에서 보낸다. 유리는 이러한 삶을 밝고 유쾌하게 해준다. 유리창은 가게가 열려 있음을 보여주고, 사업에 정직하고 개방적으로 임한다는 사실을 암시한다. 유리창이 없는 가게는, 사실상 가게가 아니라고 말할 수도 있다.

또한 유리는 우리가 자신을 볼 때 필요한 도구가 되기도 한다. 반짝반짝 빛나는 금속이나 연못에 모습을 비춰볼 수도 있지만, 자기 모습을 보는 가장 친근한 매개체가 되어주는 것은 역시 유리거울이다. 심지어 사진이나 동영상도 유리렌즈를 통해 사물을 비추는 것이다.

흔히 지구상에는 더 이상 발견할 곳이 남지 않았다고들 한다. 하지만 이런 말을 하는 사람들은 대부분 일상의 규모에서 볼 수 있는 장소를 말하

사소한 것들의 과학

는 것이다. 돋보기를 가지고 집의 아무 구석이나 들여다보라. 탐험으로 가득한 완전히 새로운 세상을 만나게 될 것이다. 강력한 현미경을 쓰면, 가장 환상적인 특성을 지닌 생명체로 가득 찬 또 다른 세계를 발견하게 될 것이다. 아니면 망원경을 써보라. 눈앞에 가능성의 우주가 열릴 것이다. 개미는 개미의 규모로 도시를 짓고 박테리아는 박테리아의 규모로 도시를 이룬다. 인간의 규모와 도시, 문명에 특별한 것은 없다. 예외가 있다면 우리로 하여금 우리의 크기를 능가하게 해주는 재료를 가졌다는 점이다. 바로 유리라는 재료다.

하지만 우리는 이러한 것을 가능하게 해준 재료에 그렇게까지 정성을 기울이지는 않는다. 나무로 만든 바닥이나 주철로 만든 철도역처럼 관심을 갖고 신나게 이야기하지 않는다. 우리는 최신 이중창이 대단하다고 생각하지 않고 그 재료의 관능성 역시 높이 평가하지 않는다. 아마도 가장 순수한 상태의 유리가 가장 특색 없는 재료이기 때문일 것이다. 유리는 부드럽고 투명하며 차가운데, 이런 것은 인간의 특성이 아니다. 사람들은 색이 있고 복잡하며 섬세하거나 그저 이상하게 생긴 유리에 더 관심이 많다. 이들에게는 기능성이라고는 거의 없다. 효율성이 가장 높은 유리는 우리의 도시를 만든 평평하고 두꺼우며 완벽하게 투명한 유리다. 하지만 이런 유리는 인기가 가장 없고 가장 덜 알려졌다. 또한 가장 눈에 안 띈다.

우리 역사와 삶에서 유리가 갖는 중요성을 고려했을 때, 유리는 우리의 호의를 얻는 데 실패했다. 내가 겪었던 스페인 교통사고를 생각해본다. 유리창을 깼을 때 우리는 충격적이고 성가시며 고통스럽다고 느끼지, 우리가 진짜 가치 있는 것을 깼다고는 느끼지 않는다. 이런 상황이 닥치면 우리는 우리 자신만을 걱정할 뿐이다. 그리고 유리는 교체한다. 이것은 우리가 유리 자체가 아니라 유리를 통해 다른 무언가를 바라보기 때문일 것이다. 유리는 우리 삶의 소중한 일부가 되지 못한다. 우리가 유리를 높게 평가하는 바로 그 지점이, 유리를 우리의 애정으로부터 멀어지게 한다. 유리는 화학작용이 없고 보이지도 않는다. 광학적으로뿐만이 아니라, 문화적으로도 말이다.

사소한 것들의 과학

0 ✦ 8

부서지지
않는
graphite

Stuff
Matters

graphite : 흑연

그래핀까지 낳음으로써 흑연은,
마침내 오랜 경쟁 관계에서 다이아몬드를 뛰어넘은 걸까?

어린 시절 처음으로 미술 수업에 들어갔을 때, 수업을 담당하는 바링턴 선생님은 우리가 볼 수 있는 모든 것이 원자로 만들어져 있다고 말했다. 모든 것이 말이다. 그리고 그 사실을 이해해야 비로소 예술가가 될 수 있다고 했다. 교실은 침묵에 휩싸였다. 선생님은 우리에게 질문을 하라고 했지만, 우리는 모두 교실을 잘못 찾아온 건가 싶어 고개를 갸웃거리며 꿀 먹은 벙어리처럼 아무 말도 못했다. 바링턴 선생님은 연필을 쥐고 미술 입문 수업을 이어갔다. 그는 벽에 붙인 종이에 연필로 완벽한 원을 그렸다. 그러자 참석한 학생들 전반에 웅성거림과 함께 안도감의 한숨이 번졌다. 어쨌든 미술 수업에 들어온 건 맞구나.

"방금 연필로부터 종이로 원자를 옮겼다." 이 말을 시작으로 그는 예술적 표현을 위한 재료로서 흑연이 갖는 경이로움에 대해 설명했다. "꼭 알아야 할 게 있다. 문화적으로는 다이아몬드가 탄소의 우월한 형태로 추앙을 받지만, 다이아몬드로는 깊은 표현을 할 수 없다. 흑연과 달리, 다이아몬드로는 훌륭한 예술이 탄생할 수 없지." 나는 그가 그 다음으로 데미안 허스트^{1965년생 영국 예술가: 역자 주}가 만든, 다이아몬드로 해골의 표면을 장식한 작품인 5천만 파운드짜리 「신의 사랑을 위하여For the Love of God」를 떠올렸을지도 모른다고 생각했다.

하지만 다이아몬드와 흑연이라는, 서로 경쟁 관계에 있는 탄소의 두 가지 형태의 관계에 대한 그의 설명은 정확했다. 검고 표현력이 풍부하며 기능성이 뛰어난 흑연과, 고상하고 차가우며 단단하고 반짝반짝 빛나는 다이아몬드는 고대부터 서로 격렬하게 다퉈 왔다. 문화적 가치 면에서는 다이아몬드가 오랫동안 승자였다. 하지만 변화가 일어났다. 흑연의 내부 구조에 대한 이해가 깊어지면서 놀라운 발견이 이어지고 있다.

미술 선생님으로부터 흑연에 대해 처음 소개를 받은 지 30년 뒤, 나는 세계 최고의 탄소 전문가인 안드레 가임Andre Geim 교수를 만났다. 맨체스터대 물리학과 3층에 위치한 그의 연구실 형광등 아래에서였다. 나는 바링턴 선생님처럼 가임 교수도 흑연만 가지고 자신을 표현한다, 고 말하고 싶다. 그러나 가임 교수가 서랍을 열었을 때, 그 안에는 볼펜과 화이트보드 마커가 가득 들어 있었다. 강한 러시아 억양으로 그는 "완벽한 원 같은 건 없죠, 마크."라고 말했는데, 내 이야기의 요점을 이해했는지는 여전히 잘 모르겠다. 그는 서랍에서 빨간색 가죽 선물상자를 꺼내더니 "커피를 만들어 올 동안, 이거라도 보시죠."라고 말했다.

상자 안에는 비스킷만 한 크기의 순금으로 된, 한 남자의 초상이 그려진 원반이 들어 있었다. 손에 들고 무거운 원반의 무게를 재보니 외설적인 기분이 들 정도로 금속 느낌이 강하게 났다. 금속의 세계에서 금은 100% 지방으로만 된 크림 같은 존재다. 나는 금의 퇴폐성에 압도당했다. 원반에 그려진 인물은 알프레드 노벨이었고, 메달의 문구는 안드레 가임의 연구팀이 그래핀이라는, 흑연의 2차원 버전이자 재료계의 신성에 대해 돌파구를 마련한 연구로 2010년 노벨 물리학상을 받았음을 세계에 알리고 있다. 안드레가 커피를 가지고 돌아오기를 기다리면서, 그의 수수께끼 같은 답을 생각했다. 아마 그는 지난 10년에 걸친 탄소 연구가 한 바퀴 돌아 처음 자리로 돌아올지는 몰라도, 결코 시작했던 것과 같은 자리에서 끝나지는 않으리라고 말한 것인지도 모르겠다.

탄소는 핵 안에 여섯 개의 양성자와, 보통 여섯 개의 중성자를 지닌 가벼운 원자다. 때로 탄소는 중성자를 여덟 개 지니기도 하는데, 탄소-14라는 이 형태는 원자핵이 불안정하고 따라서 방사성 붕괴 과정을 거쳐 쪼개진다. 붕괴한 비율은 시간이 얼마나 오래 됐는지와 일치하기 때문에, 그리고 많은 물질에 이 탄소가 들어 있기 때문에, 어떤 물질 안에 있는 이 탄소를 측정하면 재료의 나이를 알 수 있다. 탄소연대측정이라고 하는 이 과학적 방법은, 오래된 과거를 살피는 데에 다른 어떤 기술보다 더 많은 빛을 던져줬다. 스톤헨지나 토리노의 수의일부 사람들이 나사렛 예수의 장례식 때 사용한 수의라고 믿고 있는 유물. 하지만 과학적 연대 측정 결과 중세시대의 유물이라는 사실이 밝혀졌다:역자 주, 사해문서의 진짜 연대가 이 방법으로 밝혀졌다.

방사성을 제외하고는, 핵은 탄소에서 중요치 않은 역할을 한다. 다른 성질이나 거동에서는 핵을 둘러싸 가리고 있는 여섯 개의 전자가 중요하다. 이런 전자 중 두 개는 핵 근처에 깊숙이 파묻혀 있어서 다른 원소와의 상호작용이라는 원자의 화학 생활에 아무런 역할을 하지 못한다. 가장 바깥층을 이루는 네 개의 전자가 남는데, 이들은 화학적으로 활성 상태다. 이 네 전자가 바로 연필의 흑연과 약혼반지에 쓰이는 다이아몬드 사이의 차이를 만든다.

탄소 원자가 할 수 있는 가장 단순한 일은, 네 개의 전자 각각을 다른 탄소 원자와 공유해 네 개의 화학결합을 이루는 것이다. 이렇게 하면 네 개의 활성 전자가 존재하는 문제를 해결할 수 있다. 모든 전자가 다른 탄소 원자에 속한 전자와 짝을 이루는 것이다. 그 결과 생기는 결정구조는 대단히 단단한데, 이게 바로 다이아몬드다.

지금까지 발견된 가장 큰 다이아몬드는 은하수에 있다. 뱀(꼬리)자리 근처에 있는 PSR J1719-1438이라는 펄서의 주위를 도는 행성으로, 지구의

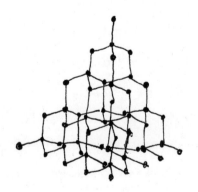

:: 다이아몬드의 결정구조.

사소한 것들의 과학

다섯 배 크기다. 그에 비해 지구의 다이아몬드는 보잘 것 없다. 발견된 것 중 가장 큰 것이 축구공만 하니까. 남아프리카공화국의 컬리난 광산에서 캐낸 것으로, 1907년 영국의 왕 에드워드 7세의 생일에 바쳐졌고, 지금은 영국 군주제의 왕권을 상징하는 대관식용 보석 중 하나가 됐다. 이 다이아몬드는 지표면에서 약 300㎞ 내려간 곳에서 만들어졌다. 이곳에서 수십억 년 동안 높은 온도와 압력을 받으며 큼직한 탄소 덩어리 바위가 큰 다이아몬드로 바뀌었다. 다이아몬드는 이후 화산 폭발 때 지구 표면으로 올라와 수백만 년 동안 안정된 상태로, 방해받지 않은 채 놓여 있다가 지표 1마일(약 1.6㎞) 깊이에서 발견됐다.

어렸을 때 나는 '국립'이라는 이름이 붙은 이런저런 박물관에 끊임없이 끌려 다녔는데, 전부 다 지겨울 뿐이었다. 어른들 흉내를 내보기도 했는데, 무거운 침묵에 빠진 채 걷거나 그림 또는 조각상 앞에서 깊이 생각에 빠지는 식이었다. 하지만 별 소용이 없었다. 내가 아는 한, 얻은 것이라고는 아무것도 없었다. 하지만 대관식용 보석을 보러 갔을 때는 달랐다. 발을 들여놓는 순간부터 넋을 잃었다. 진짜 알라딘 동굴이 따로 없었다. 금과 보석이 내게 근원적인 언어로 말을 거는 것 같았다. 예술보다도 근원적이고 더 원시적이었다. 종교적 사랑과 비슷한 느낌이 엄습했다.

되돌아보면, 이런 경험은 부의 향유가 아니라 순수한 재료를 처음 접했을 때의 반응이었던 것 같다. '아프리카의 위대한 별'이라는 다이아몬드(컬리난 다이아몬드에서 만든 커다란 보석으로서, 깎은 모양 때문에 이렇게 불린다) 앞에는 엄청난 인파가 있었다. 한번 슬쩍 본 것만으로도, 이 다이아몬드를 잊을 수 없었다. 양털로 만든 셔츠를 입은 키 큰 남자의 겨드랑이 아래에서, 그리고 혀를 끌끌 차는 인도 여자의 뒤에서 봤음에도 불구하고 말이다. 인도 여성의 존재는 그곳에 썩 잘 어울렸는데, 나중에 아버지의 백과사전에서 18세기 중반까지 인도가 유일한 다이아몬드 생산국이라는 대목을 봤기 때문이다. 이후 남아프리카공화국 등 다른 다이아몬드 산지가 발견됐다.

각각의 다이아몬드는 사실 하나의 결정이다. 전형적인 다이아몬드에는 원자 1자(1,000,000,000,000,000,000,000,000) 개가 완벽하게 정렬해 피라미드 구조를 이루고 있다. 그리고 이 구조 덕분에 놀라운 특성이 나타난다. 이 구조에서 전자는 극도로 안정적인 상태 안에 갇혀 있고, 이 덕분에 믿기 어려운 뛰어난 내구성을 가질 수 있다. 또 매우 투명하기도 한데, 빛을 산란시키는 성질이 워낙 커서 일단 다이아몬드 안으로 들어온 빛은 여러 색으로 분리돼 밝은 무지갯빛 광택을 낸다.

대단히 높은 경도와 광채 덕분에 다이아몬드는 보석으로서 결점이 거의 없다. 경도 덕분에 거의 어떤 것도 여기에 흠을 낼 수 없고, 따라서 자른 면의 모양과 태고의 광채를 그대로 유지할 수 있다. 이것은 다이아몬드를 몸에 지닌 사람의 일생에 국한된 이야기가 아니라, 인류 문명이 지속되는 기간 내내 해당된다. 비가 오든 날이 맑든, 모래 바람이 불 때 착용하든, 밀림을 파헤쳐 길을 내든, 또는 빨래를 하든 상관없이 말이다. 심지어 고대의 다이아몬드는 세계에서 가장 단단한 재료로 알려져 있다. '다이아몬드'라는 말이 그리스어 '아다마스adamas'에서 나왔는데, 이 말은 '변경할 수 없는' 또는 '부서지지 않는'이라는 뜻이다.

컬리난 다이아몬드를 영국으로 옮길 때에는 보안 측면에서 큰 도전이 되기도 했다. 역대 최대의 다이아몬드 원석이 발견됐다는 뉴스가 신문을 통해 널리 알려졌기 때문이다. 실제로 다이아몬드를 실은 배를 통째로 훔치는 데 성공함으로써 셜록 홈스의 숙적인 모리아티 역할에 영감을 줬다는 아담 워스 같이 악명 높은 범죄자들은 실제로 큰 위협이었다. 결국, 셜록 홈스를 방불케 하는 계획이 탄생했다. 미끼가 될 만한 보석을 삼엄한 경비 하에 증기선에 실어 발송했다. 그동안 진짜 다이아몬드는 평범한 갈색 종이 상자에 담긴 채 발송됐다. 이 계획은 다이아몬드의 또 다른 특성 덕분에 성공할 수 있었다. 전적으로 탄소로 이뤄져 있어 매우 가볍다는 점이다. 컬리난 다이아몬드 전체의 무게는 0.5kg을 약간 넘었을 뿐이었다.

아담 워스는 혼자가 아니었다. 부자들이 큰 다이아몬드를 점점 빠른 속도로 획득하는 데 발맞춰, 새로운 직업이 태어났다. 창문으로 침입하는 보석 도둑이었다. 다이아몬드는 가볍고 가치는 높았기 때문에, 만약 작은 구슬만 한 다이아몬드라도 훔치기만 하면 남은 인생을 편히 보낼 수 있었다. 게다가 일단 훔치고 나면, 추적할 수도 없었다. (이와 대조적으로 안드레 가임의 금메달은, 녹여봐야 기껏해야 1,000~2,000파운드 정도를 벌게 해준다.) 이 새로운 형태의 보석 도둑은 다이아몬드 자체의 미덕인 우아함과 섬세함, 순수함과 함께 등장했다. 「나는 결백하다To Catch a Thief」나 「핑크팬더」 같은 영화에서 다이아몬드는 감옥에 갇힌 공주의 역할을 한다. 낮에는 명망 있는 훌륭한 인물이면서 밤에는 보석 도둑인 사람들, 즉 다이아몬드를 구제한 사람들을 캐리 그랜트나 데이빗 니븐 같은 인기 영화배우들이 연기했다. 이런 영화에서, 다이아몬드 도둑질은 고상한 일로 그려진다. 다이아몬드 도둑은 운이 좋고, 필요한 거라곤 검은 캣 슈트몸에 딱 맞는, 원피스로 된 전신 옷:역자 주와 복잡하고 위풍당당한 집, 그리고 그림 뒤에 있는 다이얼로 여닫는 금고뿐이다. 이와 대조적으로, 은행이나 열차에서 돈이나 금을 훔치는 것은 잔인하고 욕심 많은 사람이 저지르는 비열한 범죄로 그려진다.

금과 달리, 다이아몬드는 그 금융 가치에도 불구하고 세계 통화 체계의 일부가 된 적이 없다. 다이아몬드는 유동자산이 아니다. 그리고 문자 그대로도 그렇다. 녹지도 않고 그래서 상업화되지도 않는다. 커다란 다이아몬드 원석은 놀라움과 숭고함을 불러일으키는 것, 그리고 가장 중요한 것으로 계급을 선언해주는 것 외에는 달리 쓸모가 없다. 20세기 이전에는 진짜 부자들만 살 수 있었다. 하지만 유럽에서 중산층의 부가 증가하면서 다이아몬드 채굴자들에게 유혹적인 새 시장이 열렸다. 1902년 당시 세계 다이아몬드 생산의 90%를 통재했던 드비어스 사는 문제에 부딪혔다. 다이아몬드의 가치를 떨어뜨리지 않고 어떻게 이 월등히 큰 시장에 팔 것인가 하는 문제다. 드비어스 사는 약삭빠른 마케팅 캠페인을 통해 이 문제를 풀었다. '다이아몬드는 영원히'라는 문구를 만들어서, 영원한 사랑을 표현하는 유일하게 진실한 방법이 다이아몬드 약혼반지라는 아이디어를 내놓은 것이다. 감정의 진실함을 연인에게 확신시키고자 하는 사람이라면 다이아몬드 반지를 사야 하고, 더 비싼 다이아몬드일수록 표현되는 감정은 더욱 진실해진다. 마케팅 캠페인은 크게 성공했고, 이를 계기로 다이아몬드는 수백만 가정으로 침투했다. 이런 분위기는 셜리 바세이와 존 배리의 노래와 함께한 제임스 본드 영화에서 최고조에 달했다 손 코너리가 제임스 본드 역을 맡은, 007 시리즈의 일곱 번째 영화 제목이 '다이아몬드는 영원히'다. 1971년에 나온 이 영화의 영화음악을 영국의 음악가 존 배리가 맡아 제작했으며, 셜리 바세이가 노래를 불렀다:역자 주. 로맨틱한 사랑의 구현물이라는 다이아몬드의 새로운 사회적 역할은 확고해졌다.

하지만 다이아몬드는 영원하지 않다. 최소한 지구의 표면에서는 그렇다. 사실 다이아몬드의 자매 구조인 흑연이 더 안정한 형태이며, 따라서 런던 타워 안에 있는 '아프리카의 위대한 별'을 포함한 모든 다이아몬드는 천천히 흑연으로 변하고 있다. 비록 다이아몬드가 분해되는 모습을 보려면 수십억 년의 시간이 걸린다는 사실을 알더라도, 다이아몬드를 지닌 사람에게 이것은 꽤 고민스러운 뉴스일 것이다.

흑연의 구조는 다이아몬드와는 많이 다르다. 탄소 원자가 육각형 모양으로 연결돼 평면을 구성한다. 각각의 평면은 매우 강하고 안정한 구조이며 탄소 원자 사이의 결합은 다이아몬드의 결합보다 강하다. 이는 많은 이들을 놀라게 하는데, 흑연은 너무나 물러서 윤활제나 연필심으로 이용되기 때문이다.

이 수수께끼는 흑연층에서 각각의 탄소 원자가 세 개의 이웃을 가져

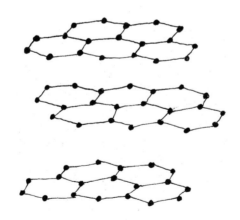

:: 흑연의 결정구조.

서 이들이 네 개의 전자를 공유한다는 사실을 통해 설명할 수 있다. 다이아몬드 구조에서 모든 탄소는 네 개의 전자를 네 개의 원자와 공유한다. 이를 통해 각각의 흑연층은 각기 다른 전자구조를 갖게 되고 다이아몬드보다 강한 화학결합을 하게 된다. 하지만 반대를 보면, 흑연 속 각각의 원자들은 남은 전자가 없어서 층 사이에 강한 결합을 할 수 없다. 대신, 이런 층은 물질세계에 공통으로 존재하는 '풀'에 의해 결합해 있다. 분자의 전기장의 요동이 만들어내는 약한 힘들인 반데르발스 힘이다. 이 힘은 블루택Blu-Tack, 보스틱사에서 치과 치료용 재료를 개발하다 우연히 발견한 점착용 물질. 찰흙처럼 반죽해 붙이면 몇 번이고 물건을 고정시킬 수 있다:역자 주을 끈적거리게 하는 바로 그 힘이다. 결과적으로, 흑연이 압력을 받을 때면 반데르발스 힘이 먼저 깨지고 이 때문에 흑연은 무른 성질을 지닌다. 이것이 연필을 쓸 수 있는 이유다. 종이 위에 대고 압력을 가하면 반데르발스 힘이 깨지면서 흑연 층이 하나씩 밀려난다. 만약 약한 반데르발스 힘이 없었더라면, 흑연은 다이아몬드보다 강했을 것이다. 이것이 안드레 가임의 연구팀이 연구를 시작한 지점 중 하나였다.

연필의 흑연을 들여다보면, 흑연이 어두운 회색이며 마치 금속처럼 광택이 있다는 사실을 알 수 있다. 수천 년 동안 흑연은 납으로 잘못 알려져 있었고 '검은 납plumbago, black lead'이라고 불렸다 한국어 '흑연'도 한자로 검은 납이라는 뜻이다:역자 주. 그래서 영어로 연필심을 의미하는 단어도 '납lead'이다. 이런 혼란을 이해할 수 있는 게, 둘 다 부드러운 금속이기 때문이다(비록 오늘날에는 흑연을 반금속으로 부르지만). 흑연 광산은 흑연의 쓰임새를 발견할수록 점점 가치가 높아져 갔다. 예를 들어 흑연은 대포나 머스킷 총의 총알을 발사하기에 완벽한 재료였다. 17세기와 18세기 영국에서는 흑연의 가격이 위낙 높아져서, 도둑이 광산에 비밀 터널을 뚫거나, 광산에서 일하면서 흑연의 존재를 사람들에게 알리지 않는 일도 있었다. 가격이 오르고 밀수입과 범죄 행위도 늘자 결국 1752년, 광산에서 흑연을 훔칠 경우 1년간의 노역이나 7년간의 호주행에 처하는 의회법이 통과됐다. 1800년까지 흑연은 중요한 사업이었고 무장한 경비대원이 광산 입구를 지켰다.

흑연에서는 금속 느낌이 나고 다이아몬드에서는 나지 않는 이유는, 육각형의 원자구조 때문이다. 우리가 봤듯, 다이아몬드 구조에서 각각의 탄소 원자가 지니는 네 개의 전자 모두는 대응하는 전자와 짝을 이룬다. 이런 방법으로, 격자 구조에 있는 모든 원자는 결합에 의해 단단히 고정돼 있고 고정되지 않은 '자유로운' 전자가 없다. 이는 다이아몬드에 전기가 통하지 않는 이유가 되기도 하는데, 구조 안에 전기 흐름을 전달해줄 자유전자가 없기 때문이다. 반면 흑연 구조에서는 최외각 전자가 이웃 원자의 전자와 결합하기만 하는 게 아니라 재료 안에서 전자의 바다를 형성한다. 그 결과 몇 가지 효과가 나타나는데, 그 중 하나는 전자가 유체처럼 움직이면서 전기가 통하게 되는 성질이다.

흑연은 에디슨이 첫 번째 백열전구 필라멘트로 사용한 재료다. 녹는 점이 높아 높은 전류가 흘러도 녹지 않고, 가열된 물질이 흰 빛을 내기 때문이다. 한편 전자의 바다는 빛의 입장에서는 전자기적 트램펄린 같아서 빛을 반사시켜 금속처럼 광택 있게 만들어준다. 흑연의 금속성 성질에 대한 이런 깔끔한 설명이 안드레 가임 연구팀이 노벨상을 받은 이유는 아니다. 이건 단지 출발점에 불과했다.

지구의 모든 생명체는 탄소에 기반하고 있다. 이 탄소는 흑연과는 매우 다른 모습을 하고 있지만, 태우는 것만으로도 쉽게 흑연의 육각형 구조로 변화시킬 수 있다. 나무는 가열되면 숯으로 변하고 빵은 타서 토스트가 된다. 우리도 불에 너무 오래 노출되면 까맣게 탄다. 이런 과정 중 어느 것도 순수하고 광택이 있는 흑연을 생산하지 않는다. 탄소의 육각형층이 밀집해서 차곡차곡 쌓여 있는 게 아니라 뒤죽박죽으로 쌓여 있기 때문이다. 다양한 스펙트럼의 검댕 물질이 존재하지만, 거기엔 한 가지 공통점이 있다. 모두 가장 안정한 형태의 탄소를 포함하고 있다는 사실이다. 바로 육각형의 얇은 판 모양이다.

19세기에는 또 다른 검은 탄소 물질이 주역으로 떠올랐다. 바로 석탄이다. 석탄 속 탄소의 육각형 평면은 토스트에서 탄 부분처럼 열에 의해 만들어진 게 아니다. 죽은 식물의 물질에 수백만 년 동안 가해진 지질학적 작용에 의해 만들어졌다. 석탄은 처음에 이탄의 형태로 만들어진다. 하지만 열과 압력이 가해지면, 조건만 정확하다면, 갈탄으로 변한다. 갈탄은 다시 역청탄으로 변하고, 이어 무연탄, 그리고 최종적으로 흑연으로 변한다. 이런 변환을 거치는 동안 식물이었을 때 지니고 있던 질소와 황, 산소 등 휘발성 성분을 차츰 잃고, 탄소는 점점 더 순수한 형태가 된다. 순수한 육각형층이 만들어지면 이로 인해 물질이 점점 금속성 광택을 보이게 된다. 무연탄 같은 석탄의 검은 거울 같은 면에서 특히 잘 볼 수 있다. 하지만 석탄은 순수한 탄소 형태일 때가 거의 없는데, 태울 때 냄새가 나는 것이 다 이 때문이다.

미적인 측면에서 가장 인기가 많은 석탄은 화석화된 칠레삼나무로 만든 것이다. 이 석탄은 매우 단단한 데다, 깎고 광을 내서 표면을 화려하게 마감할 수 있다. 그리고 아름답고 까만 윤이 난다. 이 석탄은 때로 검은 호박이라고 불리는데, 호박과 비슷한 정전기적 성질, 즉 정적인 전하를 만들어서 머리카락을 곧게 서게 만드는 능력을 갖고 있기 때문이다. 흔히 흑옥이라는 이름으로 더 잘 알려져 있기도 한데, 19세기 영국에서 빅토리아 여왕에 의해 유행했다. 그녀가 배우자인 앨버트 왕자의 서거를 애도하며 검은 옷을 입고 흑옥 보석을 착용한 채 남은 일생을 보낸 것이다. 결국 대영제국의 다른 지역에서도 흑옥에 대한 대중적인 수요가 발생했다. 브램 스토커가 고딕 풍의 걸작 소설 『드라큘라』를 쓴 위트비라는 요크셔 지방의 마을은 흑옥의 매장량이 풍부한 나머지 연료로 사용하고 있었는데, 하룻밤 사이에 탄식과 슬픔의 보석을 생산하는 유명 산지가 됐다.

다이아몬드가 석탄이나 흑연과 연관이 있다는 생각은, 초기 화학자들이 다이아몬드를 가열하면 어떻게 될지 조사하기 시작하기 전까지 순전히 공상이었다. 앙투안 라부아지에는 1772년 이 실험을 하고 다이아몬드가 빨갛게 달궈지면 타서 아무것도 남기지 않는다는 사실을 발견했다. 전혀 아무것도 남기지 않았다. 엷은 공기와 함께 사라지는 것처럼 보였다. 이 실험은 대단히 놀랍다. 다른 보석, 예를 들어 루비나 사파이어는 빨갛게 달아오른다고 해서 손상되지 않았다. 심지어 하얗게 달아올라도^{연소 반응} ^{에서 흰 빛은 온도가 더 높다는 뜻이다:역자 주} 타지 않았다. 하지만 보석의 왕인 다이아몬드는 아킬레스건을 지닌 것 같았다. 라부아지에가 다음으로 한 실험은 실험의 우아함으로 내 마음을 뛰게 한다. 그는 진공 상태에서 다이아몬드를 가열했다. 다이아몬드와 반응할 공기를 없게 한 것이다. 그랬더니 다이아몬드가 높은 온도에서도 살아남았다. 이 실험은 제안하기는 쉽지만 직접 하기는 힘든 것이었다. 특히 18세기는 진공을 만들기가 어려웠다. 다음으로 일어난 일은 라부아지에를 대경실색하게 했다. 다이아몬드는 고온에서도 손상되지 않았지만, 이번엔 순수한 흑연으로 변해버린 것이었다. 이것은 두 물질이 사실은 같은 성분인 탄소로 돼 있다는 증거였다.

이런 지식으로 무장한 채, 라부아지에와 유럽의 수없이 많은 사람들은 이 과정을 반대로 해서 흑연을 다이아몬드로 만드는 방법을 찾았다. 성공하는 사람은 보상으로 큰 부를 얻을 수 있기에 경쟁이 일어났다. 하지만 만만치 않은 임무였다. 모든 물질은 덜 안정한 구조에서 더 안정한 구조로 변하려는 성질이 있다. 다이아몬드 구조는 흑연보다 덜 안정하기 때문에, 반대 방향으로 변화를 일으키려면 극단적으로 높은 온도와 압력이 있어야 한다. 이런 조건은 지구 지각 안에 존재한다. 이 조건을 실험실에서 흉내 내기는 매우 어렵다. 성공했다는 주장이 꼬리를 이으며 등장했다 사라졌다. 참여했던 어떤 과학자도 하룻밤 사이에 대단한 부를 얻는 일은 없었다. 그들이 말을 할수록 실패의 증거만 점점 더 쌓여갈 뿐이었다. 변신이라는 업적을 세운 과학자들을 의심한 다른 과학자들은 침묵했고, 느리게 부를 쌓아갔다.

진실을 말하자면, 1953년이 돼서야 이런 변화가 성공했다는 믿을 만한 문서가 나왔다. 이제는 합성 다이아몬드 산업이 큰 사업이 됐지만, 아직 천연 다이아몬드 보석 산업과 직접 경쟁하지는 않는다. 몇 가지 이유가 있다. 비록 산업 공정은 완비됐고 작은 합성 다이아몬드를 진짜 다이아몬드를 캐는 것보다 싸게 생산할 수 있게 됐지만, 이들은 대부분 색이 있고 흠집이 있다. 제조 과정을 빠르게 하다 보니 다이아몬드에 색이 생기는 결함이 발생한다. 사실 이런 다이아몬드의 대부분은 채굴 산업에 쓰인다. 여기에서는 합성 다이아몬드를 드릴과 깎는 도구에 덧씌운다. 아름답게 보이기 위해서가 아니라, 화강암이나 다른 단단한 바위를 자르기 위해서다. 두 번째로, 다이아몬드의 가치 대부분은 진품이라는 점에서 나온다. 프로포즈를 할 때 주는 다이아몬드는 중요하다. 비록 합성 다이아몬드와 같다고 해도, 천연 다이아몬드는 수십억 년 전에 지구 깊은 곳에서 벼려진 것이다. 세 번째로, 만약 당신이 너무나 이성적인 사람이라 보석의 자연사 같은 건 신경 안 쓴다고 해도, 합성 다이아몬드를 사는 것은 당신의 연인을 아름답게 하기엔 여전히 매우 비싼 방법이다. 광택이 나는, 반짝반짝하고 눈부신, 좀 더 값싼 다른 대체재가 있다. 큐빅 지르코니아 결정이나 심지어 유리까지, 이것들은 여전히 다이아몬드 전문가를 제외한 사람들을 속이고 있다.

하지만 흑연과의 다툼에서 천연 다이아몬드가 쟁취해낸 우위는 한 번 더 타격을 입었다. 더 이상 가장 단단한 물질이 아니라는 사실이 발견된 것이다. 1967년 탄소 원자를 배열해 다이아몬드보다 더 단단한 재료를 만드는 세 번째 방법이 발견됐다. 그 구조는 흑연의 육각형 평면에 기반을 두고 있지만, 3차원으로 변형했다. 론스달라이트라고 하는 이 구조는, 비록 매우 적은 양만 있어 시험하기 어렵지만 다이아몬드보다 58% 더 단단한 것으로 알려져 있다. 첫 번째 시료는 캐년 디아블로 운석에서 발견됐다. 충돌 과정에서 발생한 강한 열과 압력으로 흑연이 론스달라이트로 바뀌었다. 약혼반지는 론스달라이트로 만든 적이 없다. 이 물질을 만드는 운석의 종류는 극히 제한돼 있어서 매우 적은 결정만 만들기 때문이다. 하지만 이 세 번째 탄소 구조의 발견은, 필연적으로 다이아몬드의 입방체 구조, 석탄과 흑옥, 흑연의 육각형 구조, 론스달라이트의 3차원 육각형 구조 외에 다른 탄소 구조가 존재할지도 모른다는 의문으로 이어진다. 항공산업 덕분에 곧, 또 다른 합성 구조가 이 목록에 합류했다.

초기 항공기는 가볍고 단단하다는 이유로 나무로 만들어졌다. 제2차 세계대전에서 가장 빨랐던 항공기는 모스키토라는 이름의 나무 항공기였다. 하지만 나무로 항공기의 기체를 만드는 것은 문제가 많았다. 결점이 없는 구조를 만들기 어려웠기 때문이다. 그래서 항공기 엔지니어들은 야망이 커질수록 나무 대신 가벼운 금속인 알루미늄으로 눈을 돌렸다. 하지만 알루미늄도 그렇게 가볍지는 않았고, 많은 엔지니어들은 알루미늄보다 더 강하고 가벼운 재료가 있을지 모른다는 희망을 끊임없이 품고 있었다. 그런 재료는 존재하지 않는 것 같았지만 1963년, 판버러에 위치한 영국 왕립 항공연구소[RAE]에서 발명해냈다.

탄소섬유라고 이름 붙은 이 재료는 흑연을 실처럼 자아서 섬유로 만든 것이다. 이 재료를 이용해 긴 쪽을 섬유 방향으로 해서 얇은 판을 만들면, 높은 강도와 견고함을 얻을 수 있다. 흑연처럼 재료의 구조가 갖는, 반데르발스 힘에 의한 연약함은 여전히 갖고 있다. 하지만 섬유를 에폭시 글루에 넣으면 극복할 수 있다. 이로써 새 재료가 태어났다. 바로 탄소섬유 복합재료다.

비록 이 재료가 결국 비행기 기체의 알루미늄을 대체했지만(최근의 보잉 드림라이너는 70%가 탄소섬유 복합재료로 돼 있다), 항공산업에 유용하다는 것을 스스로 증명하는 데에는 오랜 시간이 걸렸다. 하지만 스포츠용품

사소한 것들의 과학

제조사들은 이 재료의 장점을 즉각 받아들였다. 탄소섬유는 라켓 스포츠의 승률을 빠르게 높였고 나무나 알루미늄과 같은 전통 재료는 금방 사라졌다. 나 또한 인생에서 그 순간을 생생히 기억하고 있는데, 내 친구 제임스가 어느 날 특유의 검은색 체크무늬가 아로새겨진 복합재료 테니스 라켓을 휘두르며 등장했다. 경기 전에 제임스는 내게도 몇 번 쳐보게 했는데, 극단적인 가벼움과 힘을 느낄 수 있었다. 다시 라켓을 바꿔 들고 친 경기에서는 제임스가 이겼다. 무게는 반밖에 안 되고 힘은 두 배인 라켓을 든 상대와 경기를 하는 것은 분명 맥 빠지는 면이 있다. "탄소 너 장난 아니구나!" 외쳤지만 도움은 전혀 안 됐다.

이 물질은 곧 가볍고 힘이 좋은 재료를 필요로 하는 스포츠를 모두 바꿨다. 이 말은 거의 모든 스포츠가 변했다는 뜻이다. 가령, 1990년대에 엔지니어들이 탄소섬유 구조를 이용해 공기역학적으로 더 우수한 자전거를 생산하기 시작하면서 경륜이 변했다. 이러한 자전거의 발달은 크리스 보드먼과 그레이엄 오브리가 '한 시간' 기록을 놓고 벌인 대회에서 최고조에 달했다. 한 시간 동안 자신의 힘만으로 가장 멀리 갈 수 있는 사람을 뽑는 것인데, 1990년대에 두 사이클 선수는 세계기록을 깰 수 있었고 서로 번갈아가며 상대의 기록을 깼다. 이때 도움을 준 것이 어느 때보다 정교한 탄소섬유 자전거였다. 1996년 크리스 보드먼이 56.375km를 한 시간 안에 가서 국제사이클연맹의 항의를 불러일으켰다. 연맹은 즉각 이 새로운 탄소기반 설계 자전거를 금지했다. 스포츠의 근본을 너무나 갑작스럽게 바꿀지도 모른다는 걱정이 그만큼 컸다.

포뮬러 원은 탄소섬유가 제공한 혁신에 정반대로 접근했다. 규정을 계속 바꿔서 재료 설계의 추가적인 혁신을 이끌어내는 쪽으로 말이다. 사실 기술의 완성도는 그 스포츠 분야에서 필수적이었고, 운전자의 기량을 통한 것처럼 공학적 개선을 통해서도 성공할 수 있었다. 한편 탄소섬유는 달리기에서도 중요한 역할을 했다. 점점 더 많은 장애인 선수들이 탄소섬유로 만든 인공 다리를 쓰고 있다. 2008년 국제육상연맹은 이런 선수들이 장애인이 아닌 선수들을 상대로 경기장에서 뛰지 못하도록 했다. 탄소섬유 다리가 불공평할 만큼 유리하다는 이유에서였다. 하지만 이런 규정은 스포츠중재재판소에서 뒤집혔고, 2011년 오스카 피스토리우스 선수가 남아프리카공화국 세계 챔피언십의 4인 단체 1600m 릴레이 경기에 출전해 팀이 은메달을 땄다. 탄소섬유는 육상연맹이 사이클연맹과 같은 접근만 하지 않는 한, 육상 분야에 중요한 역할을 할 것이다.

탄소섬유 복합재료가 크게 성공하자 엔지니어들은 이 재료를 가능한 큰 규모에서 사용하고자 했다. 오랫동안 이어져온 꿈인, 우주로 가는 엘리베이터를 건설할 수 있을 만큼 이 재료가 튼튼할까? 일명 하늘의 갈고리나 천국의 사다리, 우주 케이블이라고 불리는 우주 엘리베이터는 적도의 한 점에서 지구 정지궤도에 직접 연결되는 구조물이다. 만약 우주 엘리베이터가 건설될 수 있다면, 에너지 소비 없이 사람과 사물을 우주로 쉽게 나를 수 있다. 우주여행을 순식간에 대중화할 수 있는 것이다.

이 개념은 러시아 공학자인 유리 아르트수타노프Yuri Artsutanov가 1960년대에 발전시켰는데, 위성으로부터 3만 6,000㎞ 길이의 케이블이 지구 적도 대양의 배에 연결돼야 성공한다. 모든 연구에서 이 아이디어가 실현 가능하다고 보고 있는데, 다만 무게 대비 강도가 매우 높은 재료로 케이

사소한 것들의 과학

블을 만들어야 한다는 점이 문제였다. 무게가 왜 중요하냐면, 다른 케이블 구조와 마찬가지로 우선 끊어지지 않고 자신의 무게를 지탱해야 하기 때문이다. 길이가 3만 6,000㎞가 되면, 이 케이블 한 가닥으로 코끼리를 들어 올릴 수 있을 정도로 강한 재료가 있어야 한다. 사실 가장 좋은 탄소섬유 한 가닥은 고양이 정도만 들 수 있다. 하지만 이것은 탄소섬유에 결함이 많아서일 뿐이다. 이론적으로 계산하면, 완벽하게 순수한 탄소섬유를 만들 경우 강도는 훨씬 높아져서 다이아몬드를 능가하게 된다. 이런 재료를 만들 방법을 찾는 탐색이 시작됐다.

네 번째 탄소 구조를 발견하고 나자 단서가 보였다. 이 구조는 가장 발견되지 않을 것 같은 곳에서 발견됐다. 촛불 안에서다. 1985년, 해럴드 크로토Harold Kroto 교수팀은 신기하게도 촛불 안에서 탄소 원자 60개가 자기들끼리 단체로 결합해 탄소 초분자super-molecule를 이룬다는 사실을 발견했다. 이 분자는 거대한 축구공처럼 생겼다. 그래서 똑같은 육각형 구조를 가지고 측지선 돔다각형을 짜맞춰 만든 돔:역자 주을 만든 건축가 버크민스터 풀러의 이름을 따서 '버키볼'이라는 별명을 얻었다. 크로토 연구팀은 이 발견으로 1996년 노벨 화학상을 받았고, 현미경으로 볼 수 있는 미시 세계에는 우리

:: '버키볼'의 분자구조.

가 아직 한 번도 보지 못한 탄소 구조가 가득할 거라는 사실을 알려줬다.

하룻밤 사이에 탄소는 재료과학계에서 가장 매력적인 주제가 됐고, 곧 또 다른 종류의 탄소가 나타났다. 폭이 몇 nm[나노미터, 10억분의 1m:역자 주]밖에 안 되는 튜브를 형성할 수 있는 탄소였다. 분자구조가 복잡함에도 불구하고 이 탄소나노튜브는 특이한 성질을 지니고 있었다. 저절로 구조를 이룬다는 점이었다. 탄소나노튜브는 복잡한 구조를 이루는 데 외부의 힘이나 하이테크 장비도 필요 없었다. 그들은 그 일을 촛불의 연기 안에서 해냈다. 이것은 미생물 박테리아를 발견한 순간과 비슷했다. 세계가 갑자기 상상했던 것보다 훨씬 더 복잡하고 이상해진 것 같았다. 복잡한 구조를 스스로 이루는 것이 꼭 생물은 아니었다. 무생물도 그런 일을 할 수 있는 것이다. 전 세계가 나노 크기의 분자를 만들고 실험하기 위한 강박에 사로잡혔다. 그리고 나노기술은 유행이 됐다.

탄소나노튜브는 축소판 탄소섬유 같았다. 약한 반데르발스 힘이 없다는 점만 제외하면. 탄소나노튜브는 지구상 그 어떤 물질보다 무게 대비 강도가 높았다. 우주 엘리베이터에 쓸 수 있다는 뜻이다. 문제가 풀렸을까? 글쎄, 아직은 아니다. 탄소나노튜브는 기껏해야 길이가 수백 nm 정도다. 쓸모가 있으려면 몇 m는 돼야 한다. 오늘날 세계에는 수백 개의 나노기술

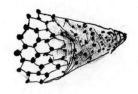

:: 탄소나노튜브의 분자구조.

연구팀이 이 문제를 풀기 위해 연구 중이다. 그러나 안드레 가임의 연구팀은 거기에 포함돼 있지 않다.

안드레의 팀은 간단한 질문을 했다. 만약 이 모든 새로운 탄소가 육각형 구조의 흑연에 기반하고 있다면, 그리고 흑연이 이런 육각형 탄소층으로 가득 차 있다면, 흑연 역시 놀라운 재료가 아닐까? 답은 이렇다. 층이 서로 잘 미끄러지기 때문에, 흑연은 매우 약하다. 하지만 만약 육각형 탄소가 단 한 장만 있다면? 이 재료는 어떨까?

안드레 가임이 커피를 가지고 돌아왔을 때, 나는 여전히 손에 노벨상 메달을 든 상태였다. 분명 그가 내게 보고 있으라고 했는데도, 나는 희미하게 죄를 지은 기분이 들었다. 그는 커피를 내려놓고, 메달을 내 손에서 빼낸 뒤 쿰브리아 플럼바고 광산에서 캐낸 순수한 흑연 덩어리를 대신 쥐어줬다. 그 흑연은 길 바로 저쪽에 있는 광산^{mine}에서 직접 가져온 거라고 했다. 그 광산이란, 지도에 나와 있는 용어로 하면 맨체스터대에 있는 그의 연구실이었다_{mine에는 광산이라는 뜻과 '내 소유물'이라는 뜻이 함께 있다:역자 주}. 그리고 나서 그의 연구팀이 어떻게 한 장의 육각형 탄소막을 만들었는지 보여줬다.

그는 끈적끈적한 테이프를 한 조각 가져와서는 흑연 덩어리에 붙였다. 테이프를 떼었을 때도 밝게 빛나는 금속성 흑연의 얇은 막은 여전히 테이프에 붙어 있었다. 그 뒤로 다른 테이프 조각을 앞서 떼낸 테이프 위의 얇은 막에 붙였다 다시 벗겨냈다. 이제 막은 두 조각으로 분리됐다. 이과정을 네다섯 번 하자 점점 더 얇은 흑연막이 만들어졌다. 마침내 그는 원자 하나 두께를 지닌 흑연을 만들었다고 말했다. 그가 들고 있는 테이프 조각을 들여다봤다. 거기에는 검은 얼룩이 아주 조금 있었다. 나는 그 중

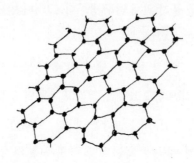

:: 그래핀의 분자구조.

요성을 놓치고 싶지 않았기에 열심히 들여다봤다. 그가 미소를 지으며 말했다. "물론 안 보일 거예요. 저 정도 크기에서는 투명하니까."

그가 현미경을 보여주러 옆으로 데려갔고 나는 과장되게 머리를 끄덕였다. 거기서 나는 흑연의 원자막을 볼 수 있었다.

안드레의 팀은 흑연 단층막을 만들었다는 이유로 노벨상을 받은 것이 아니었다. 그들이 상을 받은 업적은 이 단층막이 나노기술 기준으로도 이상한 특성을 지닌다는 사실을 보여줘서다. 어찌나 이상한지, 이 물질은 자신만의 이름을 얻었다. 바로 그래핀이다.

처음 듣는 사람을 위해 말하자면, 그래핀은 세상에서 가장 얇고 가장 강하며 가장 단단한 물질이다. 이제까지 알려진 다른 어떤 물질보다 열을 빨리 전달하고, 전기를 더 많이, 빨리 나르며 저항은 더 적게 받는다. 물질 속 전자가 마치 거기 없었던 것처럼 벽을 통과하는 이상한 양자 효과인 클라인 터널링 현상도 허용한다. 이 모든 특성은 그래핀이 계산과 통신의 심장부에 위치한 실리콘 칩을 대체할 수 있는 전자기기가 될 잠재력이 있다

사소한 것들의 과학

는 뜻이다. 극단적으로 얇은 성질, 투명함, 강함 그리고 전기적 성질을 보건대, 미래의 터치 인터페이스를 위한 재료가 될지도 모른다. 우리에게 익숙한 터치스크린뿐만이 아니라 모든 물체, 심지어 건물도 터치를 통해 움직이게 될 것이다. 하지만 가장 흥미를 돋우는 것은 이 물질이 2차원 물질이라는 사실이다. 두께가 없다는 뜻이 아니다. 그래핀은 더 두껍거나 얇게만들 수 없고, 따라서 크기와 상관없이 모든 그래핀은 다 같은 물질이라는것이다. 안드레의 연구팀이 보여준 것도 이 부분인데, 그래핀에 탄소막을추가하면 다시 흑연이 되고 한 층을 없애면 아무것도 남지 않는다.

나의 미술 선생님인 바링턴은 다이아몬드보다 흑연이 우수한 형태라고 주장했다. 그때 그는 몰랐겠지만, 그가 한 말은 기술적인 면에서 거의다 맞았다. 또 흑연의 원자 특성이 중요하다고 했던 말도 맞았다. 그래핀은 흑연을 짓기 위한 얇은 원자 벽돌이다. 당신이 연필을 쓸 때면 종이 위에 남기는 것이기도 하다. 흑연은 또 그 자체로 표현력이 풍부한 미술재료가 되기도 한다. 하지만 흑연은 그 이상의 것이다. 흑연과 그것을 만 나노튜브는 작은 규모에서 큰 규모까지, 전자기기에서 자동차, 항공기, 로켓,그리고 심지어(누가 알까?) 우주 엘리베이터까지, 미래 세계에 중요한 역할을 할 예정이다.

그래핀까지 낳음으로서 흑연은, 마침내 다이아몬드를 뛰어넘은 걸까?이 오랜 경쟁 관계에서 예상치 못한 승리자가 되는 걸까? 결론짓기에는아직 이르지만, 나는 그렇게 생각하지 않는다. 비록 그래핀이 새로운 공학의 시대를 안내하고 과학자와 공학자들도 이미 이 재료와 사랑에 빠졌지만, 그렇다고 이 재료가 세계에서 차지하는 지위가 높아지지는 않는다. 다이아몬드는 더 이상 가장 단단한 물질도, 강한 물질도 아니다. 영원하지 않다는 사실도 우리는 안다. 하지만 다이아몬드는 여전히 대부분의 사람들에게 이런 특성을 대변하고 있다. 다이아몬드는 세계 어디에서나 연인을 로맨틱하게 묶어주는 보석이다. 다이아몬드와 진정한 사랑의 만남은, 처음에는 판촉 캠페인으로 시작했을지 몰라도 이제는 진짜가 됐다.

반대로 그래핀은 다이아몬드보다 기능적으로는 뛰어날지 몰라도, 반짝이지 않고 사실상 보이지도 않으며 극히 얇고 2차원이다. 그 누구도 이런 특성을 자신의 사랑과 연결시키고 싶어 하지 않을 것이다. 광고대행사들이 그래핀을 발견하지 않는 이상, 탄소 입방 결정구조는 계속해서 여성의 친구 자리를 이어 나갈 것이다.

0 ⊕ 9

세련된
porcelain

Stuff
Matters

Porcelain

porcelain : 자기

온도가 더 올라 1,300℃가 되면,
그리고 가마 전체가 백열에 타오르면 마법이 시작된다.

1962년 1월, 미오도닉 가는 나의 아버지 피터 미오도닉과 약혼녀 캐슬린의 결혼을 축하할 준비를 하고 있었다. 결혼 계획은 착착 돌아가고 있었고 친구들이 초대받아 왔으며 유태인 남자와 가톨릭 여자 사이의 의식을 위한 종교 교육이 이어졌고, 정신은 하나도 없었으며 자유연애는 해도 되는지 안 되는지 알 수 없었다. 하지만 젊은 커플을 위한 결혼 선물이 제대로 주문된 것만은 확실했다. 거기에 본차이나bone china 찻잔 세트가 있었다.

본차이나 찻잔 세트는 해러즈 백화점에서 나무 포장상자에 담긴 채 부모님 집에 배달됐다. 부모님은 톱밥 가득한 상자에서 찻잔과 받침을 꺼낸 뒤, 씻어서 부엌 식기건조대에 놓았다. 이것이 부모님이 그들이 살 집에 대해 가진 첫인상이었다. 가구 없이 텅 비어 있는 커다란 부엌을 지녔던 교외의 집. 찻잔 중 하나가 싱크대 위에서 미끄러져 바닥에 떨어졌는데 깨지지 않고 리놀륨 바닥에 튕겨 올라왔고, 행복한 커플은 그런 일도 즐거울 뿐이어서 서로를 바라보며 활짝 웃었다. 그들은 그걸 좋은 징조라고 믿기로 했고, 실제로 좋은 징조였다. 그 잔은 두 분의 결혼 생활을 끝까지 함께했다. 50년 뒤, 이 사진에서 내가 들고 있는 잔이 그 중에 단 하나 남은 잔이다.

초기에 이 자기 찻잔은 어머니가 아일랜드에서 가져온 나무잔들과 함께 부엌 찬장에 놓여 있었다. 이 사실이 그들에게는 끔찍했을 것이다. 나무는 전원풍의 매력이 있었다. 아름답고 천연 재료인 데다 유기적인 단순함을 지녔기에 보다 전원생활을 추구하는 사람에게는 딱 좋았다. 하지만 음료를 마시기 위한 재료로는 좋다고 말하기 어려운 게 사실이다. 나무 자체가 맛이 강한 데다 내부에 있는 구멍이 향과 맛을 너무 잘 흡수해 다음 음료를 마실 때 방해가 되었다.

금속잔도 당시 부엌을 떠돌아다녔다. 그것은 분명 캠핑장비 세트에서 부엌으로 왔을 것이다. 신혼부부에게는 보통 거의 없는 물건이니까. 아무튼, 금속은 차를 마시기에는 나무만큼이나 좋지 않았다. 우리는 늘 입에 넣는 수저의 재료로 금속을 선호한다. 딱딱한 데다 내구성이 강해, 포크나 스푼을 얇고 매끄럽게 만들어도 휘거나 부러지지 않기 때문이다. 특히 금속이 지니는 광택과 매끄러움 덕분에, 다른 사람의 입에 들어갔다 나온 뒤에 철저히 닦였는지 확인하기가 쉽다. 하지만 금속은 열을 너무 잘 전달하기에 뜨거운 음료를 담기에는 적합하지 않다. 또 소리가 날카로운 데다 시끄러운데, 특유의 소리는 차가 지니는 섬세한 풍미와는 어울리지 않는다.

형과 내가 태어났을 때는 플라스틱 컵이 합류했다. 어린이를 위해 디자인된 모든 물건들과 마찬가지로, 그 컵들도 알록달록하고 투박했다. 그리고 이런 특성은 거기에 담기는 음료, 그러니까 차보다 달고 과일 맛이 나는 음료들과 잘 맞았다. 부드러운 플라스틱을 입에 대었을 때의 느낌은 따뜻하고 편안하며 안전하다는 것이다.

플라스틱 컵은 즐겁고 달콤한 느낌을 준다. 이 재료는 유아기를 반영한다. 만약 사람이 커서 힘이 세지고 경직되며 더 분별력이 생긴다고 해보자. 거기에 맞춰 플라스틱 주스 컵도 자라서 도자기 찻잔이 된다고 보면 맞는 말이 될 것이다. 하지만 슬프게도 플라스틱 컵은 일찍 죽을 수밖에 없다. 이유는 태양의 자외선에 분해돼버리기 때문이다. 소풍 때마다 플라스틱 컵의 수명은 줄어들 것이고, 종국에는 노랗고 바스락거리는 상태가 돼 부서져버릴 것이다.

반대로 도자기는 자외선에 분해되지 않고 화학물질의 공격에도 끄떡없다. 도자기는 다른 재료보다 표면에 상처가 잘 생기지 않는다. 기름이나 지방 성분, 대부분의 얼룩을 튕겨낸다. 탄닌과 아주 일부 다른 분자가 달라붙기도 하지만, 산이나 표백 성분으로 꽤 쉽게 지울 수 있다. 결과적으로, 도자기는 형태를 대단히 오랫동안 유지할 수 있다.

사실 내가 가진 잔도 입술이 닿는 부위에서 손잡이에 이르는 부위에 난 금이나 탄닌에 의한 얼룩만 빼면, 50년 전과 거의 비슷해 보인다. 이렇게 오래 가는 것을 대신할 것은 거의 없다. 종이컵의 경우, 종이가 재활용 가능하니까 지속가능해보이지만, 방수가 되도록 하려면 왁스 코팅이 필요하므로 지속가능하지 않다. 진정한 지속가능성을 생각한다면 도자기에 기대를 걸어야 한다.

실용성을 빼더라도 차를 도자기가 아닌 종이나 플라스틱, 금속 그 외의 어떤 재료로 만든 잔에 담아 내놓는 것은 사회적 결례다. 차를 마시는 것은 단순히 액체를 마시는 게 아니다. 사회적 의식儀式이자 어떤 이상의 찬양과도 같은 것이다. 도자기 잔은 이 의식의 핵심이다. 그러니까, 문명화된 가정의 핵심 부분이라는 말이다.

도자기가 어떻게 이렇게 높은 지위를 얻게 됐는지에 대한 이야기는 종이보다도, 플라스틱보다도, 유리보다도, 그리고 금속보다 오래 전으로 거슬러 올라간다. 모든 것은 인류가 강 속에서 건져 올린 진흙을 불 안에 넣으면서 시작됐다. 그때 인류는 진흙을 변화시킬 수 있다는 걸 깨달았다. 진흙은 그냥 마르기만 하는 게 아니었다. 무언가 다른 일이 벌어져서 부드럽고 질퍽질퍽한 진흙을 단단하고 새로운, 거의 암석 수준의 성질을 갖는 물질로 바꾸었다.

이 물질은 단단하고 튼튼하며, 물건을 저장하거나 곡식과 물을 모으는 그릇 모양으로 만들 수 있었다. 이런 그릇 없이 정착과 농업은 불가능했을 것이다. 그리고 우리가 아는 문명은 시작도 못했을 것이다. 대략 1만 년 뒤, 이런 그릇들은 '항아리'로 알려지게 됐고 이 단순한 종류의 도자기는 도기라 불리게 됐다.

하지만 이런 초기 도자기들은 진짜 돌이 아니었다. 잘 부스러졌고 쉽게 깨졌으며 먼지도 많이 났고 구멍도 잘 났다(현미경으로 표면을 보면 구멍으로 가득 차 있다). 테라코타와 질그릇은 이런 초기 도자기의 친척이다. 이

사소한 것들의 과학

런 것은 만들기는 정말 쉽지만 여전히 매우 약하다. 나도 이런 일을 많이 겪었다. 주로 휴일에 사들인 이런 테라코타 접시들 가운데 한 개를 찜 요리를 담은 채 오븐 안에 넣었더니 한 시간 뒤에 깨지고 샌 것이다. 오븐은 모든 장소 가운데 도자기가 가장 편하게 여겨야 하는 장소다. 도자기를 만든 곳이기 때문이다. 하지만 테라코타는 계속해서 실패했다. 이유는 액체가 테라코타의 구멍 안에 스며든 뒤, 가열되면 기화해 팽창하며 미세한 균열을 만들기 때문이다. 미세한 균열은 마치 강의 지류가 그러듯이 합쳐져 큰 균열을 이루고 마침내 테라코타 접시 표면으로 분출한다. 접시를 향해서뿐만 아니라, 자주 그 안에 있는 음식을 향해서도 그런다.

금속이나 플라스틱, 유리와는 달리, 도자기는 녹여서 주조할 수 없다. 혹은 그런 액체를 담는 데 필요한 온도를 견딜 수 있는 재료가 없다. 도자기는 산이나 바위, 돌과 같은 물질로 돼 있다. 이들의 액체 상태는 지구의 용암과 마그마다. 하지만 만약 용암을 가져와 거푸집에 붓는다고 해도 강한 도자기를 만들 수는 없다. 뭔지 알아보지도 못할 거고 그걸로 컵을 만들 수도 없다. 실제로 만들어지는 것은 물론, 구멍과 불완전성으로 가득 찬 화산암이다. 화산암을 산을 만드는 화성암으로 바꾸기 위해서는 수백만 년의 시간과 압력이 필요하다. 이런 이유로 바위를 대신할 인공 재료는 시멘트와 콘크리트가 그렇듯 화학반응을 이용하거나, 도기처럼 가마에서 점토를 가열하는 방법을 쓴다. 녹이지는 않지만 대신 결정의 특이한 특성을 이용하는 것이다.

점토는 고운 가루 상태의 광물과 물의 혼합물이다. 모래와 마찬가지로 이런 광물 가루는 바위의 풍화작용으로 생겼는데, 실은 작은 결정구조를 이룬다. 점토는 보통 강바닥에서 만들어진다. 침식된 광물이 산에서부터 씻겨 내려오다 강바닥에 가라앉아 질퍽질퍽하고 부드러운 반죽을 이룬다. 다른 종류의 점토는 다른 종류의 광물 혼합물을 만든다. 테라코타의 경우, 결정은 보통 석영과 알루미나산화알루미늄. 흰색을 띠는 가루 형태로 알루미늄이나 고급 시멘트 등에 쓰인다:역자 주, 그리고 테라코타에 붉은 빛을 주는 녹으로 돼 있다.

점토가 가열되면, 가장 먼저 일어나는 일은 물의 증발이다. 작은 결정은 마치 모래성처럼 구멍이 많아 거기에 물이 들어 있는데, 그게 빠져나간다. 하지만 온도가 높아지면 때로 특이한 일이 벌어진다. 하나의 결정에 들어있던 원자가 근처에 있는 결정으로 튀었다가 되돌아온다. 하지만 어떤 결정의 원자는 원래의 자리로 돌아오지 못하고, 점차 결정 사이에 원자의 다리가 만들어진다. 결국 수십억 개의 다리가 생기고 결정들이 모여 뭔가 하나의 덩어리가 된다.

원자들이 이렇게 움직이는 이유는 두 개의 화학물질이 반응하는 이유와 같다. 각각의 결정 안에서, 원자 속 모든 전자는 이웃과 안정된 화학결합을 이룬다. 전자는 '점유돼' 있다. 하지만 결정의 모서리와 표면에는 결합할 원자가 주변에 없는 '점유되지 않은' 전자가 있다. 마치 끝마무리를 하지 않은 끈처럼 말이다. 이런 이유로 결정 속의 모든 원자들은 결정의 표면보다는 내부에서 자리를 찾는다. 또는 결정의 표면에 있는 원자들은 불안정해서 적당한 기회가 오면 다른 자리로 가려고 한다.

결정이 차가우면, 이런 원자는 자신의 곤경을 해결하기 위해 돌아다닐 만큼의 에너지를 갖지 못한다. 하지만 온도가 충분히 높아지면 돌아다닐 수 있다. 원자는 스스로를 재조직해서 최소한만 결정의 표면에 위치할

:: 도자기를 구우면 어떻게 작은 결정이 물리적으로 응집한 하나의 물질이 되는가.

수 있게 한다. 그 결과, 전체적으로 표면이 줄어든다. 이렇게 함으로써 원자는 사이사이의 구멍을 제거해서 결정을 서로 최대한 꽉 맞게, 그리고 가능한 한 경제적이 되게 다시 빚는다. 느리지만 분명하게, 작은 결정의 집합은 하나의 물질이 된다. 마술은 아니지만, 마술적이다.

　물론 이론이지만, 어떤 점토는 다른 점토에 비해 이런 반응이 더 쉽게 일어난다. 테라코타 점토의 장점은 찾기 쉽고 이런 재조직화 과정이 상대적으로 낮은 온도에서 일어난다는 점이다. 흔한, 나무를 태우는 가마에서 나오는 불의 온도 정도다. 이 말은, 테라코타를 만들려면 낮은 수준의 기술적 노하우만 있으면 된다는 뜻이다. 결과적으로 모든 마을과 도시가 이 재료로 지어졌다. 일반적인 벽돌이 기본적으로 테라코타다.

테라코타의 가장 큰 문제는 구멍을 다 없애지 않아 조밀하지 않다는 점이다. 집을 짓는 벽돌로는 괜찮다. 튼튼하기만 하면 되는 데다, 일단 적절히 결합한 뒤에는 험하게 다뤄지거나, 반복적으로 가열되고 식히는 일이 거의 없기 때문이다. 하지만 잔이나 그릇에는 쥐약인데, 얇으면서도 부엌의 혹독함을 견뎌야 하기 때문이다. 게다가 테라코타는 그냥 참기만 하는 게 아니다. 한번 살짝 부딪히면 구멍에서부터 균열이 자라기 시작하고 멈추지 않는다.

이렇게 잘 깨지고 구멍이 많은 단점을 해결한 것은 동양의 도예가였다. 처음에 깨달은 것은 토기를 특정한 재로 덮으면 굽는 과정에서 이 재가 유리 코팅으로 변해 도자기의 바깥에 달라붙는다는 것이었다. 이런 유리 겉껍질은 토기의 바깥에 나 있는 구멍을 막아줬다. 게다가 유약의 성분과 분포를 다양화하면 도자기에 색을 주거나 장식을 할 수 있었다. 이 기법은 물이 스며드는 것을 막았을 뿐만 아니라, 도자기를 위한 새로운 미학의 세계를 열어줬다.

오늘날 이렇게 유약을 바른 도자기는 상당히 자주 볼 수 있다. 내 부엌에도 많다. 싱크대와 조리대 주변의 벽을 덮고 있는 타일의 형태로 말이다. 타일은 벽을 청소하기 쉽게 해주고 보기에도 좋다. 우리 집 욕실이나 화장실은 온통 타일로 덮여 있다. 바닥이나 벽, 심지어 건물 전체를 덮기 위해 무늬가 있는 타일을 쓰는 건 특히 중동과 아랍 건축과 관련이 많다.

유약은 불에 구운 점토 안으로 물이 들어가는 것은 막았지만, 도자기

사소한 것들의 과학

몸체 내부에 있는 구멍 자체의 문제를 없애지는 못했다. 이런 구멍은 균열을 일으키기에 문제였다. 타일은 여전히 비교적 약했고, 유약을 바른 테라코타 잔이나 그릇도 마찬가지였다. 이 문제 역시 중국인들이 풀었다. 하지만 완전히 새로운 종류의 도자기를 만들어서였다.

2,000년 전, 도자기를 개선시킬 방법을 찾던 중, 중국 한나라의 도예가들은 점토의 종류를 달리할 뿐만 아니라 고유의 점토 조합을 바꿔서 실험했다. 강에서 쌓이지 않는 광물을 더한 것이다. 그런 첨가물 중 하나는 흰색 광물인 고령토였다. 왜일까? 아무도 모른다. 아마 단지 탐구심에서였을 것이다. 색이 마음에 들었을지도 모르겠다.

그들이 온갖 종류의 다른 혼합을 실험했으리라는 것은 의심할 여지가 없다. 하지만 마침내 고령토와, 석영과 장석 등 광물 성분으로 일부 조합을 찾았다. 이들은 흰색 점토를 만들었고, 구우면 예쁜 흰색 도자기가 나왔다. 흰 도자기는 토기보다 강하지는 않았다. 하지만 그들이 알던 다른 점토와 달리 가마의 온도를 1,300℃라는 매우 높은 온도로 올리면 특이한 모습을 보였다. 점토가 거의 물처럼 보이는 고체로 변했다. 완벽하게 매끈한 표면을 갖는 흰 도자기였다. 인류가 본 도자기 중 가장 아름다운 도자기였다. 또 어떤 도자기보다 강하고 튼튼했다. 어찌나 강한지, 아주 얇은, 거의 종잇장 같은 잔과 그릇을 만들어도 금이 가지 않았다. 또한 어찌나 섬세한지 반투명해 보일 정도였다. 이것이 자기다.

강도, 가벼움, 섬세함, 그리고 뛰어난 부드러움. 이런 특성의 조합은 강력하다. 이 재료는 곧 왕권과 관련을 갖게 돼 그들의 부와 고상한 미적 취향을 드러내게 됐다. 하지만 다른 의미도 있었다. 자기를 만들려면 광물을 정확한 비율로 혼합해야 했고, 또 이 혼합물을 구우려면 높은 온도를 내는 가마를 지어야 했다. 이러한 과정에는 높은 지식과 기술이 필요했기에, 자기는 기술과 미적 표현의 완벽한 결혼을 의미하게 됐다. 한나라의 자부심의 근원으로 시작해서 곧 그들의 뛰어난 솜씨를 구현한 상징이 됐다. 중국 역사의 이 시점에서부터, 왕조마다 각기 다른 종류의 황실 도자기를 가졌다.

각 나라는 궁전을 꾸밀 대단히 아름다운 화병과 예식용 그릇을 만들어서 자신들의 자기를 뽐냈다. 하지만 곧 깨달았으니, 축복받은 손님들이 이 새로운 재료의 맑은 색과 가벼움에 정말 놀라게 하려면 보기만 할 게 아니라 만져서 느껴야 했다. 차를 마시면 가능했다. 자기 잔에 차를 담아 손님에게 제공하는 것은 기술적 섬세함의 표현일 뿐만 아니라, 문화적으로 세련됨을 보여주는 방법이었다. 그리고 다도는 마침내 중요한 의식이 됐다.

중국의 자기는 다른 도자기에 비해 품질이 워낙 뛰어났다. 중동과 서양의 무역상들이 접촉해 오자 중국은 자기가 상품으로서 얼마나 가치가 있는지를 금세 깨달았다. 중국인들은 자기만 수출한 게 아니라 차를 마시는 의식까지 함께 수출했다. 이 둘은 중국 문화의 전도사가 됐고, 가는 곳마다 큰 화제를 불러일으켰다. 그 당시 유럽은 아직 나무와 백랍, 은 또는 토기로 만든 잔을 쓰고 있었다. 자기는 다른 나라들과 비교할 때 중국의 기술이 얼마나 더 발달해 있었는지를 정확히 보여주는 물리적 증거였다. 자기 찻잔 세트를 가지고 가장 좋은 중국차를 제공하는 것만으로 특별해질 수 있었다. 결국 '하얀 금', '차이나'라 불리던 이 고상한 흰 자기의 무역이 시작됐다.

무역은 큰 규모로 확대됐고, 유럽에서는 많은 사람들이 스스로 자기를 만들면 더욱 부유해질 수 있다는 사실을 깨달았다. 하지만 아무도 자기 기술에 가까이 갈 수 없었다. 자기를 만드는 법은 중국인들에게만 알려지도록 비밀로 보호받고 있었다. 유럽인들이 중국에 스파이를 보내 알아보게 했지만 소용없었다. 작센의 왕이 요한 프리드리히 뵈트거^{Johann Friedrich} ^{Böttger}라는 이름의 남자를 옥에 가두고 살고 싶으면 자기 만드는 법을 찾으라 했던 것이 성공하면서 유럽의 자기가 처음으로 만들어졌는데, 이는 아직 500년이 채 안 된 일이다.

뵈트거는 연금술사였다. 하지만 감옥에 있던 1704년, 폰 치른하우스^{von Tschirnhaus}라는 사람의 지시 아래, 다양한 흰 광물을 이용해 자기를 만들기 위한 체계적인 일련의 실험을 했다. 그 지역에서 고령토가 발견된 게 전환점이 됐다. 일단 필요한 높은 온도를 얻고 나자, 그들은 중국인들이 천 년 이상 알아왔던 방법을 발견하게 됐다.

뵈터는 1,350℃에 막 도달해 하얗게 달아오른 가마에서 잔 하나를 빼 물에 바로 담금으로써 자기를 만들었다는 사실을 증명했다. 대부분의 도자기는 이런 극단적인 환경에서 온도에 따른 충격으로 부서져 흩어진다. 토기와 도자기는 폭발할 것이다. 하지만 자기의 튼튼함과 강함은 매우 뛰어나, 손상되지 않은 채 살아남는다.★ 작센 왕은 정식으로 뵈터와 폰 치른

★ 이 이야기는 널리 믿어지지 않지만, 우리는 2011년 7월 BBC4 시리즈인 '세라믹은 어떤 원리로 기능하는가'에서 이 실험을 재현했다. 그리고 정말 자기는 하얗게 달궈진 상태에서 물에 담그는 열 충격에서도 온전하다는 사실을 확인했다.

하우스에게 상을 줬다. 유럽 자기의 발명이 왕을 엄청난 부자로 만들어줬기 때문이다.

그 후, 유럽 전역의 과학자와 도예가들은 자기의 비밀을 풀기 위해 실험을 시작했다. 산업스파이가 만연했지만, 영국이 영국에서 나는 성분을 이용해 '본차이나 자기'라는 나름의 자기를 만들기까지는 다시 50년이라는 시간이 추가로 걸렸다. 그리고 내 부모님이 결혼 선물로 받은 찻잔 세트를 만든 재료가 바로 이것이다.

그리고 1962년, 미오도닉 가의 결혼 발표가 있던 해. 콘월 지역의 광부들은 그들이 200년 동안 아침마다 해왔듯, 탄광과 제분소가 여기저기에 있는 코니시 언덕의 야생 양치식물 사이로 나아가기 시작했다. 그들은 희귀한 흰색 광물인 고령토가 묻힌 유용한 광산을 파기 위해 트레비스코 탄광에 가는 중이었다. 길 저편 화강암 광산에서는 다른 광부들이 운모나 장석, 석영을 포함한 돌을 빼내고 있었다. 스태포드셔주와 그 주변 체셔주, 더비셔주, 레스터셔주, 워릭셔주, 우스터셔주, 그리고 쉬롭셔주의 농부들은 가축을 기르고 있었는데, 가축의 뼈는 마지막에 태워져서 가루로 부서졌다. 이 모든 성분들은 겨울날 스토크온트렌트로 향했다. 이 잔과 세트의 다른 잔들이 태어난 그곳으로.

당시 이 도시는 언제나 스모그로 자욱했다. 그것은 이곳을 영국 도자기의 본고장 중 하나로 만든, 붉은 벽돌을 이용해 병 모양으로 만든 가마 수백 개가 만들어내는 것이었다. 그 시절의 스모그는 황이 매우 많이 함유돼 있었고 약간 산성 냄새가 났다. 아마, 내가 거기 살던 1987년에 그랬듯, 구름이 낮게 걸려서 연기가 나고 있는 굴뚝이 한 데 어우러져 있는 것처럼 보였을 것이다. 이러한 도시의 풍경은 마치 꿈속의 한 장면처럼 비현실적인 느낌을 줬다.

공장 안에서 가마에 의해 가열된 공기는 따뜻하고 건조하고 포근했다. 늘어선 방들은 벤치와 기계 장비로 가득 차 있었고 남자와 여자가 줄지어 서서 일을 하고 있었다. 그들은 갖가지 종류의 도자기를 다 만들었지만, 접시와 잔 받침, 그리고 찻잔이 가장 많았다. 이곳에서 이루어지는 일은 대단했다. 부지런한 집중의 분위기가 모든 곳에 퍼지고 있었다. 그리고 모든 것이 한 가지 재료로 만들어지고 있었다. 이 재료가 모든 공장을 지배했고 모든 곳에 흔적을 남겼다. 여기저기에 이 고운 흰 가루 자국이 있었다.

광물과 뼈의 혼합물인 가루 자체는 하나도 특이하지 않다. 그리고 물을 넣어 끈적한 반죽이 된 점토 상태도 더 쓸모가 있어 보이지는 않는다. 찻잔은 웨지우드 공장에서 평생 그것만 해온 여성이 손으로 빚어 만든다. 도자기용 녹로와 장인의 빼어난 손재주 덕분에, 반죽 덩어리는 순식간에 잔으로 바뀐다. 그 뒤 잔은 납작한 판 위에 놓이는데, 연약하고 아직 축축한 상태로 힘도 없고 거의 미성숙한 아기 같다. 아무 도움도 받지 못한다면 마르고 축 처지며 금이 갔다가 나중엔 분해돼버릴 것이다. 마치 진흙으로 만든 잔이 그렇게 되듯이. 하지만 그렇게 되는 대신 잔은 재빨리 공장의 다른 곳으로 옮겨진다.

거기에서, 손가락이 굵은 남자가 내화점토(높은 온도를 견딜 수 있어서 다른 점토를 구울 때 둘러싸 보호하는 점토)를 이용해 토갑 고급 도자기를 가마에 구울 때 그 안에 넣도록 만들어진 내화성 보호 용기:역자 주이라는 상자를 재빨리 만들어서 잔들을 안에 넣는다. 잔끼리 닿지 않게 조심스럽게 배열하고 지지하고 나서 모든 준비가 끝나면 토갑을 마지막 점토 조각으로 봉한다. 토갑 안은 깜깜하고 추우며 축축할 것이다. 그 안의 모든 잔들도 여전히 축축하고 약할 것이다.

다음날 토갑을 다른 500개의 토갑과 함께 병 모양의 가마 안에 넣는다. 가마 안은 가득 찬다. 그리고 가마를 닫고 아래에 석탄불을 피운다. 토갑이 연기와 불로부터 보호해준 덕분에, 잔은 태초의 흰색을 유지할 수 있다. 또 하루에 걸쳐 온도가 올라감에 따라 결합하고 있던 물이 모두 증발하면서 천천히 마른다. 이제 잔은 탄생 과정 가운데 가장 예민한 단계에 와 있다. 이 단계에서 잔은 무척 약해서, 광물 결정 덩어리가 서로 결합해 있긴 하지만 그 사이에 서로를 이어줄 풀로 작용할 게 없다. 토갑이 초고온으로 달궈진 공기와 연기를 보호해주고 있기에 망정이지, 안 그랬다면 다 분해돼 날아갔을 것이다.

온도가 더 높아지면, 광물의 구성요소인 결정이 형태를 이루기 시작하고 변형되기 시작한다. 원자가 하나의 결정에서 다른 결정으로 춤을 추고, 결정 사이에 다리를 놓고 잔의 전체 내부구조를 다시 배열해 하나의 고체 덩어리로 바꾼다.

그 뒤 온도가 더 올라 1,300℃가 되면, 그리고 가마 전체가 백열에 타오르면 마법이 시작된다. 결정 사이를 흐르던 원자 일부가 유리의 강으로 변한다. 이 원자들은 대부분 고체이지만, 약간은 액체이기도 하다. 마치 잔 안에 피가 있어서 액체 유리의 핏줄을 타고 흐르는 것만 같다. 이 액체는 결정의 모든 작은 구멍들을 돌아다니면서 표면을 코팅한다. 이제 다른 종

사소한 것들의 과학

류의 도자기와는 달리, 이 잔은 결점이라고는 갖지 않았던 것처럼 느껴지게 된다.

가마를 열 수 있을 정도로 식히는 데엔 이틀이 걸린다. 하지만 그 뒤에도 잔은 여전히 뜨거워서 안전하게 옮기기 힘들다. 그럼에도 불구하고, 건장하고 억센, 검댕이 묻은, 세 겹으로 된 모직 점퍼와 코트를 입은 한 무리의 사람들이 들어와서 내용물을 꺼내 간다. 가열하는 동안 한두 개의 토갑은 깨져서 열려버리기도 한다. 그럼 잔이 가마의 연기와 불꽃에 노출된다. 그들에게는 슬픈 엔딩이다. 하지만 미오도닉의 잔은 토갑 자궁에 안전하게 묻혀 있었다. 이후 조심스럽게 토갑을 깨뜨리자 잔이 세상에 나왔다. 둥지를 떠날, 가장 특이한 도자기인 본차이나가. 잘못된 부분은 없는지 검사한 뒤 마지막 시험으로, 마치 아기 엉덩이를 때리듯, 전문가가 살짝 잔을 두드린다.

잔이 울리는 소리는 내부가 완전히 만들어졌는지 아는 가장 명확하고 확실한 방법이다. 만약 내부에 문제가 있다면, 즉 백열에 타고 있을 때 유리의 강이 채우지 못한 구멍이 있다면, 이런 구멍들이 소리를 일부 흡수해 소리가 울려 퍼지는 것을 막는다. 이런 컵은 소리가 둔탁하다. 하지만 완전히 꽉 찬 잔은 소리가 울리고 울리고 또 울린다. 이 울림소리가 미오도닉 잔이 공식적으로 이 세상에 받아들여졌음을 공표하는 소리다. 테라코타로 만든 잔을 두드려보면 아무 소리도 안 나거나, 잘 해야 둔탁한 소리가 날 뿐이다. 하지만 내 잔의 자기는 결점 없이 속이 완전히 꽉 차 있기 때문에, 종이처럼 얇고 맑으면서도 고상하고 섬세한 모양을 50년째 유지할 수 있다. 게다가 아직까지도 힘 있고 생명력 있는 울림소리를 들을 수 있다.

이 잔들은 미오도닉 가족의 온갖 특별한 행사에는 다 사용됐다. 외할머니가 딸의 집을 보기 위해 아일랜드에서 방문했을 때에도 차를 내놓기 위해 이 잔을 사용했다. 미오도닉 가의 첫 번째 아들인 션이 태어났을 때 이를 축하하기 위해 열린 가족 모임에서도 사용했다. 1977년 은혼식을 축하하기 위해 이웃을 초대했을 때도 함께했고, 삼촌인 앨런이 몰래 보드카를 마시고 화단을 굴렀을 때도 이 잔 가운데 하나를 썼다. 크리스마스 날 오파 미오도닉이 재채기를 해서 한 상 가득 차린 저녁 테이블을 콧물범벅으로 만들었을 때는, 이어지는 난리법석에 이 잔들 중 하나가 테이블에서 떨어져 산산조각이 났다. 미오도닉의 아들들이 결혼했을 때도 잔은 우리와 함께였다. 션이 결혼할 때는 제외였는데, 션은 비행기를 타고 하와이에서 스카이다이빙을 하고 그곳의 해변에서 결혼했다.

결혼 선물로 받은 자기이다 보니, 이 잔들은 미오도닉 가에서 축하할 일들만 봤다. 특별한 행사 때 감동을 줄 목적일 때만 이 잔을 꺼냈다. 그래서 이 잔들은 일상에는 참여한 적이 없다. 침대에 차를 담아간 적도, 채소밭 옆의 정원에 나간 적도, 축구를 하는 아이들에게 마실 것을 준 적도 없다. 집 안에서 벌어지는 이런 일들은 유약을 발라 구운 질이 낮은 자기 또는 토기인 머그잔의 차지였다. 머그잔은 대개가 두꺼운데, 너무 약한 물질로 만들어져서 그렇게 하지 않으면 잔이 되지 못하기 때문이다. 싸고 경쾌한 데다, 격식을 차리지 않은 모양과 크기 덕분에 가정에서 사용하기에 적당하다. 머그잔에 담아 마시는 차 역시 싸고 유쾌하다.

차는 비록 중국에서 유래했지만, 영국의 음료라 할 수 있다. 역할은 많

　　　　　　　　　　　　　　사소한 것들의 과학

이 다른데, 중국 한나라에서 내놓던 차는 부와 섬세함을 보여주는 게 목적이었다. 영국의 차는 주로 저렴한 차를 곱게 갈아 블렌딩한 뒤 티백에 담은 것이다. 영국인들은 어둡고 갈색을 띠는 차를 좋아하는데, 그게 좋은 차와 관련이 있는 색이기 때문이다. 하지만 사실, 영국 차는 더 순수한 다른 차에 비하면 맛이 별로 없다. 영국인들은 쓴맛을 중화하기 위해서, 그리고 춥거나 비가 오는 날 기분이 나아지게 하기 위해 우유를 넣어 마신다. 영국의 차는 기본적인 풍미를 지닌, 복잡하지 않고 허세가 없는 음료다. 머그잔에 담아 마실 때는 특히 그렇다.

내가 지붕에서 차를 마시고 있는 이 자기 잔은 내 어머니와 아버지가 결혼식 때 받은 찻잔 세트 가운데 마지막 잔이다. 그때 이후 세월이 변했고 찻잔 세트는 더 이상 신혼부부의 집에 꼭 필요한 물건으로 꼽히지 않는다. 더 이상 고급 도자기와 차로 세련됨이나 우아함을 평가하지 않기 때문이다. 자기는 모던하고 기능적이게 스스로 다시 태어났다. 오늘날의 결혼 선물에도 자기가 포함돼 있다. 하지만 주로 밋밋한 하얀 접시이거나 심지어 머그잔일 경우가 많다. 산뜻해 보여서기도 하지만, 가장 중요한 건 식기세척기에 넣을 수 있다는 이유에서다.

부모님의 결혼 찻잔 세트 가운데 마지막 잔을 이렇게 매일 쓰는 게, 잔에는 치명적일 거라는 사실을 안다. 차를 담을 때마다 차의 열이 찻잔의 구조에 스트레스를 주고 갈라진 부위를 점점 더 갈라지게 할 것이다. 찻잔 안에 담긴 차의 무게는 좀 더 많은 원자 결합을 파괴할 것이다. 조금씩 조금씩 균열은 길어질 것이고, 작은 벌레처럼 잔을 안에서부터 잠식해 갈 것이다. 어느 날 잔은 부서져서 산산조각이 날 것이다. 더는 그 잔을 사용하지 못하겠지만, 부모님의 결혼식에 대한 추억으로 간직할 것이다. 그래도 나는, 매일 이 잔에 차를 담아 마시는 것이야말로 서로에 대한 두 분의 사랑을 축복하는 방법이라고 생각하고 싶다. 이 잔은 바로 그러한 목적으로 만들어진 것이다.

1 ⊛ 0

불멸의
implant

Stuff
Matters

implant

implant : 생체재료

우리를 나이 들게 하는 것은 세포가 아니라,
세포를 만드는 시스템의 저하다.

1970년대에는 「600만 달러의 사나이」라는 미국 텔레비전 시리즈물
이 있었다. 이 시리즈의 배경은 이렇다. 스티브 오스틴이라는 우주인이 심
각한 충돌 사고로 거의 죽기 직전까지 갔다. 그래서 몸을 재건하고 감각기
관을 심는 실험적인 수술에 응하는데, 이 수술은 단지 그의 몸을 재건하기
위한 게 아니었다. 몸을 완전히 공학적인 몸으로 바꿔서 '더 잘하게, 더 세
게, 더 빠르게' 만들었다.

텔레비전 프로그램은 복잡한 수술이며 그와 관련한 바이오닉 장비 이
식에 대해서는 많은 시간을 들여 보여주지 않았다. 그저 다시 살아난 스티
브 오스틴의 초인적인 능력에만 초점을 맞출 뿐이었다. 그는 이제 믿을 수
없을 정도로 빠르게 뛰고 거대한 울타리를 뛰어넘으며 아주 먼 곳에 있는

위험을 감지해냈다. 형과 나는 이 프로그램을 아주 좋아했고 사실이라고 믿었다. 그래서 어느 날 내가 정글짐에서 뛰어내리다 다리를 다쳤을 때에도, 우리 차 보라색 푸조 504 이스테이트로 병원에 가면서 놀라움과 기대감에 가득 차 있었다. 그때 나는 뒷좌석에 우리 형제 세 명 사이에 구겨지다시피 해서 끼어 탔는데, 모두가 날카로운 목소리로 이렇게 읊조리고 있었다. "우린 마크를 더 잘하게, 더 힘세게, 더 빠르게 만들 수 있지…."

응급실에 도착하자 나는 신속히 그리고 전문적으로 검진과 진단을 받았다. 내 다리는 정말 부러진 것으로 판단됐지만, 의사는 내 뼈의 자연 치유 능력이 상처를 치료할 것이라고 말했다. 내겐 실망스러운 소식이었고, 의료당국의 책임 회피처럼 느껴졌다. "의사들이 왜 저를 재건하지 않는 거죠?" 어머니에게 물었더니 뼈같이 딱딱한 것도 스스로를 치유하는 능력이 있다고 대답했다.

의사는 뼈도 부드러운 안쪽 코어 부분이 있고 그것을 단단한 바깥층이 둘러싸고 있다고 설명했다. 마치 나무처럼 말이다. 보이지 않을 정도로 작은 영역에서, 이런 안쪽 코어는 구멍이 많고 촘촘한, 그물망 같은 구조를 하고 있다. 그리고 이 덕분에 세포는 뼈 안에서 끊임없이 움직일 수 있고, 뼈를 부수고 리모델링하게 한다. 마치 근육처럼, 뼈도 그 사용에 따라 더 강해지거나 약해지는 이유가 바로 이것이다. 뼈에 힘을 가하면 뼈가 그 힘에 반응해 스스로를 더 강하게 만든다. 점프나 달리기 등의 활동도 그런 역할을 하지만, 가장 중요한 것은 그냥 자신의 체중을 견디는 일이다.

의사가 말하기를 우주인에게 큰 문제 중 하나는, 우주에서는 무게가 사라지기 때문에 뼈에 가해지는 힘이 사라져서 뼈에 힘이 없어진다는 것

사소한 것들의 과학

이었다. "최근에 우주에 간 적 있니?" 의사가 물었다. 그는 이 질문이 아주 재미있고 웃기다고 생각했나본데, 나는 얼굴을 찌푸렸다.

우리 몸의 뼈에서는 끊임없이 리모델링이 일어나지만, 부러진 다리를 고치려면 뼈에서 쪼개진 두 가지 면이 남아서 완벽하게 서로 맞아야 한다는 조건이 있다. 의사의 설명에 따르면, 이 말은 내가 다리가 움직이지 않도록 하는 조치를 한두 달에 걸쳐 받아야 한다는 뜻이었다. 이 조치는 고대에서 유래한 것으로, 고대 이집트인과 그리스인이 사용했다. 별로 어려운 기술도 아니었다. 단순히 다리를 단단한 붕대로 감싸두는 것이었으니까.

이집트인들은 린넨 천을 이용해서, 미라를 만들 때와 같은 기술로 다리를 고정했다. 그리스인들은 천이나 나무껍질, 밀랍과 벌꿀 등을 이용했다. 하지만 내가 한 깁스는 19세기 터키의 혁신적인 발명품인 플라스터로 만든 것이었다. 플라스터는 탈수 분해된 광물인 석고로 만드는데, 물과 섞으면 시멘트처럼 단단해진다. 그러나 플라스터는 그 자체만으로는 너무 잘 부서진다. 하루 이틀 뒤면 균열이 생긴다. 다행히 순면붕대와 함께 쓰면 내구성이 훨씬 좋아진다. 붕대의 섬유가 시멘트를 보강해줘서 균열이 자라는 것을 막아주기 때문이다. 이런 방식으로 석고붕대는 부러진 다리를 여러 주 동안 보호해준다. 이집트나 그리스 방식보다 유리한 점은 뼈가 붙고 다리가 낫는 세 달 동안 침대에 갇혀 있을 필요가 없다는 점이다. 플라스터 깁스는 단단하고 강해서 사람 무게 정도는 거뜬히 버틴다. 또 목발을 짚고 걸을 때의 충격도 견뎌서 보다 잘 회복하도록 도와준다. 이 재료가 등장하기 전까지는, 다리가 부러진다는 것은 때로 영원히 걷지 못한다는 뜻이기도 했다.

젖은 플라스터를 붕대에 발라 내 다리를 감싸던 순간이 아직도 기억난다. 석고와 물의 반응으로 열이 만들어져 이상했다. 다리를 둘러싼 부드러운 붕대가 굳으면서 따끔따끔했다. 그때 갑자기 다리 한가운데가 가려워졌는데, 어떻게 해소할 방법이 없어 그냥 버텨야 했다. 고문을 당하는 듯한 심정이었다. 이후 몇 달 동안 그 가려움은 시도 때도 없이, 주로 밤마다 되풀이됐고, 내가 할 수 있는 일은 아무 것도 없었다. 엄마는 이게 600만 달러의 사나이처럼 몸을 재건하기 위해 치러야 할 대가라고 말했고, 나는 재건된 것도 아니라고 불평했다. 나는 내가 재건'되기를' 바랐지만 의사들은 그저 내 몸이 스스로 고쳐지도록 했을 뿐이다. 당연히 나는 전보다 더 빨라지지도, 강해지지도, 무언가를 잘하게 되지도 않았다. 그냥 똑같았다. 하나도 빠르지 않고, 힘도 세지 않은 상태 그대로. 엄마는 내게 터무니없지만은 않은 말을 했다. 닥치라고.

내 삶은 여러 번의 심각한 부상과 그와 관련한 병원 방문 때문에 중단되었다. 내 몸의 모든 뼈를 다 부러뜨리지는 않았지만 그에 준할 정도였다. 갈비뼈와 손가락을 부러뜨렸고, 머리가 쪼개져서 열렸으며, 유리를 부수고 관통했고, 위 안쪽이 찢어지기도 했다. 언젠가는 찔린 적도 있었다. 하지만 매번 사고 때마다 내 몸은, 비록 의료기관의 감독 하에서였지만, 스스로 치유했다. 내 생애를 통틀어서 의사가 나를 '재건'해야 했던 것은 딱 두 가지밖에 없었다. 첫 번째는 꽤 오래 전 일이지만 계속 재발하는 문제다.

처음에는 입술에서 느껴지는 둔탁한 아픔으로 시작했다. 며칠이 지나자 날카로운 아픔으로 변했는데, 좀 더 송곳 같은 통증이 치아 중 하나

사소한 것들의 과학

에서 느껴졌다. 뜨거운 음료를 마시면 더 심해졌는데, 어느 날 샌드위치를 씹다가 드르륵 하는 끔찍한 소리를 들었다. 들으면 피부가 근질거리는 그런 소리 말이다. 상황이 더 나쁜 게, 소리의 근원이 내 입안이라는 사실이었다. 더더욱 나쁜 것은, 입천장에서 뇌로 강렬한 통증이 번개처럼 전해졌다는 사실이다. 나는 혀로 조심스럽게 어디가 다쳤는지 살폈는데, 한때 만질만질하고 단단한 이가 있던 자리에 끔찍하게도 까끌까끌하고 뾰족한 것이 있다는 사실을 발견했다. 이의 절반이 깎여나간 것 같았다. 이런 일이 있은 뒤로는 아무것도 먹거나 마시지 못했다. 이가 부러질 때 신경 하나가 노출돼 뭐든 닿기만 하면 대단히 민감하게 반응해 나를 고통스럽게 찔러댔기 때문이다. 내 입은 출입 금지 구역이 된 것 같았고, 통증을 멎게 하는 것 말고는 아무것도 생각할 수 없었다.

이집트인이나 그리스인들도 이건 고치지 못했다. 우리 조상들도 충치가 있었고 매일 통증을 안고 살았을 것이다. 통증이 너무 심해지면 지역의 대장장이가 펜치로 이를 뽑았다. 운이 좋다면 훈련받은 의사가 뽑기도 했다. 의학이 발달했고, 아편의 팅크제인 아편팅크^{아편 가루를 알콜과 물에 우려서 아편의 주성}분인 모르핀 등 알칼로이드 성분을 10% 정도 함유하도록 만든 물약. 붉은빛에 씁쓸한 맛이 나며 마취제나 통증 약으로 쓰인다

:역자 주 등 마취제가 통증을 덜어줄 수 있게 됐다.

1840년, 은과 주석, 수은으로 만든 '아말감'이라는 합금이 발명되자 비로소 전환기가 마련됐다. 가공 전에, 아말감은 수은 성분 때문에 상온에서 액체 금속 상태다. 하지만 다른 성분과 섞이면 수은과 은과 주석의 반응이 일어나 새로운 결정이 된다. 잘 닳지 않고 질긴 고체가 되는 것이다. 이 신비로운 재료는 액체 상태일 때 충치 안으로 재빨리 들어가고, 거

기서 딱딱하게 굳을 수 있다. 고체가 되면서 아말감은 살짝 팽창하는데, 충치 안에 쐐기처럼 박혀서 치아와 단단히 결합한다. 아말감으로 만든 충진재는 납과 주석으로 만든 대체재에 비해 월등히 우수했다. 납과 주석은 너무 물러서 오래 가지 못하는 데다, 녹는점 이상으로 열을 가하지 않는 한 충치에 액체 상태로 넣을 수도 없었다. 그런데 이 과정이 무척 고통스러웠다.

충치 때문에 이를 뺄 필요 없이 치료에 이 합금을 값싸게 사용한 지 150년이 지나서, 나는 처음으로 이에 아말감을 씌웠다. 지금도 그대로 갖고 있는데, 만질만질하고 부드러운 표면을 혀로 느낄 수 있다. 충진재는 나를 육체적 · 정신적으로 피폐해 있는 소년에서, 건강하고 아마 약간은 짜증나는 소년으로 다시 한 번 바꿔놓았다. 그 이후로도 나는 여덟 개의 이를 더 때웠다. 처음 네 개는 아말감을 썼고 나머지 네 개는 복합 수지를 썼다. 이 복합재료 충진재(수지)는 강한 투명 플라스틱과 실리카 가루를 조합한 것으로, 더 강하고 잘 닳지 않으며 아말감에 비해 치아와 색이 잘 어울린다. 이 충진재는, 아말감처럼 액체 상태에서 충치 안에 들어간다. 일단 자리를 잡으면, 입안에 작은 자외선 빛을 쪼여서 수지 안의 화학반응을 활성화한다. 그러면 거의 즉시 수지가 굳는다.

오늘날 선택할 수 있는 또 다른 대안은 문제가 되는 이를 빼고 자기(또는 지르코니아)로 된 복제 이로 대체하는 것이다. 이 복제 이는 복합재료 충진재보다 닳지 않고 색도 더 자연스럽다. 이런 치과용 생체재료가 없었더라면, 나는 이가 별로 남아 있지 못했을 것이다.

오늘날 내가 의존하는 또 다른 생체재료가 있다. 뉴멕시코에 있던

1999년에 내 몸에 넣은 것이다. 실내구장에서 축구를 할 때였다. 발로 공을 잡고 재빨리 방향을 바꾸려던 차였다. 펑 하는 소리가 크게 났고 이어서 무릎에 강한 통증을 느꼈다. 외부로부터 아무런 충격이 없었는데 무릎을 비튼 것만으로 파열이 될 수 있다면, 아무래도 이상하게 여길 것이다. 하지만 내가 겪은 일이 바로 그거였다. 오른쪽 무릎을 제자리에 있게 해주는 인대 하나가 끊어졌다. 전방십자인대였다.

인대는 몸 안의 고무밴드다. 근육이나, 근육을 뼈에 붙여주는 힘줄과 함께, 인대는 몸의 관절을 지탱해주고 우리 몸을 탄력 있게 해준다. 뼈와 뼈를 연결시키는 게 인대가 하는 일이다. 인대는 점탄성이 있다. 이는 일정 정도는 즉각 늘어날 수 있다는 뜻인데, 하지만 늘어난 상태가 지속되면 탄성을 잃고 늘어진다. 육상선수가 관절을 더 유연하게 하기 위해서 스트레칭을 하는 것도 부분적으로 이런 이유 때문이다. 인대를 늘리는 것이다. 관절에서 그렇게 중요한 일을 하는데도, 인대는 혈액 공급을 받지 않는다. 그래서 한 번 끊어지면 다시 자라는 게 불가능하고, 무릎을 제대로 사용하기 위해서는 교체를 해야 했다.

여기에는 여러 가지 외과적 방법이 있다. 나를 치료한 의사는 내 슬건hamstring을 이용해 전방십자인대를 리모델링하기로 했다. 하지만 슬건을 무릎에 고정시키기 위해서는 나사못을 사용해야만 했다. 만약 내가 다시 축구나 스키를 탄다면, 대체 인대가 제자리를 지키도록 나사가 몰래 붙들고 있을 것이다.

우리 몸은 안에 들어오는 재료에 대해 대단히 까다롭다. 대부분의 것들은 거부하지만 티타늄은 몸이 용인해주는 극소수의 금속 중 하나다. 더

구나 티타늄은 살아 있는 뼈와 강하게 결합하는 성질도 있다. 이 성질은 슬건 일부를 뼈에 묶을 때 대단히 유용한데, 시간이 지나도 약해지거나 느슨해지지 않는다. 내 무릎에 있는 티타늄 나사는 티타늄의 빼어난 내구성과 화학적 안정성(몸 안에서 반응을 하지 않는 금속은 거의 없다. 심지어 스테인리스 스틸도 몸 안에서는 화학반응에 의해 손상을 입는다) 덕분에 10년 넘게 여전히 제자리에 있다.

이 나사는 최초의 상태를 유지해야 한다. 산화티타늄이 표면을 강하게 감싸고 있기에, 티타늄은 사람의 일생 정도는 견딜 수 있다. 나는 내 안에 들어온 티타늄 나사도 그러기를 바라고 있다. 티타늄은 또 높은 온도도 잘 견디기 때문에, 내가 죽어서 화장하게 되면 가장 마지막에 발견할 수 있는 게 그 나사가 될 것이다. 티타늄 나사가 다시 빛을 봤을 때, 내 친지들이 마땅한 감사의 말을 해줬으면 좋겠다. 이 티타늄 나사가 없었더라면 달리기, 가족과의 축구, 또는 등산 등 내가 좋아하는 많은 것들을 못했을 거라고 말이다. 티타늄 나사와 의사는 내게 운동을 되돌려줬고, 나는 그들에게 큰 빚을 졌다.

나는 물론 아직 죽지 않았다. 그리고 앞으로 50년은 내 육체적 힘과 건강을 유지하고 싶다. 그러려면 분명 몸을 좀 더 재건해야 할 것이다. 현재의 기술을 보면 희망이 느껴진다. 비록 우리가 600만 달러의 사나이에 나오는 기술에 도달하려면 멀었지만, 그래도 지난 40년 동안 꽤 인상적인 발전을 이룩했기 때문이다.

여기 아흔여덟에 돌아가신 우리 할아버지 사진이 있다. 할아버지는 오래 사셨는데 돌아가실 때까지 정신도 또렷하셨고, 지팡이를 쓰긴 하셨

사소한 것들의 과학

:: 1982년, 할아버지와 산책 중인 엄마.

지만 걸으실 수도 있었다. 모두가 이렇게 운이 좋진 않을 것이다. 그런 할

아버지도 건강에 문제가 많았고, 키도 꽤 줄어드셨다. 이런 쇠락은 피할

수 없는 것인가, 아니면 미래에는 인체를 재건함으로써 노년의 주요한 결

과들과 맞서 싸울 수 있을 것인가. 생명, 의학 관련 연구소에서 나오고 있

는 신기술들은 내게 98세까지 걷고 달리고 심지어 스키를 타면서 살 수

있을 거라는 기대를 하게 한다. 지금의 나이인 43세와 비슷한 건강 상태와 거동 능력을 지닌 채 말이다.

거동 능력의 경우, 몸에서 가장 먼저 닳는 것은 근육이나 인대가 아니라(이런 면에서 나는 좀 운이 나빴다) 관절의 안쪽 표면이다. 무릎 관절과 고관절은 많은 무게를 견디는 복잡한 움직임 메커니즘 때문에 이런 면에서 특히 취약하다. 하지만 팔꿈치와 어깨, 손가락 관절 역시 닳는다. 이러한 마모와 파열은 고통스럽고 만성적인 관절염으로 이어진다. 또 다른 종류의 관절염인 류머티스성 관절염은 몸의 면역계가 관절을 공격해서 생기며, 결과는 비슷하다. 하지만 당신의 관절이 스스로 자신을 망가뜨리든 혹은 차에 부딪히거나 운동을 하느라 그러든, 일단 당신이 고관절이나 무릎, 팔꿈치, 그 외의 다른 관절을 잃는다면, 아무리 쉬거나 움직이지 않는다고 해도 문제를 해결할 수 없다. 몸의 다른 뼈들과 달리, 관절의 안쪽은 스스로 회복하지 못한다. 그곳은 뼈로 돼 있지 않기 때문이다.

고관절을 교체하는 건 꽤 오래됐다. 처음 고관절을 교체하려 했던 것은 1891년으로, 상아를 이용했다. 하지만 최근에는 티타늄과 세라믹이 쓰인다. 이런 관절 교체는 놀라운 성공을 거둬 왔는데, 고관절의 메커니즘이 꽤 단순하기 때문이다. 하나의 구상관절 메커니즘으로, 우리의 다리는 모든 방향(대부분은 자연스럽지 않은. 만약 요가를 해봤다면 무슨 뜻인지 아시리라)으로 회전할 수 있다. 고관절의 움직임을 뽐내도록 고안된 사회적 의식도 있다. 디스코 춤이라는. 그리고 이 분야에서 성공을 거두고 멋진 의상까지 갖춘 사람이 있다면, 문화적으로 '힙하다'고 말할 수 있다.힙(hip)에는 세련되

고 최신 유행에 정통했다는 뜻과, 고관절이라는 뜻이 함께 있다: 역자 주.

사소한 것들의 과학

우리의 고관절은 자궁 안에서 만들어졌다. 뼈 속의 공은 넓적다리뼈인 대퇴골의 끝에서 자라고, 이것은 골반 속 구멍과 완벽하게 딱 맞는다. 그때부터 이 두 뼈는 똑같은 비율로 자라기 때문에, 우리가 자라더라도 이 관절은 여전히 잘 맞는다. 하지만 이들(과 모든) 뼈의 표면은 상당히 거칠거칠하다. 그래서 우리 몸은 연골조직이라는 외곽층을 만들어, 구멍 안에서 두 뼈가 닿는 곳을 채운다. 이 조직은 뼈보다는 부드럽지만 근육보다는 훨씬 딱딱하고, 두 뼈 사이의 경계면을 부드럽게 만들어준다. 또 충격도 흡수해준다. 당신이 달리거나 뛸 때, 심지어 자이브를 출 때, 인대와 근육, 힘줄은 이 관절의 움직임을 제한하고 공이 구멍에서 빠지지 않도록 묶어주는 역할을 한다. 관절염이 도지면, 손상을 입은 것은 이 연골이다. 그리고 연골은 다시 회복되지 못한다.

고관절 교체는 대퇴골 끝의 공 모양 뼈를 티타늄 공으로 교체하는 것이다. 공이 들어갈 새로운 구멍이 골반 안에 들어가고, 연골 역할을 할 고농도 폴리에틸렌으로 표면을 덮는다. 이러한 교체를 통해 보행 능력을 거의 완벽히 되찾을 수 있을 뿐만 아니라, 10년 동안은 충분히 견딜 수 있다. 폴리에틸렌이 다 닳았을 때에나 교체가 필요하다. 새로운 인공 고관절은 공과 구멍이 너무나 잘 맞아서 부드럽게 움직이기 때문에 폴리에틸렌 쿠션이 필요없다.

하지만 이들이 더 오래 가는지는 아직 모른다. 금속과 금속, 더 새로운 재료로는 세라믹과 세라믹이 직접 맞닿아서 생기는 다른 문제가 있다는 사실이 밝혀졌기 때문이다. 그럼에도 불구하고, 고관절 교체는 오늘날 대단히 일상적으로 하는 수술이며 수백만 명의 사람들이 이 수술로 노년에 움직임을 되찾았다.

무릎 관절 교체도 비슷한 방법으로 하는데, 무릎의 관절은 메커니즘이 좀 더 복잡하다는 점이 다르다. 무릎은 구상관절이 아니고 구부리고 비트는 동작도 할 수 있다. 카페에 앉아 있는데 세상 돌아가는 일을 보는 것말고는 딱히 할 일이 없을 때, 사람들이 걷는 모습을 한번 보라. 무릎이 걸음을 이끈다. 즉 다음 발걸음을 내딛고자 하는 곳을 향해 무릎을 앞으로밀면, 종아리와 발이 그 아래를 휘두르며 내딛는다. 이때 발은 비틀거나기울여서 땅과의 각도를 조절해야 한다. 둘 다 무릎의 복잡한 조절과 재조정에 관련이 깊은 행동이다. 달리기는 이 모든 동작을 하는 동안 반복된충격을 받기 때문에, 무릎에 훨씬 더 많은 스트레스가 가해진다. 무릎을굽히지 않고 걸어보면, 무릎이 걸음을 걷는 데 얼마나 중요한 역할을 하는지 알게 될 것이다.

10년이나 20년 뒤에 무릎과 고관절을 대량 교체해야 할지도 모른다는 건 두려운 일이다. 그래도, 수술이 필요하다 해도, 걸을 수만 있다면 나는 그렇게 할 것이다. 하지만 의학과 재료과학에서 10년은 꽤 긴 기간이다. 무릎과 고관절의 손상된 연골이 다시 자라도록 촉진해, 나로 하여금수술을 피할 수 있도록 하는 연구가 지금도 계속되고 있다.

연골은 살아 있는 재료다. 마치 겔처럼, 섬유로 된 내부 골격이 있고겉은 콜라겐으로 돼 있다. (콜라겐은 젤라틴과는 사촌 격인 분자로, 우리 몸에서는 가장 흔한 단백질이다. 피부와 다른 조직에 탄력 있는 단단함을 부여하기 때문에, 주름 방지 크림들은 콜라겐 성분을 함유하는 경우가 많다.) 하지만 겔과달리, 이 골격 안에는 살아 있는 세포가 들어 있어서 조직을 만들고 유지

사소한 것들의 과학

시키는 일을 한다. 이 세포들은 연골모세포라고 불린다.

지금은 연골모세포를 환자의 줄기세포로부터 키울 수 있다. 하지만 단지 연골모세포를 실제 관절에 주입하는 것만으로는 연골을 고칠 수 없다. 그 이유 중 하나는 세포들이 원래의 환경인 콜라겐 밖에서 살지 못한다는 것이다. 이런 환경이 없을 때, 연골모세포는 죽는다. 이는 마치 런던 사람들을 달에 착륙시킨 뒤 인류의 역사를 다시 시작하라고 하는 것과 비슷하다. 도시의 인프라가 갖추어지지 않은 곳에서, 사람들은 대부분 할 수 있는 게 아무것도 없을 것이다.

필요한 것은 관절 안에 연골의 기본적인 내부구조 중 일부를 모사한 임시 구조를 만드는 것이다. 연골모세포를 구조체scaffold라고 불리는 구조를 넣어서, 이를 바탕으로 자라 분화하게 하고 증식하게 한다. 이를 통해 세포는 자신들이 살 곳을 재건할 시간과 장소를 얻고, 그 결과 연골이 다

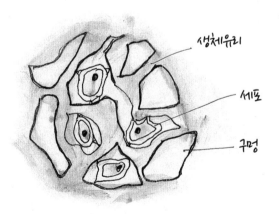

:: 구조 안에 세포가 자라는 생체유리 구조체 재료.

시 자란다. 이 방식에는 깔끔한 점이 있다. 일단 세포들이 살 곳을 지어서 새로운 연골이 무릎이나 고관절에 만들어지면, 세포가 구조체를 소비하거나 구조체가 스스로 분해되도록 설계됐다는 점이다.

구조체를 이용해 연골조직을 재건한다는 아이디어는 무리가 있어 보이지만, 이미 1960년대에 래리 헨치 교수에 의해 개척돼 확립된 방법이다. 헨치 교수는 한 육군 대령으로부터 베트남전 참전용사의 뼈를 재생할 방법이 없느냐는 요청을 받았다. 방법이 없다면 이 군인은 다리를 절단해야 할 상황이었다.

"우리는 목숨은 구할 수 있지만 다리는 구할 수 없다. 몸이 거부하지 않는 재료를 찾아야 한다." 헨치와 동료들은 뼈와 더 잘 어울리는 재료를 찾아다녔고, 하이드록시아파타이트(hydroxylapatite 혹은 hydroxyapatite)라는, 몸에서 만들어져 뼈와 강하게 결합하는 재료를 발견했다. 연구팀은 많은 실험을 했고, 마침내 유리의 형태로 만들었을 때 특별한 특성을 갖는다는 사실을 발견했다. 이 생리활성 유리는 구멍이 많았다. 안에 작은 통로가 많다는 뜻이었다. 조골세포라고 불리는 뼈세포는 이런 통로에서 자라는 걸 좋아한다. 이들은 새 세포를 만들고 그것들을 둘러싼 생체유리를 분해시킨다. 마치 먹는 것처럼.

이런 조직공학은 대단히 성공적이어서 이제는 합성 뼈 이식을 위해 쓰이고 두개골이나 얼굴뼈를 재건하기 위해서도 쓰인다. 무게를 지탱하는, 더 구조적인 뼈에는 아직 쓰이지 않는다. 뼈를 재건하는 데 시간이 꽤 걸리는 데다, 구조체를 만드는 것만으로는 큰 압력을 견딜 수 없기 때문이다. 이렇게 더 큰 구조를 만드는 현재의 전략은, 실험실에서 하는 것이다. 구조체를 쓰는 전략은 몸 안에서뿐만 아니라 바깥에서도 작동하기 때문이다. 이 경우 세포는 인체의 온도와 습도를 흉내 낸 생물반응기에서 키워지며 세포에는 영양도 공급된다. 이 기술의 성공은 인체의 부위를 완벽하게 기능적으로 만들어서 통째로 대체할 수 있는 길을 열었다. 이 방법의 첫 번째 단계는 이미 시작됐다. 인간 기도를 실험실에서 성공적으로 키운 것이다.

이 프로젝트는 기도에 병이 있는 환자와 함께 시작됐다. 이 환자는 암에 걸려서 기도를 제거해야 하는 상황이었다. 대체하지 않는다면, 남은 일생 동안 숨을 쉬기 위해 기계의 도움을 받아야 할 상황이었다. 첫 번째 단계는 환자를 병원에 있는 일반적인 X선 기술인 CAT 스캔으로 진단하는 것이었다. CAT 스캔은 뇌나 다른 장기에서 암 덩어리를 찾기 위해 사용된다. 하지만 이 경우에는 환자 기도의 3차원 영상을 얻기 위해 CAT 스캔을 썼다. 그리고 디지털 정보를 바탕으로 전체 물체를 만들어내는 새로운 제조기술인 3D 프린터로 이 이미지를 출력했다. 3D 프린터가 하는 작업은 보통 프린터와 크게 다르지 않다. 종이에 잉크 점으로 표현하는 대신 헤드에서 재료 방울을 방출해 한 번에 한 층씩 쌓아 물체를 층층이 만들어간다는 점만 빼면 말이다. 이 기술은 이제 잔이나 병 같이 단순한 물건뿐만 아니라, 경첩이나 모터처럼 움직이는 부분을 지닌 더 복잡한 물체도 만들고 있다. 현재 이 기술은 금속과 유리, 플라스틱을 포함해 백 가지가 넘는 다른 재료를 프린트할 수 있다.

알렉스 세이팔리안 교수팀은 3D 프린터를 사용해서 환자의 기도를 완벽하게 복제한 복제품을 만들 수 있었다. 여기에는 그들이 개발한, 특별

:: 세이팔리안 교수팀이 개발한 기도의 구조체(scaffold). 이식 전으로, 줄기세포를 넣은 상태다.

한 구조체 재료가 쓰였다. 환자의 줄기세포를 수용하는 맞춤형 재료로, 성체줄기세포의 조직을 재생하는 것이다. 그리고 각각의 세포는 그것을 생산하는 줄기세포가 있다. 뼈세포를 생산하는 줄기세포는 중간엽줄기세포라고 부른다. 구조체를 만든 뒤, 연구팀은 환자의 골수에서 꺼낸 중간엽줄기세포를 구조체와 함께 이식했다. 그리고 그 전체를 생물반응기에 넣었다. 이들 줄기세포는 일련의 서로 다른 세포로 바뀌어 연골과 다른 구조를 만들기 시작했다. 그리고 살아 있는, 스스로 지탱할 수 있는 세포 환경을 만들었다. 동시에 자신을 둘러싸고 있던 구조체를 분해했다. 결국, 새 기도가 만들어졌다.

이 기술의 가장 큰 장점은 환자 고유의 세포로 이식을 한다는 사실이

사소한 것들의 과학

다. 그리고 일단 이식받으면 신체의 일부가 된다는 점이다. 이러한 덕분에 환자는 몸의 이식 거부 반응을 막기 위해 부작용이 심한 면역억제제를 먹을 필요가 없다. (이식을 보호하기 위해 면역계를 억제하면 환자는 기생충을 비롯한 모든 종류의 감염으로부터 취약해진다.)

하지만 효과적으로 치료하려면 몸이 기도에 혈액을 공급해야 한다. 이때 몸이 이런 공급을 얼마나 잘 시켜주는지도 중요하다. 만약 기도가 모양을 유지해서 환자로 하여금 정상적으로 숨을 쉬게 하려면 기도의 세포 생태계는 매우 안정적이어야 한다. 더 큰 문제는 소독이다. 구조체를 인쇄한 폴리머는 연약하며 전통적인 소독의 고온을 견디지 못한다. 이런 모든 어려움에도 불구하고, 2011년 7월 7일 환자의 줄기세포로 만든 기도를 이식하는 수술이 처음으로 이루어졌다.

이 기술의 성공은 새로운 구조체 재료 개발을 부추겼다. 기도는 기능적이어야 하고, 오랜 시간 기능하기 위해서는 혈액 공급이 필요하다. 하지만 기도는 몸에서 조절 능력을 지닌 기관은 아니다. 다음 도전 과제는 간이나 콩팥, 그리고 심지어 심장을 만드는 거다. 이런 주요 장기 중 일부의 기능이 멈추었을 때 당신을 건강한 상태로 되돌리려면 장기 이식이 필요하다. 이런 이식을 위해서는 제공받는 장기가 건강해야 하고 생물학적으로 당신과 맞아야 한다. 그리고 당신은 장기 거부 반응을 막기 위해 남은 평생 약을 먹어야 한다. 환자들에게는 제공받는 장기가 그들이 한때 누렸던 건강과 자유를 다시 얻을 유일한 희망이지만, 대부분의 경우 공급이 매우 적다.

이런 만성적인 부족은 세 가지 결과를 낳는다. 첫째, 간이나 콩팥 기능

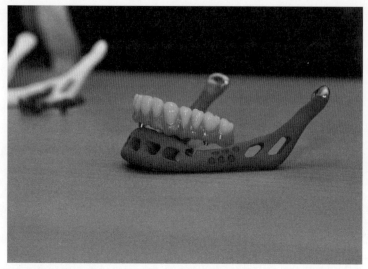
:: 3D 프린터로 만든 인공 턱뼈.

을 잃은 환자가 매우 비싼 데다 자유를 빼앗기는 간병을 오래 받아야 한
다. 둘째, 심장 이식을 기다리는 환자는 가끔 적합한 장기를 구하기 전에
죽는다. 마지막으로, 장기 밀매 시장이 늘고 있다. 개발도상국의 가난한 사
람들은 장기를 팔라는 압력을 점점 더 많이 받는다. 이런 행위는 몇몇 연
구에서 보고됐다. 가장 가까운 사례인 미국 미시건주립대의 연구를 보면,
콩팥을 판 방글라데시인 33명이 약속했던 돈을 받지 못했고, 수술에 따른
여러 건강 문제로 고통 받고 있었다. 보통 이런 행위는 다른 나라로 날아
가, 장기를 기다리는 부유한 사람이 있는 사설 병원에서 이루어진다. 콩팥
하나의 평균 가격은 약 1,200달러라고 한다.

　　이런 문제는 장기이식을 대체할 만한 처방이 나오지 않는 이상 사라
지지 않을 것이다. 생체재료 구조체를 사용한 조직공학이 현재로서는 가

　　　　　　　　　　　　　　　　　　　　사소한 것들의 과학

장 유망한 대안 기술이다. 분명 큰 도전이다. 이런 기관은 내부구조가 복잡하고, 장기가 잘 기능하게 하는 여러 다른 종류의 세포를 지니고 있을 때도 많다. 간이나 콩팥의 경우, 혈액 공급을 개발해야 할 뿐만 아니라 몸의 주요 동맥과도 연결시켜야 한다. 심장은 특히 예민한 문제다. 딱 하나만 있는 기관인 데다, 그 하나가 기능하지 않으면 우리는 죽는다. 여러 종류의 인공 심장이 개발됐지만, 이식하고 가장 오래 살아남은 기간은 1년이었다.

3D 프린팅은 새로운 기관을 엔지니어링하는 데 중요한 역할을 할 것으로 보인다. 이런 3D 프린터는 인공 치아 이식 분야에서도 널리 쓰이고 있다. 2012년에는 같은 기술을 써서 83세 여성을 위한 인공 턱뼈를 만들기도 했다. 이 턱은 티타늄으로 만들었지만, 세포를 공급하기 위해 구조체 물질도 썼다. 이 세포들은 구조체 물질을 빠르게 환자의 뼈로 바꿀 수 있을 것이다.

인체의 주요 기관을 대규모로 교체하기 위한 퍼즐은, 모든 조각이 제자리를 찾으며 끝났다. 내가 98세가 됐을 때에는 새 심장을 달고 다른 기관도 몇 개 교체한 채, 새 관절을 이용해 운동도 하고 건강하게 지내는 생활이 결코 무리는 아닌 것 같다. 하지만 내가 600만 달러의 사나이처럼 '더 잘하게, 더 강하게, 더 빠르게' 됐을까?

답하기 힘들지만, 아마 '아니다'일 것이다. 왜냐하면 우리를 나이 들게 하는 것은 세포가 아니라 그것을 만드는 시스템의 저하다. 노화는 중국 잠언의 세포 버전이다. '세포의 각 세대는 자신이 물려받은 구조를 그대로 재생시키지 못하며, 실수와 불완전함이 섞여든다.'

내 피부의 나이가 43세라는 것도 사실이 아니다. 피부는 끊임없이 내 성체줄기세포에 의해 새로운 세포로 교체되고 있다. 하지만 시간이 지나면 내 피부의 구조에 문제와 불완전함이 생겨나고, 이것이 한 세대의 세포에서 다음 세대의 세포로 이어진다. 점이 생기고 피부가 얇아지며 주름이 나타난다. 이런 문제는 계속 재생산된다.

심혈관계에서도 똑같다. 순환계 질환은 영국에서 사망 원인의 거의 3분의 1을 차지해 다른 모든 원인보다 높다. 다시 말하면, 나 역시 심장발작이나 뇌졸중으로 죽을 가능성이 높다는 뜻이다. 이건 내 몸을 계속 움직이게 하는, 심장과 폐, 동맥과 정맥으로 이뤄진 심혈관계의 구조적 실패다. 하지만 오늘날의 의사는 심혈관계가 잘못됐을 때 수선하고 고치는 데 매우 뛰어나며 심지어 이식 장기(또는 인공적으로 키운 인공 장기)로 교체도 잘한다. 하지만 이것은 전체 시스템이 많이 사용됐다는 사실을 바꾸지는 못한다. 수선을 받은 98세의 심혈관계는 여전히 98년 됐으며 점점 더 실패에 취약해져갈 것이다. 미래를 예상해보건대, 전체 심혈관계를 싹 바꾸는 것도 해결책은 아닐 것이다.

이 글의 요지는 이렇다. 몸의 일부를 키우고 교체하는 일은 점점 효율이 좋아질 것이다. 서로 다른 기관들 사이 그리고 몸이 의지하고 있는 수천 개의 다른 시스템 사이의 연결은, 계속 결함이 늘고 기능이 떨어질 것이다. 우리는 여전히 늙을 것이다.

합성 장기이식은 몸의 일부가 망가지는 문제에 대한 급진적인 해결책이다. 하지만 이것은 궁극적인 문제(우리가 그렇게 부를 수 있다면)인 죽음에 대한 해결책은 아니다. 합성 장기이식이 제안하는 것은 더 나은 삶이

사소한 것들의 과학

다. 이미 팔이나 다리 절단 수술을 받은 사람의 잃어버린 팔을 대체해주기 위해 로봇 팔이 개발돼 있다. 이런 전기기계 장치는 뇌에서 잃어버린 신체 부위까지 전달되는 신경 신호를 감지해 해독한 뒤, 그에 맞춰 손을 쥐거나 다리를 움직인다. 같은 기술이 목 이하가 마비된 환자로 하여금 로봇 팔을 움직여 다시 자유를 얻게 하는 데에 쓰이고 있다. 이런 기술은 장애인이나 사지마비 환자를 위해 설계됐지만, 노화의 결과로 거동이 불편해진 사람에게도 쓰일 수 있다.

이것은 조직공학이 제공하는 것과는 다른 종류의 미래다. 바로 생체공학이 지배하는 미래다. 우리가 걷고 움직이는 것은 물론, 물질을 이용해 세계와 소통하는 일에 합성 재료와 전자 재료가 점점 더 중요한 역할을 하고 있다. 이것은 600만 달러의 사나이에서 보여준, 주인공을 '더 잘하게, 더 세게, 더 빠르게' 만들었던 기술이다. 오늘날의 화폐 가치로 600만 달러는 약 3,500만 달러에 해당한다. 비록 상상에 의한 숫자이긴 하지만, 생명 연장 기술에 관한 중요한 진실 하나를 강조하고 있다. 바로 비싸다는 것이다.

건강하고 매력적인 삶을 100세까지 누리게 하는 기술은 굉장한 돈이 들 것이다. 누가 지불할 것인가? 사치스러운 일일까? 98세에 나머지 사람들이 다 휠체어에 앉아 있을 때 테니스를 칠 수 있는 사람은 부자뿐일까? 아니면 기술이 우리를 더 오래 일하게 해서 98세에도 일하는 게 자연스러워질까? 나는 후자의 미래를 선호하지만 3,500만 달러가 조금이라도 진짜 숫자와 가깝다면, 아무리 오래 일하더라도 우리 대부분은 그런 미래를 누릴 수 없을 것이다.

아마 나는 98세가 될 때까지 살 것이다. 내 키가 반으로 줄어들고 할아버지처럼 지팡이를 짚고 천천히 걸을지, 혹은 손주들과 테니스를 치고 축구를 할지 여부는 훌륭한 생체재료 연구와, 의학경제가 어떻게 될지에 따라 달려 있다. 나는 소망한다. 어렸을 때 형들이 읊조리던 노래, "우린 마크를 더 잘하게, 더 힘세게, 더 빠르게 만들 수 있지"가 실현되기를. 내가 불멸성에 조금이라도 가 닿아볼 수 있기를.

사소한 것들의 과학

epilogue
─────────
우 리 는
우 리 의
재 료 다
─────────

Stuff
Matters

steel
aluminium
copper
terracotta
brick
cement
zinc
iron
bamboo
polythene
polypropylene
suncream
polycarbonate
concrete
rubber
wool
glass
porcelain
graphite
lithium
stainless steel
paper
liquid crystal
silicon chip
chocolate
titanium
steel
denim
glue
foam
silicone rubber
rubber
nylon

synthesis : 종합

재료는 인류의 요구와 갈망을 표현해
우리가 누구인지를 드러내준다.

　이 책에서 나는 우리가 사는 재료의 세계를 탐구했다. 우리를 둘러싼 재료가 물질을 칠한 각기 다른 색의 물감 방울 정도로 보일지 모르지만, 실제로는 그 이상이라는 사실을 보여주고 싶었다. 재료는 인류의 필요와 욕망의 복잡한 발현물이라는 점 말이다.

　재료를 만들기 위해, 즉 집이나 옷같이 우리의 필요를 충족시키기 위해, 혹은 초콜릿과 영화에 대한 욕망을 만족시키기 위해, 우리는 놀라운 일을 해야 했다. 재료마다 내부구조의 복잡성을 알아낸 것이다. 세상을 이해하는 이런 방식을 재료과학이라고 부르며, 이 학문은 수천 년의 역사를 갖고 있다. 재료과학은 음악이나 미술, 영화나 문학 또는 다른 과학보다 덜 중요하지도 않고 덜 인간적이지도 않다. 하지만 잘 알려져 있지는 않다.

이 마지막 장에서 나는 재료과학의 언어를 좀 더 충분히 탐구하고 싶다. 우리가 이 책에서 자세히 살펴본 재료들만이 아니라, 모든 재료를 아우르는 하나의 통일된 개념을 얻을 수 있기 때문이다.

이 개념은 이렇다. 어떤 재료가 하나의 재료로 된 것처럼 보이거나 만져지거나 전체적으로 균질해 보이더라도, 그건 환상이라는 것이다. 재료는 여러 서로 다른 존재로 구성돼 있으며, 이들이 모두 한데 모여 전체를 이룬다. 그리고 이 각기 다른 존재들은 각기 다른 크기대로 관찰할 수 있다. 구조를 놓고 보면 모든 재료는 마치 포개어 쌓는 러시아 인형 같다. 재료는 여러 겹으로 겹쳐진 구조로 돼 있다. 이들 대부분은 눈으로 볼 수 없으며, 작은 구조는 그보다 큰 구조 안에 쏙 들어간다. 재료가 복잡한 정체성을 갖는 것은 이런 계층적 구조 때문이다. 우리 역시 이러한 재료의 계층적 구조 때문에 우리만의 정체성을 갖게 된다.

재료의 구조를 이루는 가장 기초적인 것 중 하나는 원자다. 하지만 원자는 유일하게 중요한 구조는 아니다. 보다 큰 규모로 눈을 돌려보면 전위, 결정, 섬유 구조체, 겔, 거품이 있다. 이 책에 나온 몇 안 되는 이름들이다. 하나하나 보면, 이런 구조들은 이야기의 등장인물에 비유할 수 있다. 각각의 구조가 무언가를 함으로써 전체적인 큰 그림을 완성시키는 역할을 하고 있다. 때때로 하나의 인물이 이야기를 주도하기도 하지만, 재료가 왜 그런 특성을 보이는지를 제대로 설명하려면 모든 구조를 함께 살펴봐야 한다.

앞에서 설명했듯, 스테인리스 스틸 숟가락에서 아무런 맛이 나지 않는 것은 결정 안에 있는 크롬 원자가 대기 중 산소와 결합해 보이지 않는

산화크롬 보호막을 표면에 형성하기 때문이다. 만약 당신이 스테인리스 스틸 숟가락의 표면에 상처를 낸다면, 이 보호막은 더 빨리 사라져 녹이 생길 것이다. 우리가 식기의 맛을 느끼지 않은 첫 세대가 될 수 있었던 것은 바로 스테인리스 스틸 덕분이다. 분자를 통해 들려주는 이러한 설명은 그 자체로 만족스럽다. 하지만 맛이 느껴지지 않는다는 재료의 오직 한 단면만을 말해줄 뿐이다. 스테인리스 스틸에 대해 완벽하게 이해하고자 한

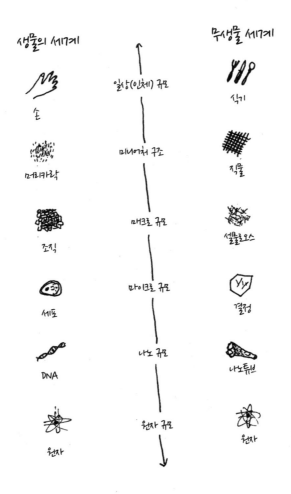

다면, 그것을 구성하고 있는 모든 구조를 고려해야 한다.

재료를 이런 방식으로 보기 시작하면, 곧 모든 재료가 내부에 공통적인 구조를 가지고 있다는 사실을 깨닫게 될 것이다. (가장 단순한 예를 들어보면, 모든 재료는 원자로 이루어져 있다.) 머지않아 우리는 금속이 플라스틱과 비슷한 점이 많고, 플라스틱은 우리의 피부와 초콜릿, 그리고 다른 재료들과 공통점이 많다는 사실을 발견하게 될 것이다. 모든 재료 사이의 이런 연관 관계를 시각화하기 위해서는 러시아 인형 같은 재료 구조 지도가 필요하다. 하나의 축척 안에서 영토를 보여주는 보통 지도와 달리, 다양한 축척을 이용해 보여주는 지도 말이다. 바로 물질의 내부구조를 보여주는 지도다.

가장 중요한 성분인 원자에서 시작해보자. 원자는 우리보다 대략 100억분의 1 수준으로 작다. 그래서 원자 규모의 구조는 눈에 전혀 보이지 않는다. 지구에는 98종의 원자가 자연에 존재한다. 이 가운데 철과 산소, 규소, 마그네슘, 황, 니켈, 칼슘, 그리고 알루미늄 이렇게 8개 원소가 전체 지구 질량의 98.8%를 차지한다. 나머지는 전문적인 말로 미량원소라고 하며 여기에 탄소가 포함된다. 우리에겐 흔한 원소를 희귀한 원소로 바꾸는 기술도 있다. 하지만 그렇게 하려면 핵반응로(원자로)를 써야 한다. 이 방법은 원소를 직접 캐는 것보다 돈이 더 많이 들고 방사성 폐기물도 남는다. 21세기에도 금이 여전히 가치가 높은 원소인 이유가 바로 이것이다. 만약 지금까지 캔 금을 모두 모은다고 해도 귀족의 저택 하나를 채울 정도에 불과하다. 기술 측면에서 유용한 네오디뮴이나 플라티늄 같은 원소는 지구에 희귀하다. 하지만 이렇게 어떤 원자가 희소하다는 사실

사소한 것들의 과학

은 궁극적인 문제가 아니다. 재료는 원자의 구성 성분으로만 정의되는 게 아니기 때문이다.

이제 우리가 알게 됐듯, 투명한 다이아몬드와 부드럽고 검은 흑연의 차이는 원자의 차이 때문이 아니다. 이 둘은 모두 순수한 탄소로 이루어졌다. 탄소의 배열을 바꿈에 따라, 그러니까 정육면체 구조에서 육각형의 얇은 판 모양의 층 구조로 변함에 따라 재료의 특성에 큰 차이가 생겨났다. 이런 구조는 아무렇게나 되는 게 아니다. 당신이 어떤 구조를 마음 내키는 대로 만든다는 건 불가능하다. 대신 양자역학의 규칙에 지배를 받고 있는데, 여기서 원자는 하나의 입자가 아니라 수많은 확률파동을 표현한 것으로 본다. (원자 사이의 결합뿐만이 아니라, 원자 자체도 구조라고 부르는 것이 이 때문이다.) 이런 양자 구조 가운데 어떤 것은 움직이는 전자를 만들어낸다. 그리고 그 결과, 이 재료는 전기를 전달할 수 있게 된다. 다이아몬드에는 정확히 똑같은 원자가 있지만 구조가 다르기 때문에 전자가 결정 안에서 쉽게 움직이지 못하고, 그래서 다이아몬드는 전기가 통하지 않는다. 투명한 성질 역시 전자가 움직이지 못하는 성질과 관련이 깊다.

언뜻 연금술처럼 보이는 이러한 사실은, 아주 제한된 종류의 원자만 가지고도 매우 다른 특성을 지니는 재료들을 만들 수 있음을 보여준다. 우리의 몸도 그러한 좋은 예다. 우리는 대부분 탄소와 수소, 산소, 질소로 돼 있다. 이런 분자 구조를 미묘하게 재배열함으로써, 그리고 칼슘과 칼륨 같은 미네랄을 조금 더해줌으로써, 머리카락부터 뼈와 피부에 이르기까지 일일이 헤아릴 수 없을 만큼 다양한 생체재료가 나타난다. 재료과학 분야에는 '기본적인 화학 조성을 아는 것은 물질의 성질을 이해하기엔 충분하지 못하다'라는 격언이 있는데, 이 격언이 갖는 기술적 · 철학적 중요성을 무시하기란 쉽지 않을 것이다. 현대의 세계가 바로 재료의 이런 특성 덕분에 세워질 수 있었다.

어떤 재료를 만들기 위해서는 원자를 서로 결합시켜야 한다. 만약 원자를 백 개 정도 모았다면 나노구조라고 하는 것을 얻은 것이다. '나노'는 '10억분의 1'이라는 뜻이고, 이렇게 나노 규모의 세계는 대략 우리가 사는 세상의 10억분의 1 정도 되는 작은 규모를 다룬다. 수십, 수백 개의 원자가 모여 훨씬 큰 구조를 이루면, 거대분자 규모가 된다. 여기엔 우리 몸의 단백질과 지방이 포함된다. 셀룰로이드를 만드는 데 쓰인 니트로셀룰로오스 같은 플라스틱의 핵심 재료들, 목재를 종이로 만들 때 제거되는 리그닌 등도 여기에 속한다. 이런 크기의 구조에 있는 구멍은 에어로젤에 있는 것 같은 미세 거품을 만든다. 모두 이 책에서 다른 모습으로 등장한 구조들이다. 이들을 한데 묶어주는 것은 이 재료들의 특성이 나노 스케일에서 가장 잘 드러나며, 이들의 특성에 영향을 주는 것도 이 정도 규모에서 이뤄지는 조작이라는 점이다.

인류는 수천 년 동안, 화학의 힘을 빌거나 화로에서 야금학을 통하는 방법 등 간접적인 방법으로 나노 스케일의 재료를 다뤄왔다. 대장장이가 금속 조각을 때릴 때, 그들은 나노 크기의 전위를 '응집시킴으로써' 금속 결정의 모양을 바꿨다. 다시 말하면, 원자를 결정의 한쪽에서 다른 쪽으로 음속으로 이동시킴으로써 바꾸었다. 물론 우리는 이렇게 나노 스케일에서 일어나는 메커니즘을 보지 못한다. 일상에서는 금속이 모양을 바꾸는 모습만 볼 수 있을 뿐이다. 그래서 우리는 금속이 하나의 재료로 이루어진

사소한 것들의 과학

판처럼 생겼다고만 느낀다. 결정의 얽히고설킨 구조는 극히 최근까지도 우리의 이해 범위를 넘어선 것이었다.

오늘날 나노기술이 회자되는 이유는, 이제 우리가 현미경과 도구를 지녀서 나노 규모의 구조를 직접 다루고 훨씬 더 큰 나노구조 배열을 만들 수 있게 됐기 때문이다. 빛을 수집해 전기로 저장하는 구조를 이런 스케일에서 만들 수 있다. 냄새를 감지하는 나노 입자도 만들 수 있다. 가능성에는 제한이 없어 보이지만, 더 흥미로운 건 이 스케일의 구조 중 상당수가 자기 조직적인 성질을 지닌다는 점이다. '자기 조직적'이라는 말은 물질이 스스로 조직된다는 뜻이다. 유령 같은 얘기로 들릴지 모르겠지만, 현존하는 물리법칙을 엄연히 준수한다. 흔히 보는 자동차 모터와 나노 모터에는 큰 차이점이 있다. 나노 모터에서는 나노 스케일에서 우세한 물리적 힘인 정전기력, 표면장력 등의 인력이 매우 강하고 대신 중력이 아주 약하다. 반면 자동차의 스케일에서는 가장 강한 힘이 지구의 중력이며, 중력이 모터의 다양한 부분에 각기 따로 작용한다. 이런 차이 때문에, 나노 기계는 정전기력과 표면장력을 이용해 스스로 조립할 수 있다. (그리고 마찬가지 방식으로 망가졌을 때에는 자가 치료도 가능하다.) 이런 분자 기계 중 상당수는 이미 세포 안에 있어 스스로 조립하고 있다. 인체나 일상의 스케일에서는 근육이나 풀 같은 게 있어야 조립을 할 수 있다는 사실과 대조적이다.

나노구조는 여전히 보거나 만지기에 너무 작다. 그래서 그걸로 물체를 만들기 위해서는 모으고 연결시켜 열 배에서 수백 배는 더 큰 구조물을 만들어야 한다. 그래도 여전히 눈에 보이지는 않을 것이다. 이 규모에서 우리는 20세기의 가장 큰 기술적 승리 중 하나를 만날 수 있다. 바로 실리콘 칩이다. 이 칩은 실리콘 결정과 전자 도체를 작게 모은 것으로, 전자 세계의 기본 엔진이다. 우리 주위의 수많은 전자기계 안에 수십억 개 들어 있다. 이 칩들은 음악을 틀어주고 휴일 사진을 찍어주며 옷을 세탁해준다. 이들은 사람이 만든, 우리 뇌의 뉴런에 해당하는 존재다. 그리고 세포 안의 핵과 크기가 비슷하다. 희한하게도, 칩에는 움직이는 부분이 없다. 단지 재료의 전기적, 자기적 특성이 정보의 흐름을 조절한다.

이 재료들의 크기는 생물학에서 세포의 크기이기도 하고 철 결정이나 종이의 셀룰로오스 섬유, 그리고 콘크리트의 미세섬유가 포함되는 크기대이다. 동시에 우리는 놀라운 인공 구조물을 만날 수 있다. 그것은 초콜릿 미세구조로, 여섯 종류의 코코아버터 결정구조가 존재하며 각각 다른 녹는점을 지녀서 매우 다른 초콜릿 질감을 만들어낼 수 있다. 설탕 결정과, 초콜릿 향미 분자를 포함한 코코아 고형물도 이 크기에 포함된다. 이런 미세구조를 조절함으로써, 초콜릿의 맛과 질감을 조절할 수 있다. 이것은 쇼콜라티에의 기술에서 가장 중요한 부분이다.

이런 마이크로 스케일에서, 재료과학자들은 빛을 조절할 수 있는 구조를 만들기 시작했다. 이런 소위 메타 물질은 다양한 굴절률을 가지도록 만들어지며, 이를 통해 빛을 마음대로 구부릴 수 있다. 이를 바탕으로 첫 번째 투명 망토가 만들어졌다. 이 망토를 두르면 빛이 구부러져 돌아가 어느 방향에서 보는지와 상관없이 사라져 보인다.

매크로macro 크기의 재료는 원자구조나 나노구조, 마이크로 구조와 결합한다. 우리가 볼 수 있는 한계에 있는 크기다. 휴대전화의 터치스크린이 이런 구조의 좋은 예다. 보기엔 매끄럽고 세부가 없는 것 같지만, 스크린에 물방울을 떨어뜨려 보면 물방울이 렌즈 역할을 하면서 내부가 사실은 빨강, 초록, 파랑의 픽셀들로 이뤄져 있다는 사실을 보여준다. 이런 작은 액정은 하나하나 조절이 가능하며, 인체 스케일에서 모여 가시 영역의 모든 색을 표현해준다. 또 영화를 볼 수 있을 정도로 빠르게 켜거나 끌 수 있다. 자기는 매크로 규모에서 일어나는 변화의 또 다른 좋은 예다. 서로 다른 유리와 결정구조가 결합해 강하고 매끄러우며 광학적으로 다이내믹한 재료를 만들어냈다.

미니어처 스케일의 재료는 원자구조나 나노구조, 마이크로 구조, 그리고 매크로 구조와 결합할 수 있으며, 이를 통해 맨눈으로도 볼 수 있는 구조가 될 수 있다. 실이나 머리카락, 바늘, 그리고 이 책의 글자 획의 굵기 정도가 된다. 나뭇결을 보고 만질 때, 당신은 이런 미니어처 규모의 구조가 조합돼 있는 것을 보고 만지는 것이다. 나무 특유의 뻣뻣하지만 너무 딱딱하지는 않은, 가볍고 따뜻한 감촉은 이 규모에서 일어난 구조의 조합 덕분이다. 비슷하게 밧줄이나 담요, 카펫, 그리고 대부분의 옷이 이 규모에서 만들어졌다. 이 재료들의 강도나 유연성, 냄새와 감촉은 이 규모에서 일어난, 이들을 포함한 구조의 조합 때문이다. 면으로 만든 실은 겉보기엔 실크나 케블라로 만든 실과 비슷해 보인다. 하지만 칼을 막을 수 있거나 크림처럼 부드러운 느낌이 드는 것은 원자와 나노, 마이크로, 매크로, 그리고 미니어처 구조에 숨어 있는 디테일의 차이 때문이다. 촉감이 재료와 만나는 것도 이 크기다.

마지막으로 우리는 일상(인체)의 스케일에 도달한다. 일상의 스케일은 앞서 말한 구조가 다 결합돼 있고, 여기에서 우리는 손에 잡고 몸이 직접 들어가 살며 입에 떠 넣을 수 있는 물체를 만날 수 있다. 조각과 그림, 집수리와 요리, 보석 세공, 그리고 건축이 이 규모에서 행해진다. 플라스틱 파이프나 유화물감 튜브, 돌멩이, 빵 덩이, 금속 볼트 등 이 규모에서는 재료를 알아볼 수 있다. 이 물체들은 꼭 하나의 물질로 된 것처럼 보이지만, 우리는 이미 그렇지 않음을 안다. 하지만 확대를 통해서만 이런 물질 덩어리의 숨겨진 속을 밝혀낼 수 있었기 때문에, 우리를 둘러싼 물질 안에 있는 여러 크기대의 구조가 발견된 것은 20세기에 들어서였다. 이를 통해 우리는 다 똑같아 보이는 모습의 금속이 왜 성질은 그렇게나 다른지, 어떤 플라스틱은 잘 늘어나고 부드러운데 왜 어떤 플라스틱은 딱딱한지, 모래를 이용해 어떻게 초고층빌딩을 지을 수 있는지를 알 수 있다. 재료과학의 가장 자랑스러운 성과 중 하나는 이처럼 재료의 성질에 대해 정말 많은 것을 설명할 수 있다는 점이다.

다양한 스케일로 구조를 만들면 새로운 재료를 탄생시킬 수 있다. 하지만 21세기에 우리가 마주한 진짜 과제는 이렇게 만든 다양한 스케일의 재료를 인체 스케일의 물체로 연결시키는 것이다. 매크로 규모의 터치스크린을 나노 규모의 전자기기와 연결시킨 스마트폰이 이런 집적의 예다. 하지만 이제는 마치 신경계처럼 모든 물체가 전체적으로 연결될 가능성도 생각해 볼 수 있게 됐다. 만약 성공한다면 방, 건물, 어쩌면 다리까지도 자체적으로 에너지를 만들어 필요로 하는 곳에 보내고, 손상을 감지해 스스로 고치게 될 것이다. 공상과학소설 속의 이야기처럼 보인다면, 생체재료는 이미 이런 기능을 하고 있다는 사실을 마음에 새기자.

재료 속 작은 스케일의 구조는 모두 큰 스케일의 구조 안에 들어 있기 때문에, 스케일이 커진다는 것은 더 복잡해진다는 뜻이다. 이 말은, 흔히 작은 입자와 양자역학의 세계가 복잡한 분야로 인식되지만, 실은 식물인 피튜니아보다 더 복잡하지 않다는 뜻이다. (이론적이 아닌) 경험적인 방법과 실험으로 과학을 해온 생물학자나 의사들은 오래전부터 이 사실을 정확히 알고 있었다. 그들이 연구하는 크고 살아 있는 유기체는 이론적인 설명이 허용되지 않을 만큼 복잡했던 것이다. 하지만 앞서 보여준 스케일 지도에서 볼 수 있듯, 생물의 재료는 다른 재료와 근본적으로 다르지 않다. 둘 사이를 극적으로 가르는 것은, 생물의 재료에서는 다른 스케일끼리 추가적인 연결이 존재한다는 사실이다. 생물의 재료는 능동적으로 내부구조를 조직한다. 생체의 서로 다른 스케일 사이에서 신호를 주고받기에 가능한 일이다. 무생물 물질의 경우, 인체 스케일에서 물리적 압력을 가하면 각기 다른 규모에 영향을 미친 결과로 모양이 바뀌거나 부서지거나 공명하거나, 굳어버리는 등의 갖가지 내부 반응이 나온다. 생물의 물질은 반대로, 그런 압력이 일어나는 것을 감지하고 대응 행동을 취한다. 마주 밀거나, 또는 생물체 자체로 하여금 도망치게 한다.

이런 생물학적 행동에는 여러 가지가 있다. 나뭇가지는 마치 무생물 물질처럼 대부분의 시간 동안 수동적으로 움직인다. 반면 고양이의 다리는 거의 항상 활발하게 움직인다. 과학에서 가장 큰 질문 중 하나는, 능동적인 반응이 수반된 서로 다른 스케일 사이에서 신호 전달이 이뤄진다는 사실이, 과연 뭔가가 살아 있다는 증거가 될 수 있는지 여부다. 이런 가설은 생물의 중요성을 깎아내리는 게 아니라, 무생물 물질의 지위를 높이는 일이다. 무생물도 보기보다 훨씬 복잡하기 때문이다.

지금까지 기술의 변화 속도가 얼마나 빨랐든, 지구 위에서 일어나는 물질의 기본적인 조합은 변하지 않았다. 우리가 생명이라고 부르는 생체 재료가 있고, 바위나 도구, 건물 등으로 부르는 무생물 재료도 있다. 재료에 대해 우리가 상당히 많이 이해하게 된 결과 우리는 새로운 재료 시대에 진입했고, 생물과 무생물 재료라는 이런 구분은 흐릿해졌다. 앞으로는 합성 장기나 뼈, 심지어 뇌를 몸에 장착한 생체공학 인간이 일상적인 세계가 될 것이다.

우리를 인간으로 만들어주는 것은 우리 몸의 물질성, 그러니까 합성을 했느냐 안 했느냐의 여부만이 아니다. 우리는 비물질적 세계에서도 산다. 바로 마음, 감정, 감각의 세계. 비록 재료의 세계가 이와 별개일지라도, 완전히 결별해 있지는 않다. 모두가 알듯, 재료는 마음과 감정, 감각의 세계에 강한 영향을 미친다. 편안한 소파에 앉았을 때의 감정은 나무의자에 앉았을 때와는 사뭇 다르다. 초창기 고고학적 증거에 따르면, 인류는 도구를 발전시킴에 따라 장식적인 보석과 염료, 미술과 의복을 창조했다. 이런 재료는 미학적이고 문화적인 이유로 발전했고, 역사시대 내내 재료 기술의 발전을 강하게 이끌었다. 재료와 다른 사회적 역할 사이의 이런 강한 연관 관계 때문에, 우리가 선호하는 재료, 우리 주위를 채우고 있는 재료는 우리에게 큰 의미가 있다. 이 재료들은 각자 기능이 있고 우리의 이상을 표현해주며 우리 정체성의 일부를 이룬다.

재료는 기능성을 바탕으로 세상 곳곳에 깃들어 있다. 금속은 내구성이 강하고 외부의 힘을 잘 견뎌서 기계를 만들기에 좋다. 하지만 설계자들

사소한 것들의 과학

은 금속의 신뢰성과 탄력성을 제품의 품질을 높이는 데 활용한다. 금속의 겉모습은 산업디자인을 대표하는 언어 중 하나가 돼, 우리에게 처음으로 대중교통과 기계의 시대를 열어준 산업혁명을 환기시켜 준다. 금속을 대량생산하고 형태를 빚어내는 것은 오직 우리 인류만이 할 수 있는 일이다. 우리는 금속이 믿음직스럽고 튼튼하며 강한 일꾼이라는 사실에 감탄한다. 자동차나 열차에 탈 때마다, 세탁기에 옷을 넣을 때마다, 면도를 할 때마다 우리는 금속의 이런 성질에 의존한다.

인류의 역사가 길기 때문에, 재료에 관한 우리의 문화도 복잡하다. 금속을 보고 감탄하는 것과 똑같은 이유로, 금속에 대해 싫은 감정을 품을 수도 있다. 재료에는 여러 가지 의미가 있다. 그러므로 내가 이 책에서 각 장chapter의 제목으로 삼은 다양한 형용사들은 완벽한 것이 아니다. 그저 개인적인 선택으로, 각각의 장은 개인적인 관점으로 기술됐다. 우리는 모두 재료의 세계와 개인적인 관계를 맺고 있다는 점을 보여주기 위해서다. 그리고 이 책의 장들은 그저 나의 예일 뿐이다.

의식적이든 아니든, 우리는 모두 재료가 가진 효과에 민감하다. 모든 것은 다른 무엇인가로 이루어져 있기 때문에, 이런 효과는 늘 우리의 마음에 영향을 미친다. 또한 우리를 둘러싼 환경에 끊임없이 영향을 받는다. 시골 농장에 있든 도시에 있든, 열차에 있든 비행기 안에 있든, 혹은 도서관에 있든 쇼핑몰에 있든, 재료는 우리에게 영향을 끼친다. 물론 디자이너나 건축가들은 옷이나 물건, 건물을 만들 때 의식적으로 재료가 가진 효과를 활용해 우리가 좋아하는 것, 우리의 정체성을 구분 짓는 것, 우리 주위를 둘러싸 가까이하고 싶은 것을 만든다. 이런 식으로, 우리의 집단적인 행동은 재료의 능력을 집단 전체의 기능으로 강화시킨다.

사람들은 자신이 되고 싶거나 찬탄하고 싶은 유형의 사람을 반영하는 옷을 산다. 또는 자신이 돼야만 하는 유형의 사람을 표현하는 옷을 산다. 패션 디자이너들은 이런 효과에 관한 한 전문가다. 우리는 인생의 온갖 국면에서 우리의 가치를 반영해줄 재료를 고르고 있다. 욕실과 거실, 침실 안에서. 비슷하게, 다른 사람들도 일터나 도시, 공항 등에서 그들의 가치를 우리에게 표현한다. 재료의 세계에서는, 우리를 둘러싼 재료의 효과를 지도에 다시 그리는 끊임없는 반영과 흡수, 표현이 일어난다.

이러한 지도 그리기는 일방향으로만 이뤄지는 게 아니다. 더 강하고 더 편안하며 방수 기능을 지니고 숨까지 쉴 수 있는 구조에 대한 열망은 재료의 내부구조를 이해하도록 이끌었다. 그런 재료를 만들기 위해서도 필요한 일이었다. 이를 통해 우리는 재료를 과학적으로 이해하게 됐고, 재료과학을 탄생시켰다. 재료는 우리가 누구인지를 드러내준다. 우리 인류의 요구와 갈망을 여러 스케일로 표현함으로써 말이다.

:: 마지막으로 지붕 위에 앉아 있는 내 사진을 보자. 책을 다 읽고 나니 조금은 달리 보일 것이다….

우리는 우리의 재료다

감사의 말

나는 과학자인 아버지의 영향으로 어려서부터 다양한 호기심을 키워왔다. 아버지는 '위험'이라고 적힌 병을 집으로 들고 돌아왔고, 지하실에 마련된 작업대에서 실험을 했다. 아버지는 또한 텍사스 인스투르먼트사에서 처음 나온 계산기 중 하나를 사기도 했다.

내게는 형도 세 명 있는데 션, 애런, 그리고 댄이다. 어린 시절의 우리는 짓고 파고 부수고 찌르고 뛰는 등 아주 전술적인 방법으로 세상을 탐험했다. 이 모든 것은 우리로 하여금 좋은 공기 속에서 뛰어놀게 하면서도 잘 먹고, 또 단정하게 지낼 수 있게 한 어머니의 자비로운 보살핌 아래 이루어졌다.

나를 포함해 우리 아들들은 모두 나이에 비해 일찍 머리가 벗겨졌고, 그래서 깔끔한 헤어스타일로 어머니를 기쁘게 해드리지는 못했다. 하지만 우리는 모두 요리를 좋아했는데, 그것은 어머니에 대한 헌사와 같았다. 어머니는 2012년 12월에 돌아가셨고, 이 책이 출판되는 모습을 보지 못하셨다. 정말 슬픈 일이다.

320

내가 재료과학을 제대로 공부하기 시작한 것은 옥스퍼드대 재료과학과에 입학하면서부터다. 모든 교수와 연구원들, 특히 나를 가르쳐 주신 존 마틴과 크리스 그로브너, 알프레드 세레소, 브라이언 더비, 조지 스미스, 에이드리언 서튼, 앵거스 윌킨슨, 그리고 학과장인 피터 허쉬 교수께 감사 드린다. 박사과정 때는 앤디 가드프리와 연구실을 같이 쓰면서 많은 것을 배우기도 했다.

1996년, 나는 옥스퍼드를 떠나 미국의 샌디아 국립 연구소에서 일했다. 그 후 유니버시티 칼리지 더블린의 기계공학과와 영국 킹스 칼리지 런던을 거쳐 마침내 지금 일하고 있는 유니버시티 칼리지 런던에 정착했다. 그 과정에서 가르침을 준 사람들이 아주 많은데, 내가 특히 빚을 진 사람들은 다음과 같다.

엘리자베스 홀름, 리처드 르사, 토니 롤렛, 데이비드 스롤로비츠, 발 랜들, 마이크 애시비, 앨런 카, 데이비드 브라운, 피터 굿휴, 마이크 클로드, 삼지드 만난, 패트릭 메스키다, 크리스 로렌츠, 비토 콘테, 호세 무노즈, 마크 린스고에, 아오사프 아프잘, 시안 에데, 리처드 웬트워스, 안드레아 셀라, 해리 위첼, 뷰 로토, 쿠엔틴 쿠퍼, 비비엥 패리, 릭 홀, 알롬 샤하, 게일 카듀, 올림피아 브라운, 앤디 마메리, 헬렌 메이나르-케이슬리, 댄 켄들, 안나 에반스 프레케, 데이비드 드건, 앨리스 존스, 헬렌 토마스, 크리스 솔트, 나탄 버드, 데이비드 브릭스, 이시벨 홀, 사라 코너, 킴 실링로, 앤드류 코헨, 미첼 마틴, 브라이언 킹, 데보라 코헨, 샤론 비숍, 케빈 드레이크, 그리고 앤서니 핑클스타인.

또한 행사와 전시회를 열고 재료에 대한 프로그램을 함께 기획한 여러 훌륭한 기관들에게도 감사의 말을 전한다. 첼튼햄 과학축제, 웰콤 컬렉션, 테이트모던, V&A, 사우스뱅크 센터, 영국과학연구소, 영국왕립공학원, BBC 라디오 4 과학팀, 그리고 BBC 텔레비전 과학부가 그들이다.

유니버시티 칼리지 런던의 공작연구소는 아주 특별한 곳이자 지식의 집결소다. 내가 이 책을 쓸 때 보여준 마틴 콘린과 엘리자베스 코빈, 엘리 도니, 리처드 갬스터, 필 호위스, 조 러플린, 사라 윌키스, 그리고 수피냐 윙스리루크사의 우정과 지원에 고마운 인사를 전하고 싶다.

각각의 챕터를 보고 의견을 준 사람들, 즉 필 푸르넬, 안드레아 셀라와 스티브 프라이스도 빼놓을 수 없다.

책이 만들어지는 과정에서 의견을 말해줬을 뿐만 아니라 내내 용기를 북돋워준 사람도 있다. 내 절친한 친구 버즈 바움과 사랑하는 아버지, 형들, 사촌여동생과 조카들, 그리고 2012년도 엔리코 코엔의 페루자 연구 워크숍의 멤버들에게도 큰 감사의 뜻을 전한다.

이 책은 내 저작권 대리인인 피터 탈락과 펭귄/바이킹 팀의 비전과 격려가 없었다면 결코 나오지 못했을 것이다. 특히 편집자 윌 해먼드에게 고맙다. 그는 다른 누구보다 내게 글쓰기에 대한 확신을 심어줬다.

마지막으로, 내가 이 책을 의뢰 받은 날은 아들 래즐로가 막 태어나려던 때였다. 래즐로와 그의 어머니 루비야말로 이 책의 행간을 가득 채우고 있는 창조력의 원천이다.

30쪽 Central European News. 76쪽 Alistair Richardson. 78쪽 OK! Syndication/ www.expresspictures.com 87쪽 Roger Butterfield. 100쪽 Network Rail. 109쪽 Foster and Partners. 116쪽 Courtesy of Italcementi Group. 139쪽 Cadbury's. 152 쪽 NASA. 155쪽 NASA. 164쪽 NASA. 213쪽 A. Carion. 215쪽 John Bodsworth. 296쪽 University College London. 298쪽 University of Hasselt.

더 읽으면 좋은 책

Philip Ball, *Bright Earth: The Invention of Colour,* Vintage(2008).
(**한국어판** : 필립 볼 지음, 서동춘 옮김, **브라이트 어스**, 살림, 2013.)

Rodney Cotterill, *The Material World*, CUP(2008).

Michael Faraday, *The Chemical History of a Candle*, OUP Oxford(2011).
(**한국어판** : 마이클 패러데이 지음, 문경선 옮김, **촛불 속의 과학**, 누림, 2004.)

Stephen Fenichell, *Plastic: The Making of a Synthetic Century*, HarperCollins(1996).

J.E. Gordon, *New Science of Strong Materials: Or Why You Don't Fall Through the Floor*, Penguin(1991).

___, *Structures: Or Why Things Don't Fall Down*, Penguin(1978).

Philip Howes and Zoe Laughlin, *Material Matter: New Materials in Design*, Black Dog Publishing(2012).

Chris Lefteri, *Materials for Inspirational Design*, Rotovision(2006).

Primo Levi, *The Periodic Table*, Penguin, new edition(2000).

(**한국어판** : 프리모 레비 지음, 이현경 옮김, **주기율표**, 돌베개, 2007.)

Gerry Martin and Alan Macfarlane, *The Glass Bathyscape: How Glass Changed the World*, Profile Books(2002).

' Harold McGee, *McGee on Food and Cooking: An Encyclopedia of Kitchen Science, History and Culture*, Hodder & Stoughton(2004).

(**한국어판** : 해롤드 맥기 지음, 강철훈, 서승호 옮김, **음식과 요리**, 백년후, 2011.)

Matilda Mcquaid, *Extreme Textiles: Designing for High Performance*, Princeton Architectural Press(1981).

Cyril Stanley Smith, *A Search for Structure: Selected Essays on Science, Art and History*, MIT Press(1981).

Arthur Street and William Alexander, *Metals in the Service of Man*, Penguin(1999).

독자 북펀드에 참여주신 분들

강부원	강영미	강영애	강은희	강주한	강희진	김교윤	김기남
김기태	김병희	김봉원	김성기	김수민	김수영	김신혜	김정민
김정환	김주현	김중기	김자수	김지희	김진성	김태수	김한별
김현	김현철	김형수	김혜원	김희곤	나준영	남요안나	노진석
노태운	박나윤	박성욱	박순배	박연옥	박재휘	박준겸	박진순
박진영	박진영	박혁규	박혜미	방세영	설진철	송덕영	송화미
신민영	안진경	안진영	안효영	오웅석	용진주	원성운	원혜령
유성환	유승안	유인환	유지영	윤경진	윤욱한	윤주연	이경희
이나나	이만길	이상훈	이성욱	이수진	이수한	이승빈	이원희
이정은	이하나	이희도	장경훈	장영일	전미혜	정두현	정민수
정상철	정원택	정윤희	정율이	정주헌	정진우	조민희	조세영
조승주	조정우	조희연	주현정	최경호	탁안나	하나윤	한민용
한성구	한승훈	함기령	허남진	허민선	허지현	현동우	

사소한 것들의 과학

초판 1쇄 발행   2016년 4월 1일
초판 17쇄 발행 2023년 9월 12일

지은이 마크 미오도닉
옮긴이 윤신영

펴낸곳 (주)엠아이디미디어
펴낸이 최종현

기획 김동출, 최종현
편집 이혜경
디자인 최재현
마케팅 김태희, 황부현
경영지원 MID 박동준, EBS MEDIA 김정수
인쇄제본 (주)교보피앤비

주소 서울특별시 마포구 신촌로 162 1202호
전화 (02) 704-3448 **팩스** (02) 6351-3448
이메일 mid@bookmid.com **홈페이지** www.bookmid.com
등록 제2011 - 000250호

ISBN 979-11-85104-65-2 03400

이 책은 (주)엠아이디미디어와 EBS MEDIA가 공동 기획하여 제작되었습니다.
이 책의 출판권은 (주)엠아이디미디어와 EBS MEDIA에 있습니다.

책값은 표지 뒤쪽에 있습니다. 파본은 바꾸어 드립니다.